浙江省普通高校"十三五

U0685221

大学计算机实验教程

（微课版） Windows 7，Office 2010

主编编贾小军编骆红波编杨振英

湖南大学出版社

内 容 简 介

本书是与《大学计算机（微课版）》配套的上机实验指导教材。全书分为大学计算机实验指导和大学计算机综合知识练习题及参考答案两部分。实验指导部分共有 22 个实验，每个实验均阐述了实验目的、实验内容和实验操作步骤。通过有针对性的上机操作练习，把理论教学和实际操作紧密结合起来，有助于读者更好地掌握计算机的基本操作技能；综合知识练习题囊括了大学计算机的理论知识和基本操作，可以帮助读者加深对基本概念的理解和掌握，使计算机理论知识和实际操作有机结合，提升读者对计算机知识的综合应用能力。

本书适合作为高等院校"大学计算机"课程的实验指导书，也可作为高等院校非计算机专业学生的学习辅导书。本书与理论教材相辅相成构成整个课程，可实现网络化教学，课程平台位于 ZJEDU. MOOCOLLEGE. COM，包含微课视频、练习、测试、操作素材和等级考试模拟试题等资源，支持移动设备在线学习，实现教材、课堂、教学资源三者融合，方便老师组织线上线下相结合的混合式教学及读者自主学习。

图书在版编目（CIP）数据

大学计算机实验教程：微课版/贾小军，骆红波，杨振英主编．—长沙：
湖南大学出版社，2019.7（2020.1 重印）
浙江省普通高校"十三五"新形态教材
ISBN 978-7-5667-1746-7

Ⅰ.①大… Ⅱ.①贾… ②骆… ③杨… Ⅲ.①电子计算机—高等学校—
教材 Ⅳ.①TP3

中国版本图书馆 CIP 数据核字（2019）第 036721 号

大学计算机实验教程（微课版）
DAXUE JISUANJI SHIYAN JIAOCHENG （WEIKE BAN）

主　　编：贾小军　骆红波　杨振英	
责任编辑：严小涛	责任校对：尚楠欣
责任印制：陈　燕	
印　　装：湖南省众鑫印务有限公司	
开　　本：787mm×1092mm　16 开　　印张：16.25　　字数：386 千	
版　　次：2019 年 7 月第 1 版　　印次：2020 年 1 月第 2 次印刷	
书　　号：ISBN 978-7-5667-1746-7	
定　　价：39.00 元	

出 版 人：李文邦
出版发行：湖南大学出版社
社　　址：湖南·长沙·岳麓山　　　邮　　编：410082
电　　话：0731-88822559（发行部），88821343（编辑室），88821006（出版部）
传　　真：0731-88649312（发行部），88822264（总编室）
网　　址：http://www.hnupress.com
电子邮箱：yanxiaotao@hnu.cn

版权所有，盗版必究
湖南大学版图书凡有印装差错，请与发行部联系

前　言

随着计算机的普及,以计算机技术为基础的高新技术的广泛应用正改变着人们的生产方式、工作方式、生活方式和学习方式,计算机知识逐渐发展成为一种计算机文化。"大学计算机"课程是学生进入高校之后的第一门计算机课程,而其中的实验教学环节是相当重要和必不可少的。计算机实验教学环节可以更好地培养学生良好的信息素养以及提高学生利用计算机进行信息处理的基本技能。

本书是与理论教材《大学计算机(微课版)》配套使用的上机实验指导教程,可以协同实施线上线下相结合的混合式教学。全书分为大学计算机实验指导和大学计算机综合知识练习题及参考答案两部分。实验指导由 22 个实验项目组成,覆盖了本课程教学大纲所要求的 Windows 7 基本操作、Office 2010 操作(包括 Word 2010、Excel 2010、PowerPoint 2010、Outlook 2010)、Dreamweaver 操作及 Internet Explorer 操作的内容,并与教材章节内容同步。教师可根据学生的专业、实际水平和实际学时数选择实验内容,以满足不同层次学生学习的需要。每个实验都给出了实验目的、实验内容和实验操作步骤。学生通过综合操作和相应的实验参考步骤可以掌握实验知识要点。由于实验目的明确,实验内容和实验步骤清晰,学生可在教师指导下完成实验,也可独立完成实验操作。综合知识练习题可以帮助学生加深对基本概念的理解和掌握,使计算机理论知识和实际操作应用有机结合,全面提升学生对计算机知识的综合应用能力。

本书由多年从事"大学计算机"课程教学、具有丰富一线教学实践经验的教师共同编写。贾小军、骆红波、杨振英任主编,主要负责全书的编写与统稿工作,参与本书编写的人员还包括童小素、顾国松、许巨定、潘云燕、汪承焱等教师。

本书与理论教材《大学计算机(微课版)(Windows 7,Office 2010)》相辅相成构成整个课程。本书与理论教材在编写过程中得到了浙江省高等教育学会教材建设专业委员会和嘉兴学院教务处的大力支持,并获"浙江省普通高校'十三五'新形态教材"项目以及嘉兴学院"重点建设教材"项目资助。同时,在浙江省高等学校在线开放课程共享平台(ZJEDU. MOOCOLLEGE. COM)中,"大学计算机"课程建设有完备的电子教学资源,包含微课视频、练习、测试、操作素材和等级考试模拟试题等资源,支持移动设备在线学习,实现教材、课堂、教学资源三者融合,方便老师组织线上线下相结合的混合式教学及读者自主学习。本教材的电子教学资源获得了"浙江省精品在线开放课程建设"项目资助。

由于编者水平有限,书中难免有疏漏和不妥之处,恳请广大读者批评指正。

编　者

目　次

第一部分　大学计算机实验指导

第二部分　大学计算机综合知识练习题及参考答案

第一部分

大学计算机实验指导

实验 1　Windows 7 基本操作

1.1　实验目的

(1)熟悉 Windows 7 的启动与关闭。

(2)掌握图标、菜单、窗口、对话框的基本操作。

(3)掌握快捷方式的创建方法。

(4)掌握文件和文件夹的搜索。

1.2　实验内容

(1)Windows 7 的启动与关闭。

(2)调整桌面图标。

(3)任务栏属性设置。

(4)窗口的基本操作。

(5)对话框的操作。

(6)创建快捷方式。

(7)文件和文件夹的搜索。

1.3　实验操作步骤

1.3.1　Windows 7 的启动与关闭

1. Windows 7 的启动

打开计算机的外部设备(显示器、打印机、音箱等)电源开关,按下计算机主机电源开关,系统开始检测内存、硬盘等设备,然后自动进入 Windows 7 的桌面。启动时,若计算机设置了多个用户,会出现多用户登录界面。根据屏幕提示选择登录某用户以及输入登录密码,然后登录 Windows 操作系统,进入 Windows 的桌面。若为单用户,则直接进入 Windows 的桌面。

2. Windows 7 的关闭

关闭所有打开的应用程序窗口。单击任务栏左边的"开始"菜单,在弹出的菜单中单击"关机",计算机将自动关机。也可以单击"关机"命令右边的三角按钮选择其他系统命令,如切换用户、注销、重新启动等,实现相应操作,如图 1-1 所示。

图 1-1　关闭 Windows

1.3.2　调整桌面图标

1. 移动单个图标

用鼠标左键单击某个图标并拖动鼠标到桌面任意位置,释放鼠标。

2. 移动矩形框所包含的多个图标

先选定要移动的多个图标(用鼠标在桌面上拖出一个矩形框,包含的图标为被选中的图标),再拖动鼠标到桌面任意位置,释放鼠标。

3. 显示图标

右击桌面任意空白处,在弹出的快捷菜单中选择"查看"子菜单中的"大图标""中等图标"或"小图标"命令,观察操作后的结果,弹出的快捷菜单如图 1-2 所示。该操作可实现将桌面图标按"大图标""中等图标"或"小图标"等方式进行显示。

4. 排列图标

右击桌面空白处,在弹出的快捷菜单中选择"排序方式"子菜单中的"名称""大小""项目类型"或"修改日期"命令,观察操作后的结果,弹出的快捷菜单如图 1-3 所示。该操作可实现将桌面图标按"名称""大小""项目类型"或"修改日期"方式重新进行排序。

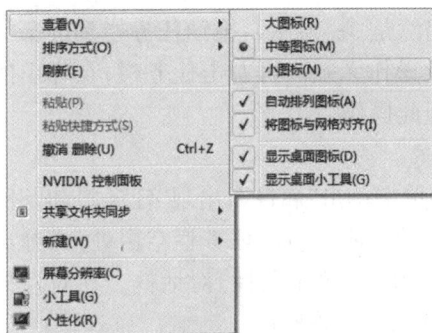

图 1-2　桌面图标调整菜单项　　　　　　图 1-3　桌面图标排列方式菜单项

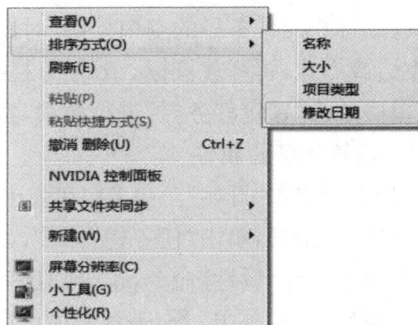

5. 保持桌面现状

右击桌面空白处,在弹出的快捷菜单中选择"查看"子菜单中的"自动排列图标"命令。此命令表示对图标的其他调整(如移动)将失效。

6. 显示/隐藏桌面

右击桌面空白处,在弹出的快捷菜单中选择"查看"子菜单中的"显示桌面图标"命令,则隐藏桌面上的所有图标,显示为一片空白。再选择"显示桌面图标"命令,则恢复显示桌面上的所有图标。

7. 显示/隐藏桌面小工具

右击桌面任意空白处,在弹出的快捷菜单中选择"查看"子菜单中的"显示桌面小工具"命令,可实现桌面小工具的显示或隐藏。此操作的前提是桌面上已显示有小工具。

1.3.3　任务栏属性设置

1. 向任务栏中添加工具

右击任务栏任意空白处,在弹出的快捷菜单中选择"工具栏",然后选择要添加的工具,如选择"地址",则"地址"工具栏将出现在任务栏中。单击"新建工具栏"以选择某个项目添加到任务栏中。

2. 锁定及解锁任务栏中的快速启动程序图标

选定某个应用程序图标,直接拖到任务栏的快速启动区域(同时会出现提示"附到任务栏",表示添加到任务栏上),释放鼠标,实现将应用程序锁定在任务栏的快速启动区域操作。

若应用程序正在运行,并在任务栏上有其程序图标,可以右击任务栏中的程序图标,单击"将此程序锁定到任务栏",实现锁定操作。

如果需要解锁任务栏中的快速启动程序图标,可右击该图标,在弹出的快捷菜单中选择"将此程序从任务栏解锁"命令,实现解锁。

3. 调整任务栏高度

鼠标指向任务栏上边界,当鼠标指针变成双向箭头 ↕ 时,上下拖动鼠标,即可改变任务栏的高度。如果鼠标指向任务栏边界时,指针未出现 ↕ 形状,表示任务栏已锁定,可右击任务栏,在弹出的快捷菜单中单击"锁定任务栏"进行解锁,然后再调整任务栏高度。

4. 改变任务栏位置

将鼠标指向任务栏的空白处(此时鼠标指针仍然是 ↖ 形状),拖动任务栏到屏幕的上边、左边或右边,再释放鼠标。若任务栏被锁定,此操作无效。可右击任务栏,在弹出的快捷菜单中单击"锁定任务栏"进行解锁,然后可实现此操作。

5. 设置任务栏属性

(1)右键单击"开始"菜单 █,在弹出的快捷菜单中单击"属性",出现"任务栏和「开始」菜单属性"对话框,单击"任务栏"标签,如图 1-4 所示。或者右击任务栏空白处,在弹出的快捷菜单中选择"属性"命令,也会弹出"任务栏和「开始」菜单属性"对话框。在对话框中可修改属性参数,其中,☑ 表示选中该属性,☐ 表示清除该属性。

(2)在"任务栏"选项卡中,选择"自动隐藏任务栏",则任务栏被隐藏,但鼠标指向任务栏在屏幕上所处区域时,即可再次显示任务栏;选择"锁定任务栏",则用户不能调整任务栏;选择"使用小图标",任务栏的应用程序图标将缩小显示。还可以对任务栏右边的应用程序图标进行设置。

(3)在"任务栏"选项卡中,单击"自定义"按钮,出现如图 1-5 所示的"自定义"窗口。通过调整应用程序的"行为"参数,可以隐藏或显示任务栏右侧应用程序的图标,设置完成后单击"确定"按钮。

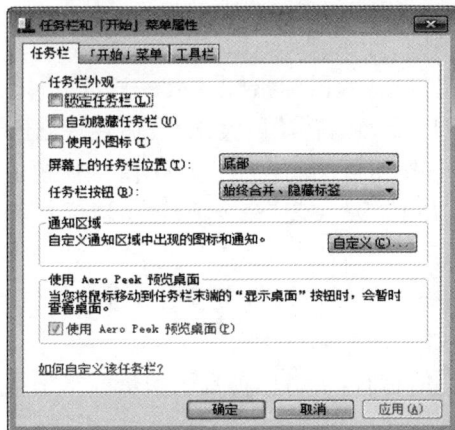

图 1-4　"任务栏和「开始」菜单属性"对话框

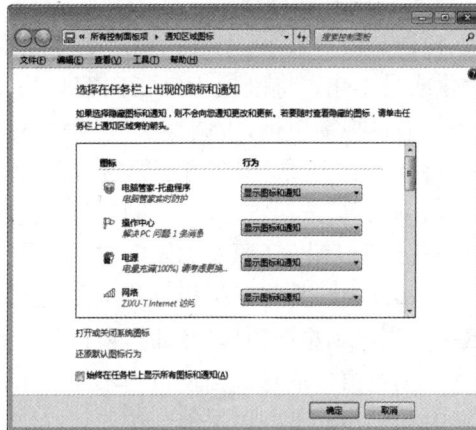

图 1-5　"自定义"窗口

1.3.4　窗口的操作

鼠标双击桌面上的"计算机"图标,出现如图 1-6 所示的窗口。

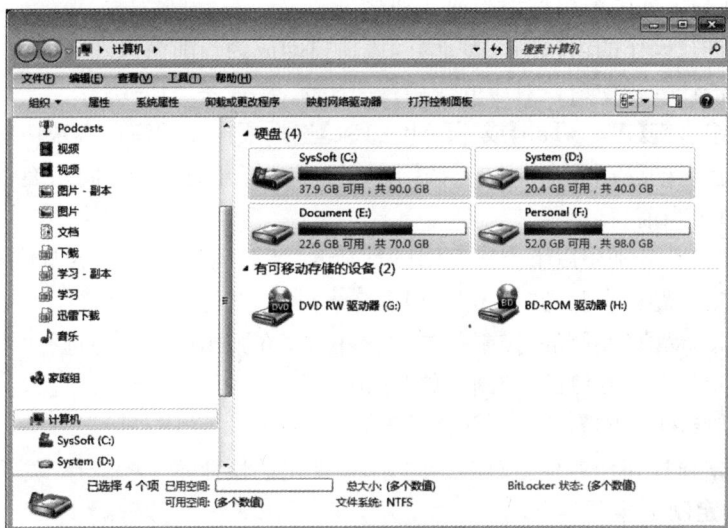

图 1-6　"计算机"窗口

1. 窗口信息的浏览

(1)在窗口中双击 C 盘图标,浏览其中的信息,双击其中要浏览的文件或文件夹,可打开该文件或文件夹。如双击文件夹"Windows",可浏览该文件夹中的所有资源。

(2)单击工具栏中的"后退"按钮 <img>,可返回到前一次浏览的文件夹或磁盘。单击工具栏中的"前进"按钮 <img>,可前进到后一次选择的文件夹或磁盘。

(3)单击地址栏中的三角按钮,可选择同级文件夹。单击地址栏中的任一目录,可定位对应文件夹。

2. 窗口的基本操作

(1)调整窗口大小。分别单击标题栏右侧的"最大化"或"最小化"按钮,可实现窗口的最大化或最小化。将鼠标指针指向窗口边框或窗口角,待鼠标指针变成 ↔、↕、↖、↗ 时,按住左键拖动鼠标,可调整窗口的大小。当窗口最大化后,"最大化"按钮变成"还原"按钮 ▣,单击"还原"按钮可还原窗口,单击"关闭"按钮可关闭窗口。单击窗口标题栏左侧的"控制菜单"按钮,选择其中的"最小化"或"最大化"及"关闭"命令项,也可以完成相应的最小化或最大化/还原及关闭窗口的操作。

(2)移动窗口。将鼠标指针指向标题栏,然后按住鼠标左键将窗口拖到合适位置,释放鼠标。当拖到桌面顶部边缘时,窗口会自动最大化。

(3)浏览窗口信息。当窗口内不能显示完所有信息时,会出现垂直滚动条或水平滚动条,此时拖动滚动条或单击滚动按钮可以浏览所有信息。

(4)排列窗口。双击桌面图标"回收站""计算机"或其他应用程序,打开至少三个窗口。鼠标右击任务栏的空白区域,在弹出的快捷菜单中分别单击"层叠窗口""堆叠显示窗口"或"并排显示窗口",观察多个窗口的排列关系。

(5)窗口切换。分别用以下方法在打开的"计算机""回收站"及应用程序窗口之间实现切换,显示在最上面的窗口称为当前活动窗口。

①单击要进行操作的窗口的任意部分,该窗口即成为当前窗口。

②鼠标单击任务栏中窗口对应的应用程序图标,实现窗口切换。

③按键盘组合键【Alt+Tab】或者【Alt+Esc】选择要操作的窗口实现切换。

④按住键盘上的【Win】键不放,再按【Tab】键可在打开的窗口之间切换,释放【Win】键后,选中的窗口为当前窗口。

(6)关闭窗口。分别用以下方法关闭已打开的"计算机""回收站"及应用程序窗口。

①单击窗口标题栏右侧的"关闭"按钮 ✕ 。

②单击窗口标题栏左侧的"控制菜单"图标位置,在弹出的菜单中选择"关闭"命令。

③双击窗口标题栏左侧的"控制菜单"图标位置。

④按组合键【Alt+F4】,直接关闭当前窗口。

⑤右键单击窗口在任务栏上对应的图标,在弹出的快捷菜单中选择"关闭窗口"命令。

3. 窗口的定制

(1)布局设置。双击桌面上的"计算机"图标,打开"计算机"窗口后,单击菜单栏下面的"组织"下拉菜单中的"布局"子菜单,可以控制界面各部分显示区域。

①执行"组织"→"布局"→"菜单栏"命令,可显示/隐藏菜单栏。

②执行"组织"→"布局"→"细节窗格"命令,可显示/隐藏细节窗格。

③执行"组织"→"布局"→"预览窗格"命令,可显示/隐藏预览窗格。

④执行"组织"→"布局"→"导航窗格"命令,可显示/隐藏导航窗格。

(2)文件夹展开及折叠。可以用以下几种方法实现。

①在导航窗格中单击图标左侧的 ▷ 图标,可展开(显示)其中的子文件夹。

②在导航窗格中单击图标左侧的 ◢ 图标,可折叠(隐藏)其中的子文件夹。

③在导航窗格中单击文件夹图标或在内容显示区中双击文件夹图标,可在右侧的窗

口中显示其文件夹中的所有内容。

1.3.5 对话框的操作

双击桌面上的 IE 浏览器图标,打开浏览器窗口。选择"工具"菜单中的"Internet 选项"命令,出现如图 1-7 所示的对话框。

①对话框的移动。将鼠标指向标题栏并拖动鼠标到目标位置,再释放鼠标。

②对话框的关闭。单击"关闭"按钮 ![X]、"确定"按钮或"取消"按钮,可实现此操作。

③帮助信息。单击 ![?] 按钮,将打开 Windows 帮助中心。

④在对话框中的移动。用鼠标直接单击对话框中的各个标签进行选择,或直接单击各个选项进行参数设置。也可用【Tab】建或【Shift+Tab】键在各个选项间进行移动。在同一组选项中,也可用方向键来移动。

⑤执行命令:按组合键【Alt+下划线字母】

图 1-7 "Internet 选项"对话框

来执行相应命令或者鼠标直接单击命令按钮。

⑥对话框中各参数的设置。单选按钮形如 ○ 或 ◉,前者为没有被选中,后者为被选中。复选框形如 □ 或 ☑,前者为没有被选中,后者为被选中。文本框显示为一个矩形框,可用于输入文字或数字。命令按钮为以圆角矩形显示且带有文字说明的按钮,如 ![确定] 。单击命令按钮会立即执行一个命令。列表框以矩形框形式显示列出可供选择的选项。下拉列表框与列表框类似,只是将选项折叠起来,右侧有一个下三角按钮,单击此按钮后会弹出所有的选项。数值框用于输入或选中一个数值,由文本框和微调按钮组成,如 ![0.13 厘米] 。可以直接在数值框中输入数值,也可以通过后面的 ![⬍] 按钮调整数值。

1.3.6 创建快捷方式

用户可对任何访问对象,如程序、文件、文件夹、磁盘驱动器、打印机或另一台计算机建立快捷方式,并把快捷方式放置在不同位置上,如桌面、开始菜单或特定文件夹中。快捷方式图标上一般带有一个箭头 ![↗] 。

1. 在桌面建立快捷方式

可以用以下方法在桌面上建立快捷方式图标。例如,在桌面上创建文件 Winword.exe 的快捷方式,它位于文件夹"C:\Program Files\Microsoft Office\OFFICE14"中。

(1)方法一。

①在桌面上双击"计算机",在打开的窗口中依次双击驱动器图标 C 盘、文件夹 Program Files 图标打开相应子文件夹,直到打开文件所在的子文件夹 OFFICE14。

②选定要创建快捷方式的文件 Winword.exe。

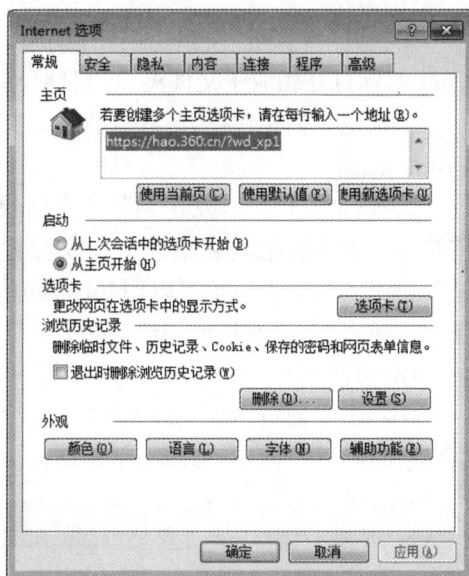

③右击要创建快捷方式的文件,在弹出的快捷菜单中选择"发送到"子菜单中的"桌面快捷方式"命令。

(2)方法二。

①打开"计算机"窗口,在打开的窗口中依次双击驱动器图标 C 盘、文件夹 Program Files 图标打开相应子文件夹,直到打开文件所在的子文件夹 OFFICE14。

②选定要创建快捷方式的项目,如文件、程序、文件夹、打印机或计算机,这里是 Winword.exe。

③执行"文件"→"发送到"→"桌面快捷方式"或"文件"→"创建快捷方式"命令,然后将快捷方式图标拖动到桌面上。或者直接右击该文件,选择快捷菜单中的"创建快捷方式",再拖到桌面上。也可以用鼠标右键拖动该文件到桌面,然后释放右键,在弹出的快捷菜单中单击"在当前位置创建快捷方式"。

(3)方法三。

①右击桌面空白处,在弹出的快捷菜单中的"新建"子菜单中单击"快捷方式",打开"创建快捷方式"向导,如图 1-8(a)所示。

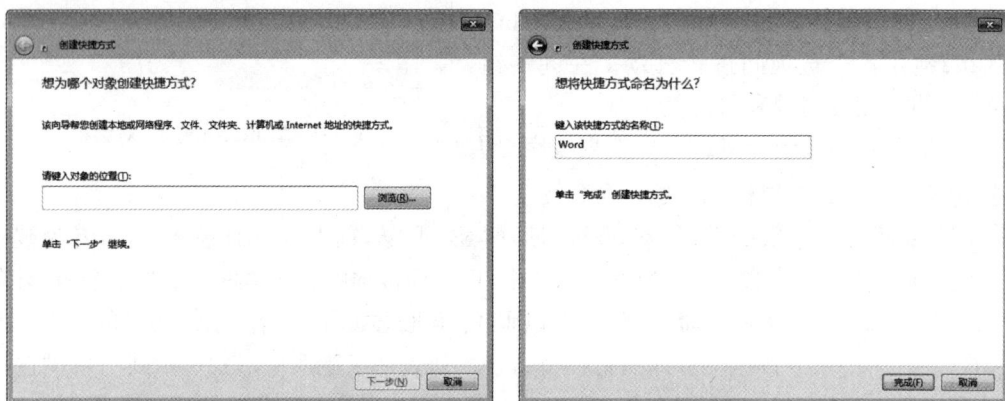

(a)　　　　　　　　　　　　(b)

图 1-8 "创建快捷方式"向导

②在"创建快捷方式"向导中的"请输入对象的位置"文本框中输入要创建快捷方式的文件的完整路径,如"C:\Program Files\Microsoft Office\OFFICE14\Winword.exe"。或单击右侧的"浏览"按钮,打开"浏览"对话框选择文件夹及文件。

③在"键入该快捷方式的名称"下面的文本框中输入快捷方式的名称,如图 1-8(b)所示,单击"完成"按钮,则桌面上生成 Winword.exe 程序的快捷方式图标 。

2. 在文件夹中创建快捷方式

(1)打开"计算机"窗口,依次双击驱动器图标、文件夹图标打开相应文件夹,直到找到要创建快捷方式的对象。

(2)选定要创建快捷方式的对象,如文件、程序、文件夹、打印机或计算机。

(3)执行"文件"→"创建快捷方式"命令。或者直接右击该对象,选择快捷菜单中的"创建快捷方式"命令。

3. 在"开始"菜单或子菜单中添加快捷方式

（1）添加到"开始"菜单的左侧。这种方式将对象或它的快捷方式添加到了"开始"菜单左侧的"固定程序列表"中。操作方法是先找到要添加的对象，如 Winword.exe，然后右键单击对象，在弹出的快捷菜单中选择"附到「开始」菜单"。若要删除，在"开始"菜单中右击该对象，在弹出的快捷菜单中选择"从「开始」菜单解锁"或"从列表中删除"即可。

（2）鼠标拖动添加。鼠标左键单击要添加的 Winword.exe 不放，将其拖到"开始"菜单左侧的"固定程序列表"中，也可以把它直接拖到"开始"菜单的"所有程序"中。

（3）复制添加。"开始"菜单的"所有程序"所在的目录为"C:\ProgramData\Microsoft\Windows\Start Menu\Programs"或者"C:\Users\电脑登录名\AppData\Roaming\Microsoft\Windows\Start Menu"，只要把 Winword.exe 的快捷方式复制到该文件夹即可。

注意：为了安全，Windows 7 将文件夹 ProgramData 和 AppData 默认为隐藏属性。

4. 在快速启动栏中建立快捷方式

在快速启动栏中建立快捷方式，操作步骤如下。

（1）先在桌面上创建指定对象的快捷方式，如 Winword.exe 的快捷方式。

（2）将桌面上 Winword.exe 的快捷方式用鼠标左键直接拖动到任务栏中的快速启动栏区域。或者用鼠标右键将桌面上该对象的快捷方式拖动到任务栏中的快速启动栏区域，然后释放鼠标，在弹出的快捷菜单中单击"在当前位置创建快捷方式"即可。

1.3.7　文件与文件夹的搜索

Windows 7 提供了强大的搜索功能，用户利用搜索功能可快速地查找到所需的文件或文件夹，并且该搜索操作简单、方便。搜索将遍历系统中的程序以及个人文件夹（包括文档、图片、音乐、桌面以及其他常见位置）中的所有文件夹。该功能还可以用来搜索用户的电子邮件、已保存的即时消息、约会和联系人，或搜索文件中与搜索关键词相同的内容。搜索操作可通过两种方法实现，以搜索文件 Winword.exe 为例进行介绍。

1. "开始"菜单上的搜索

单击桌面左下角的"开始"菜单，然后在搜索框内键入要搜索的内容 Winword.exe。键入之后，搜索结果将自动显示在"开始"菜单左边窗格中的搜索框上方，单击任一搜索结果可将其打开。还可以单击"查看更多结果"以显示整个搜索结果，此时以黄色字体显示搜索结果。

2. "资源管理器"窗口中的搜索

"资源管理器"窗口默认的搜索范围为地址栏的指定位置。操作方法是在打开的"计算机"窗口的搜索框中单击，输入搜索内容 Winword.exe。键入内容后，搜索结果将自动显示在下面的窗口工作区中，并且以黄色字体显示搜索结果。

若在特定库或文件夹中无法找到要查找的内容，则可以扩展搜索。在搜索框中输入要搜索的内容后，通过滚动条显示窗口工作区的底部，在"在以下内容中再次搜索"选择"计算机"进行搜索。根据搜索对象的不同，用户还可以选择"自定义"或"Internet"进行搜索。

1.3.8　操作与练习

（1）将桌面上的图标以"自动排列图标"方式显示，然后隐藏桌面图标。

（2）显示桌面图标，并将 Microsoft Word 2010 及 Microsoft Excel 2010 图标放到任务栏的快速启动栏中，然后将 Microsoft Excel 2010 图标从任务栏上删除。

（3）在 D 盘根目录下找到任意一个文件夹，然后建立其桌面快捷方式。

（4）在计算机本地盘中查找 Notepad.exe 和 Mspaint.exe 文件，并观察搜索结果。

1.3.9　操作参考步骤

1. 操作与练习(1)操作步骤

（1）在桌面任意空白处单击鼠标右键，在弹出的快捷菜单中选择"查看"子菜单中的"自动排列图标"命令即可。

（2）在桌面任意空白处单击鼠标右键，在弹出的快捷菜单中，选择"查看"子菜单中的"显示桌面图标"命令即可。该菜单项默认为选中，表示显示桌面图标。

2. 操作与练习(2)操作步骤

（1）在桌面任意空白处单击鼠标右键，在弹出的快捷菜单中选择"查看"子菜单中的"显示桌面图标"命令即可。

（2）在桌面上鼠标右键单击 Microsoft Word 2010 图标，在弹出的快捷菜单中单击"锁定到任务栏"即可。Microsoft Excel 2010 图标的操作方法类似。若桌面没有操作的对象，可找到相应的程序文件，在桌面建立其快捷方式，然后再锁定到任务栏。也可以启动相应程序，在任务栏中鼠标右键单击该程序图标，在弹出的快捷菜单中选择"将此程序锁定到任务栏"命令。

（3）鼠标右键单击任务栏快速启动栏中的 Microsoft Excel 2010 图标，在弹出的快捷菜单中选择"将此程序从任务栏解锁"命令，其图标将从任务栏上删除。

3. 操作与练习(3)操作步骤

打开"资源管理器"窗口，定位到 D 盘。以文件夹 KSXX 为例，鼠标右键单击 KSXX 文件夹，在弹出的快捷菜单中单击"发送到"子菜单中的"桌面快捷方式"，桌面上将出现 KSXX 文件夹的快捷方式图标。

4. 操作与练习(4)操作步骤

双击桌面上的"计算机"图标，打开"资源管理器"窗口，在地址栏右侧的搜索框中分别输入文件 Notepad.exe 和 Mspaint.exe，将自动进行搜索，并显示搜索结果。

实验 2　Windows 7 文件及文件夹管理

2.1　实验目的

(1)熟悉"资源管理器"或"计算机"的打开与关闭。

(2)掌握文件与文件夹的创建、复制、移动、重命名、属性设置、删除。

(3)熟悉回收站的操作。

(4)熟悉库的基本操作。

2.2　实验内容

(1)"资源管理器"或"计算机"窗口的打开与关闭。

(2)文件与文件夹的浏览。

(3)文件和文件夹的选定与撤销。

(4)文件与文件夹的创建、复制、移动、重命名、属性设置、删除。

(5)回收站的操作。

(6)库的基本操作。

2.3　实验操作步骤

2.3.1　窗口的打开与关闭

1. 打开"资源管理器"窗口

方法有以下几种：

①双击桌面上的"计算机"图标。

②单击桌面左下角的"开始"菜单,选择"开始"菜单右栏中的"用户名""文档""图片""音乐"或"计算机"。

③单击"开始"菜单右侧的资源管理器图标 ▦ 。

④单击"开始"菜单,选择"所有程序",然后单击"附件"中的"Windows 资源管理器"。

⑤右击"开始"菜单,在弹出的快捷菜单中单击"打开 Windows 资源管理器"。

2. 关闭"资源管理器"窗口

方法有以下几种：

①单击窗口标题栏右侧的"关闭"按钮。

②执行"文件"菜单中的"关闭"命令。

③单击窗口标题栏左侧或右击标题栏的空白处,在弹出的菜单中单击"关闭"。

④按键盘组合键【Alt＋F4】。

3. "计算机"窗口的打开与关闭方法

在桌面上直接双击"计算机"图标,可打开"计算机"窗口,其布局和资源管理器类似。其关闭方法可借鉴"资源管理器"窗口的关闭方法。

11

2.3.2　文件与文件夹的浏览

1. 查看当前文件夹内容

(1)在"资源管理器"窗口左侧导航栏窗格中的树形目录中单击"计算机"或"文档",观察窗口右侧"当前文件夹窗格"中的显示效果。

(2)单击"计算机"图标左侧的"▷"和"◢"图标,观察显示效果。

(3)展开"计算机"目录,双击图标,可隐藏其中的子文件夹。双击 D 盘图标,观察左、右窗格中的变化。

2. 改变文件和文件夹的显示方式

在"资源管理器"或"计算机"窗口中,单击"查看"菜单或工具栏中的 ▦ ▾ 按钮,选择"超大图标""大图标""中等图标""小图标""列表""详细信息""平铺""内容"命令,可以改变文件和文件夹的显示方式,如图 2-1 所示。

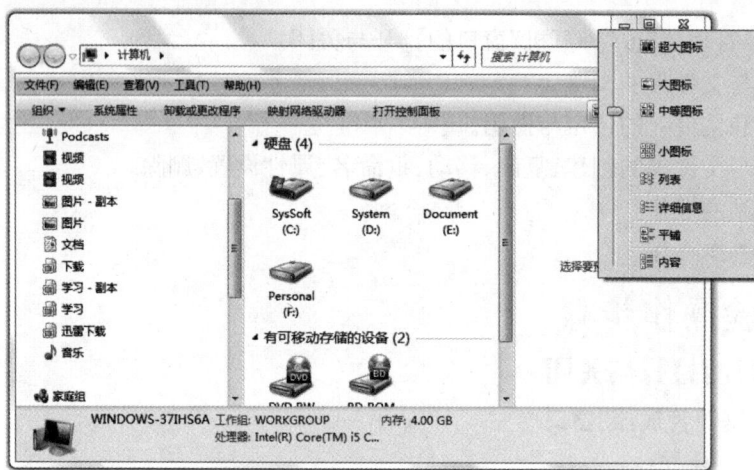

图 2-1　文件和文件夹的显示方式

也可以在右边窗格的空白处右键单击,在弹出的快捷菜单中选择"查看"子菜单中的某种显示方式。

3. 设置文件或文件夹的排列方式

(1)在"资源管理器"窗口中,执行"查看"→"排序方式"命令中的"名称""大小""类型"或"修改日期"命令,可以按升序或降序重新排列右窗格中的文件或文件夹。

(2)在"资源管理器"窗口中,右键单击,选择快捷菜单中的"排序方式"命令中的"名称""大小""类型"或"修改日期"命令,也可以按升序或降序重新排列右窗格中的文件或文件夹。

4. 设置文件夹选项

(1)设置文件打开方式,其操作步骤如下。

①在"资源管理器"窗口中,执行"工具"→"文件夹选项"命令,弹出如图 2-2(a)所示的对话框。

②分别在"浏览文件夹"区域、"打开项目的方式"区域和"导航窗格"区域根据需要设

置参数,单击"确定"按钮。

(2)设置文件的查看属性,其操作步骤如下。

①在"文件夹选项"对话框中选择"查看"选项卡,如图 2-2(b)所示。

②在"高级设置"列表框中,单击"显示隐藏的文件、文件夹和驱动器"或"隐藏已知文件类型的扩展名"选项,单击"确定"按钮,观察内容窗格中文件或文件夹的变化。

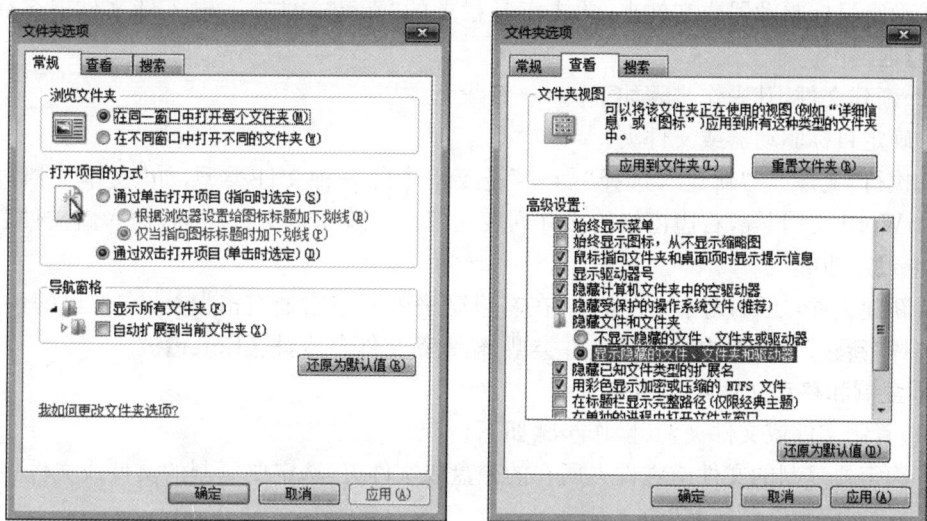

（a）　　　　　　　　　　　　（b）

图 2-2　设置文件夹选项

2.3.3　文件和文件夹的选定与撤销

打开"资源管理器"或"计算机"窗口,选择 D 盘,在右边窗格内进行如下操作。

①选定单个对象:单击要选定的对象。

②选定连续的多个对象:先单击要选定的第一个对象,按住【Shift】键,再单击最后一个要选定的对象。

③选定不连续的多个对象:先按住【Ctrl】键,再依次单击要选定的各个对象。

④框选对象:用鼠标在选定区域中拖出一个虚线框,释放鼠标后虚线框中的所有对象被选定。

⑤选定所有对象:执行"编辑"→"全部选定"命令或按【Ctrl＋A】组合键。

⑥选定已选定对象之外的其他对象:执行"编辑"→"反向选择"命令。

⑦撤销一项选定:按住【Ctrl】键,单击要取消的对象。

⑧撤销所有选定:在已选定对象之外的任意位置单击。

2.3.4　文件与文件夹的操作

1. 创建文件与文件夹

(1)新建文件夹,其操作步骤如下。

①在"资源管理器"或"计算机"窗口中的导航窗格或右边窗格中确定目标驱动器或文件夹。

②执行"文件"→"新建"→"文件夹"命令,在右边窗格的文件列表底部会出现一个名为"新建文件夹"的文件夹,形如 新建文件夹 ,输入新文件夹名后,按【Enter】键。

要新建文件夹,还可以用以下方法。

①在右边窗格中的空白处右击鼠标,在弹出的快捷菜单中执行"新建"→"文件夹"命令,输入新文件夹名后,按【Enter】键。

②确定目标驱动器或文件夹,单击工具栏上的"新建文件夹",输入新文件夹名后,按【Enter】键。

(2)新建文件,其操作步骤如下。

①确定目标驱动器或文件夹。

②执行"文件"→"新建",选择"新建"子菜单中的一种文件类型,如"文本文档""Microsoft Word 文档"等,右边窗格的文件列表底部会出现一个文件图标,输入新文件名后,按【Enter】键即可。

要新建文件,还可以用以下方法:在右边窗格中的空白处右击鼠标,在弹出的快捷菜单中选择"新建"子菜单中的一种文件类型,输入新文件名后,按【Enter】键。

2. 复制和移动文件与文件夹

(1)复制文件或文件夹,其操作步骤如下。

①确定要复制的文件或文件夹所在的磁盘或文件夹,选定要复制的文件或文件夹。

②执行"编辑"→"复制"命令。

③打开存放文件或文件夹的目标磁盘或文件夹。

④执行"编辑"→"粘贴"命令。

(2)移动文件或文件夹,其操作步骤如下。

①确定要移动的文件或文件夹所在的磁盘或文件夹,选定要移动的文件或文件夹。

②执行"编辑"→"剪切"命令。

③打开存放文件或文件夹的目标磁盘或文件夹。

④执行"编辑"→"粘贴"命令。

(3)文件与文件夹的复制或移动方法还有以下几种。

①方法一。

a.选定要复制或移动的文件或文件夹。

b.按组合键【Ctrl＋C】(复制)或【Ctrl＋X】(剪切)。

c.打开存放文件或文件夹的目标磁盘或文件夹。

d.按组合键【Ctrl＋V】(粘贴)。

②方法二。

a.选定要复制或移动的文件或文件夹。

b.执行工具栏上的"组织"→"复制"或"剪切"命令。

c.打开存放文件或文件夹的目标磁盘或文件夹。

d.执行工具栏上的"组织"→"粘贴"命令。

③方法三。

a.选定要复制或移动的文件或文件夹。

b.单击右键,选择快捷菜单中的"复制"或"剪切"命令。

c.打开存放文件或文件夹的目标磁盘或文件夹。

d.单击右键,选择快捷菜单中的"粘贴"命令。

④方法四。

a.选定要复制或移动的文件或文件夹。

b.调整"资源管理器"窗口中文件夹窗格的内容,让目标文件夹或磁盘可见。

c.按住【Ctrl】键的同时,用鼠标左键将选定对象拖动到目标文件夹或磁盘(变为高亮显示),即完成复制操作。若在不同盘间进行复制操作,可直接拖动实现。

d.若要在同一个盘上移动文件或文件夹,直接将对象拖动到目标文件夹;若要在不同驱动器之间移动对象,按住【Shift】键将选定对象拖动到目标文件夹或磁盘。

⑤方法五。

a.选定要复制或移动的文件或文件夹。

b.调整"资源管理器"窗口中文件夹窗格的内容,让目标文件夹或磁盘可见。

c.鼠标右键将选定对象拖动到目标文件夹或磁盘(变为高亮显示)后释放鼠标键。

d.在弹出的快捷菜单上选择"复制到当前位置"或"移动到当前位置"命令,可实现复制或移动操作。

3. 文件与文件夹的重命名

(1)文件或文件夹重命名的基本方法,操作步骤如下。

①在"资源管理器"窗口中,选定目标文件或文件夹。

②执行"文件"→"重命名"命令。

③输入新文件或文件夹名,按【Enter】键。

(2)文件与文件夹的更名方法还有以下几种。

①鼠标右击要改名的文件或文件夹,从弹出的快捷菜单中单击"重命名",输入新名称,按【Enter】键。

②单击要改名的文件或文件夹,将其选定后,再次单击该文件或文件夹的名称,输入新名称,按【Enter】键。

③选定要更名的文件或文件夹,执行"组织"→"重命名"命令,输入新名称,按【Enter】键。

4. 设置文件与文件夹属性

(1)文件或文件夹的属性设置,其操作步骤如下。

①在"资源管理器"窗口中,选定文件或文件夹。

②执行"文件"→"属性"命令,出现文件或文件夹属性对话框,如图 2-3 所示。

③在弹出的对话框中根据需要进行设置。文件或文件夹的属性分为只读、隐藏和存档。用户还可以对文件或文件夹的其他信息进行设置,例如安全、详细信息及以前的版本。

(2)其他操作方法,主要有以下两种。

①鼠标右击文件或文件夹,从弹出的快捷菜单中选择"属性"命令,将弹出文件或文件夹属性对话框。

②选择要设置属性的文件或文件夹,执行"组织"→"属性"命令,将弹出文件或文件夹属性对话框。

5. 删除文件或文件夹

(1)删除文件或文件夹,操作步骤如下。

①在"资源管理器"窗口中,选定文件或文件夹。

②选择下列操作之一。

a.按【Delete】键。

b.执行"文件"→"删除"命令。

c.执行"组织"→"删除"命令。

d.右击选定对象,从弹出的快捷菜单中选择"删除"命令。

e.直接拖到"回收站"图标中。

以上操作都会出现"确认文件删除"对话框,在该对话框中单击"是"按钮,将文件放入回收站。

(2)彻底删除文件或文件夹。彻底删除文件或文件夹的方法有下面两种。

①按住【Shift】键的同时,按照上述删除方法删除。

②打开"回收站"窗口,在窗口中选择要删除的文件或文件夹,单击鼠标右键,在弹出的快捷菜单中单击"删除",然后在弹出的对话框中单击"是"按钮,可彻底删除选择的文件或文件夹。

图 2-3 文件或文件夹属性对话框

2.3.5 回收站的操作

1. 恢复文件或文件夹

(1)双击桌面"回收站"图标,或者在"资源管理器"窗口左侧的导航栏中单击"回收站"图标,打开如图 2-4 所示的"回收站"窗口。

(2)选定需要恢复的文件与文件夹。

(3)选择下列操作之一,实现文件或文件夹的恢复。

①选择"文件"菜单中的"还原"命令。

②单击工具栏上的"还原此项目"按钮。

③右击被选定的文件与文件夹,在弹出的快捷菜单中单击"还原"。

2. 清空回收站

(1)打开"回收站"窗口。

(2)选择下列操作之一,实现清空回收站的操作。

①单击"文件"菜单中的"清空回收站"。

②单击工具栏上的"清空回收站"。

③在导航栏窗口中右击"回收站",在弹出的快捷菜单中单击"清空回收站"。

④在右侧窗口的空白处单击右键,在弹出的快捷菜单中单击"清空回收站"。

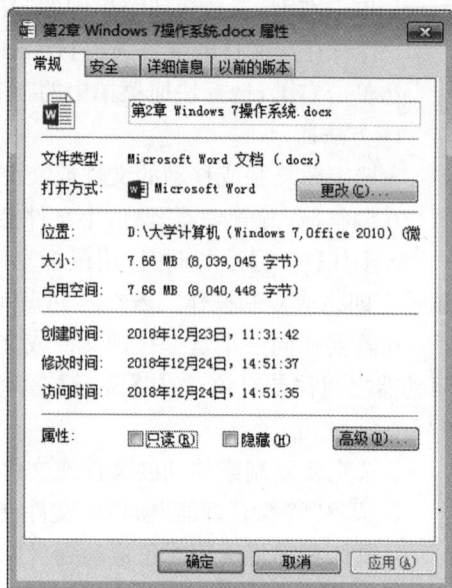

⑤在桌面上右键单击"回收站",在弹出的快捷菜单中单击"清空回收站"。

3. 设置回收站属性

右击桌面"回收站"图标,在弹出的快捷菜单中单击"属性",打开如图2-5所示的"回收站属性"对话框。根据需要设置回收站的位置、空间大小以及其他参数,单击"确定"按钮使设置生效。

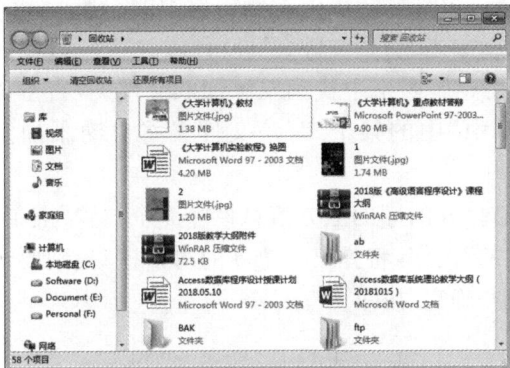

图2-4　"回收站"窗口

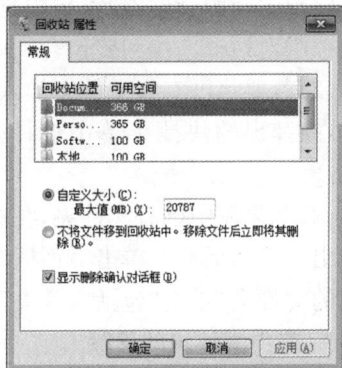

图2-5　"回收站属性"对话框

打开"回收站"属性对话框还有其他方法,如在"资源管理器"或"计算机"窗口导航栏选择"回收站"图标,执行"组织"→"属性"命令;在导航栏中右击"回收站"图标,在弹出的快捷菜单中选择"属性";或在右边窗口中的空白处单击右键,在弹出的快捷菜单中单击"属性"。

2.3.6　库的基本操作

1. 库的新建

建立一个新库,操作方法主要有以下三种。

(1)打开"资源管理器",单击导航窗格中的"库",如图2-6所示。然后单击窗口工具栏上的"新建库",键入库的名称,再按【Enter】键即可。

(2)在"资源管理器"窗口中,单击导航窗格上的"库",然后单击"文件"菜单中"新建"子菜单中的"库";或者在导航窗格上的"库"上右击,在弹出的快捷菜单中的"新建"中选择"库";也可以单击导航窗格上的"库"后,在右边的窗口工作区中任意空白处右击,在弹出的快捷菜单中的"新建"中选择"库"。使用这些方法均可建立新的库。

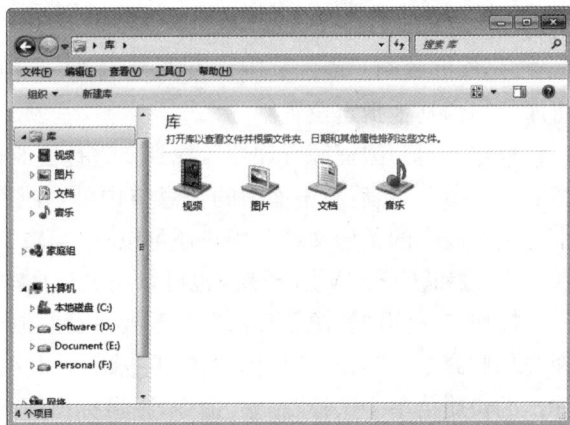

图2-6　"资源管理器"中的库

(3)根据已有文件夹设置新库。打开"资源管理器",找到要建立新库的文件夹,右击该文件夹,在弹出的快捷菜单中选择"包含到库中",然后单击"创建新库",则以该文件夹为名自动建立一个新库。

2. 将文件夹添加到已有库中

将文件夹添加到已有库中,操作方法主要有以下三种。

(1)在"资源管理器"窗口中选择库,如果是新建库,单击右侧窗口中的 包括一个文件夹 ,将弹出一个对话框。找到要包含到库的文件夹,单击"包括文件夹"即可。

(2)若要将已有的文件夹加入到库中,在导航窗格中找到要添加的文件夹,右击该文件夹,在弹出的快捷菜单中选择"包含到库中"中的某个库,该文件夹将自动添加到该库中。

(3)如果库中已有文件夹,在右侧窗口已打开的库的上方信息栏"[n]个位置"上单击,将弹出一个对话框。单击对话框右边的"添加"按钮,将弹出一个新的对话框,找到要包含到库的文件夹,单击"包括文件夹",最后单击"确定"按钮。

3. 库中文件夹的移除

这里所指的文件夹是指添加到库中的文件夹,即库中所显示的第一级文件夹。从库中移除文件夹时,不会从原始位置中删除该文件夹及其内容。移除方法有以下几种。

(1)在导航窗格中找到要移除的库中的文件夹,右击该文件夹,在弹出的快捷菜单中选择"从库中删除位置"命令,即实现移除文件夹操作。

(2)单击文件夹所在的库,在右侧窗格中的"包括:"右边的"[n]个位置"上单击,将弹出一个对话框。在对话框中选定要移除的文件夹,单击"删除"按钮,该文件夹将在窗口中消失,单击"确定"按钮,完成移除。若单击"取消"按钮,则文件夹没有被移除。

4. 库本身的操作

库本身的操作相当于对一个文件或文件夹的操作,除包括前面所介绍的库的建立外,还包括库的复制、重命名、建立快捷方式、删除及属性设置,其操作方法类似于文件或文件夹的相应操作。

(1)库的复制。库的复制涉及两种操作,一种是在库中将某个库进行备份,另一种是将库复制到其他指定位置。

操作一:打开"资源管理器",找到要进行复制的库,右击该库,在弹出的快捷菜单中选择"复制"命令,然后右击库中的任意空白处,在弹出的快捷菜单中选择"粘贴"命令,在库中将出现该库的备份文件。用户还可以在"编辑"菜单中选择"复制"和"粘贴"命令或者按【Ctrl+C】和【Ctrl+V】组合键,也可以用鼠标拖动的方法实现复制操作。

操作二:打开"资源管理器",找到要进行复制的库,右击该库,在弹出的快捷菜单中选择"复制"命令,然后确定目标位置(目标位置不在库中),右击目标位置的任意空白处,在弹出的快捷菜单中选择"粘贴"命令,在目标位置将出现所选的完整文件夹及其内容,它成为一个独立的文件夹而不是依附于库。

(2)库的重命名。其操作方法与文件或文件夹的重命名方法类似,可参照文件或文件夹的重命名方法。

(3)建立库的快捷方式。在库中建立某个库的快捷方式是指该库的快捷方式会自动放到桌面上,而不是放在库中。如建立"学习"库的快捷方式的操作方法:右击"学习"库,在弹出的快捷菜单中选择"创建快捷方式",则该快捷方式将自动放到桌面上。也可以在快捷菜单中选择"发送到"子菜单中的"桌面快捷方式"来实现。

(4)库的删除。在"资源管理器"窗口左侧的导航栏中选择要删除的库,右击该库,在弹出的快捷菜单中选择"删除",将弹出是否删除的确认对话框,单击"是"按钮,完成删除。如果删除库,会将库移到"回收站"。由于在该库中访问的文件和文件夹存储在其他位置,因此不会被删除。如果意外删除四个默认库(文档、音乐、图片、视频)中的一个,可以在导航窗格中将其还原为原始状态。方法:右键单击导航窗格中的"库",然后在弹出的快捷菜单中单击"还原默认库"。

(5)库的属性设置。打开"资源管理器",找到某个库,右击该库,在弹出的快捷菜单中选择"属性"命令,弹出一个对话框,通过选定或取消"显示在导航窗格中"和"已共享"前面的复选框实现属性设置。对话框中的"库位置"处显示了该库包含的文件夹,其中带"√"的文件夹为默认保存位置,可以选择其他文件夹,单击"设置保存位置"来实现改变默认保存位置。单击"包括文件夹",可以将其他文件夹增加到该库中。若选定某个文件夹,单击"删除",可实现将选定的文件夹从库中移除其位置。单击"优化此库"下面的下拉列表框,可以优化库,目前只能优化默认的四种库:文档、音乐、图片和视频。单击"确定"或"应用"按钮可使各项操作有效,单击"取消"按钮可使操作无效。

(6)库中文件和子文件夹的操作。建立新库及将某个文件夹加入到该库中后,可在"资源管理器"的右侧相应库窗口中对其中的文件或子文件夹进行各种操作,如文件或子文件夹的新建、复制、移动、删除、重命名、属性设置等。这些操作会直接反映到原始文件或子文件夹中,就像在原始位置上操作一样,所以在库中进行文件或子文件夹删除操作时要特别注意,若在库中进行删除操作,则原始位置处的相应文件或子文件夹也被删除。

2.3.7 文件与文件夹的例题

(1)在 D 盘根目录下新建文件夹 KSXX 和 SXXY,并在 KSXX 文件夹下新建两个子文件夹 SUB1 和 SUB2。

(2)在文件夹 KSXX 中新建一个文本文件 first.txt,两个 Word 文件 second.docx 和 third.docx。

(3)将文件 first.txt 和 second.docx 复制到子文件夹 SUB1 中,将文件 third.docx 移动到子文件夹 SUB2 中。

(4)将子文件夹 SUB1 复制到文件夹 SXXY 文件夹下,同时将 SXXY 文件夹下的子文件夹 SUB1 改名为 MYSUB。

(5)将 MYSUB 子文件夹中的 first.txt 文件更名为"我的文件.docx"。并将该子文件夹中的另一个文件 second.docx 设置为只读及隐藏属性。

(6)删除 SUB1 中的两个文件。

(7)还原文件 first.txt。

(8)搜索 D 盘中所有以 docx 为扩展名的文件。

2.3.8　文件与文件夹的例题操作参考步骤

对于文件与文件夹的操作,可以用多种方法实现,参考步骤中仅给出了其中的某种方法。读者在操作时,可根据需要选择一种方法来实现。

1. 第(1)题参考步骤

(1)打开"资源管理器",在窗口左侧窗格中单击"D 盘"。

(2)在"资源管理器"右侧窗格中的任意空白处右击,在弹出的快捷菜单中单击"新建"子菜单中的"文件夹"。

(3)输入新文件夹名称 KSXX,按【Enter】键。

(4)重复步骤(2)和(3),建立文件夹 SXXY。

(5)在右侧窗口中双击文件夹 KSXX,进入该文件夹,重复步骤(2)和(3),建立子文件夹 SUB1 和 SUB2。

2. 第(2)题参考步骤

(1)在"资源管理器"左侧窗格中找到文件夹 KSXX,单击该文件夹名称。

(2)在右侧窗格中任意空白处右键单击,然后在弹出的快捷菜单中单击"新建"子菜单中的"文本文档"。

(3)直接输入新文件名 first,按【Enter】键。

(4)在右侧窗格中任意空白处右键单击,在弹出的快捷菜单中单击"新建"子菜单中的"Microsoft Word 文档",输入新文件名 second,按【Enter】键。

(5)重复步骤(4),建立文件 third.docx。

3. 第(3)题参考步骤

(1)在"资源管理器"窗口中,打开 KSXX 文件夹。

(2)选定文件 first.txt 和 second.docx,单击"编辑"菜单中的"复制"。

(3)打开 SUB1 文件夹。

(4)单击"编辑"菜单中的"粘贴"。

(5)打开 KSXX 文件夹,选定文件 third.docx,单击"编辑"菜单中的"剪切"。

(6)打开 SUB2 文件夹,单击"编辑"菜单中的"粘贴"。

4. 第(4)题参考步骤

(1)在"资源管理器"窗口中,打开文件夹 KSXX。

(2)选定子文件夹 SUB1,按【Ctrl+C】组合键。

(3)打开文件夹 SXXY。

(4)按【Ctrl+V】组合键。

(5)选定子文件夹 SUB1,单击"文件"菜单中的"重命名",输入新文件夹名 MYSUB。

5. 第(5)题参考步骤

(1)在"资源管理器"窗口中,打开子文件夹 MYSUB。

(2)若菜单栏已显示,单击"工具"菜单中的"文件夹选项",弹出"文件夹选项"对话框。否则,须先将菜单栏显示出来,再进行相应操作。

(3)在弹出的对话框中,单击"查看"选项卡,在高级设置的列表框中,取消"隐藏已知文件类型的扩展名"项,单击"确定"按钮。

(4)在 MYSUB 子文件夹中选定文件 first.txt,并右键单击,在弹出的快捷菜单中单击"重命名",输入新文件名"我的文件.docx",按【Enter】键。在弹出的对话框中单击"是"按钮。

(5)选定文件 second.docx,单击右键,在弹出的快捷菜单中单击"属性"。

(6)在弹出的"属性"对话框中选定"只读"和"隐藏"属性,单击"确定"按钮。

6.　第(6)题参考步骤

(1)在"资源管理器"窗口中,打开 SUB1 子文件夹。

(2)选中其中的两个文件,按【Delete】键。

(3)在弹出的对话框中单击"是"按钮。

7.　第(7)题参考步骤

(1)双击桌面上的"回收站"图标,打开"回收站"窗口。

(2)选定文件 first.txt。

(3)单击工具栏中的"还原此项目"。

8.　第(8)题参考步骤

(1)打开"资源管理器"窗口,单击左侧窗格中的"D 盘"。

(2)在"资源管理器"窗口标题栏右侧下面的搜索窗口中输入"＊.docx",系统将自动搜索,并显示搜索结果。

2.3.9　库的例题

(1)在系统中建立一个新库,库名为"学习"。

(2)将 D 盘根目录下的文件夹 KSXX 和 SXXY 添加到"学习"库中。

(3)将"学习"库进行复制,并将其更名为"study"。

(4)在桌面上建立"学习"库的快捷方式。

(5)将"study"库中的文件夹 KSXX 移除。

(6)删除"study"库。

2.3.10　库的例题操作参考步骤

对于库的操作,可以用多种方法实现,参考步骤中仅给出了其中的某种方法。读者在操作时,可根据需要选择一种方法来实现。

1.　第(1)题参考步骤

(1)打开"资源管理器"窗口,单击导航窗格中的"库"。

(2)选择工具栏上的"新建库"命令。

(3)直接输入"学习",按【Enter】键。

2.　第(2)题参考步骤

(1)打开"资源管理器"窗口,单击导航窗格中的"库",然后单击"学习"。

(2)单击右侧窗口中的"包括一个文件夹",在打开的对话框中选择 D 盘根目录下的文件夹 KSXX,然后选择"包括文件夹"命令。

(3)在"资源管理器"右侧窗口中,单击"包括:"右边的"1 个位置",弹出"学习库位置"对话框。

(4)单击对话框中的"添加",弹出"将文件夹包括在学习中"对话框,选择 D 盘根目录下的文件夹 SXXY,单击"包括文件夹",最后单击"确定"按钮。

3. 第(3)题参考步骤

(1)在打开的"资源管理器"窗口中,单击左侧导航栏窗格中的"库"。

(2)在右侧窗格中选择"学习",按【Ctrl+C】组合键,实现复制。

(3)直接按【Ctrl+V】组合键,实现粘贴,出现"学习-副本"。

(4)右键单击"学习-副本",在弹出的快捷菜单中单击"重命名"。

(5)直接输入库名"study",按【Enter】键。

4. 第(4)题参考步骤

(1)在打开的"资源管理器"窗口中选择"学习"库。

(2)右键单击"学习",在弹出的快捷菜单中单击"发送到"子菜单中的"桌面快捷方式",或单击快捷菜单中的"创建快捷方式"。

5. 第(5)题参考步骤

(1)在打开的"资源管理器"窗口中,双击导航窗格中的"study"。

(2)右键单击 KSXX,在弹出的快捷菜单中单击"从库中删除位置"。

6. 第(6)题参考步骤

(1)在打开的"资源管理器"窗口中选择"study"库。

(2)右击"study",在弹出的快捷菜单中单击"删除",然后在弹出的对话框中单击"是"按钮。

2.3.11 操作与练习

(1)在 D 盘根目录下建立一个文件夹 MYCCB,并在文件夹 MYCCB 下分别建立两个子文件夹 CCB1 和 CCB2。

(2)在 D 盘的文件夹 MYCCB 中新建一个文本文件 Mytext.txt 和一个 Word 文件 Wordfile1.docx。

(3)将文件 Mytext.txt 复制到子文件夹 CCB1 中,将文件 Wordfile1.docx 移动到子文件夹 CCB2 中。

(4)将文件夹 MYCCB 中的文件 Mytext.txt 重命名为"文本文档 1.txt",并将其属性设为只读。

(5)彻底删除子文件夹 CCB1 中的文件文本文档 1.txt。

(6)建立一个新库"资料"。

(7)将 MYCCB 文件夹添加到"资料"库,并备份"资料"库。将备份的"资料"库重命名为"存档"。

操作与练习(1)～(7)操作步骤
略。

实验 3 Windows 7 控制面板及工具软件

3.1 实验目的

(1)掌握控制面板的常用操作。
(2)熟悉常用的磁盘处理与维护工具。
(3)掌握常用的汉字输入方法。
(4)掌握常用的工具软件。

3.2 实验内容

(1)控制面板的常用操作,包括显示外观和个性化设置、调整系统日期/时间、自定义鼠标、常用输入法的设置、添加或删除程序、打印机设置、桌面小工具、用户账户管理。

(2)磁盘管理工具,包括硬盘属性查看与设置、检查修复磁盘错误、碎片整理、磁盘清理。

(3)压缩/解压缩软件 WinRAR 的使用。
(4)画图的使用。
(5)截图工具的使用。
(6)写字板的使用。

3.3 实验操作步骤

3.3.1 控制面板的打开

控制面板的打开方法通常有以下两种。
①单击桌面左下角的"开始"菜单,在打开的"开始"菜单右侧选择"控制面板"命令。
②在"资源管理器"或"计算机"窗口左侧导航栏中单击"桌面",并在右侧窗口中双击"控制面板",将出现如图 3-1 所示的窗口。

图 3-1 "控制面板"窗口

3.3.2　显示外观和个性化设置

显示外观和个性化设置操作主要包括桌面背景、屏幕保护程序及显示器分辨率的设置。

1. 设置桌面背景

(1)在"控制面板"窗口中,单击"外观和个性化"组下的"更改桌面背景"链接,将弹出如图 3-2 所示的窗口。或者在桌面空白处单击右键,在弹出的快捷菜单中单击"个性化",在弹出的窗口右侧拖动垂直滚动条,再单击"桌面背景"链接。

(2)在"桌面背景"窗口中的"图片位置(L)"下拉列框表中选择自己喜欢的图片作为墙纸。也可以单击"浏览"按钮从磁盘中选择图片。

(3)在"桌面背景"窗口中的"图片位置(P)"下拉列表框中选择一种图片展示方式,可单击"填充""居中""平铺"或"拉伸"等方式。

(4)单击"保存修改"按钮。

2. 设置屏幕保护程序

(1)在桌面空白处单击右键,选择快捷菜单中的"个性化",在弹出的窗口右侧拖动垂直滚动条,再单击"个性化"窗口右下角的"屏幕保护程序"链接,弹出如图 3-3 所示的对话框。

(2)在"屏幕保护程序"下拉列表框中选择自己喜欢的屏幕保护程序,其余参数可以根据需要进行设置,如"等待"时间、"在恢复时显示登录屏幕"等。

(3)单击"应用"按钮,还可继续进行其他参数的设置。

(4)单击"确定"按钮,保存设置并关闭对话框。

图 3-2　设置桌面背景

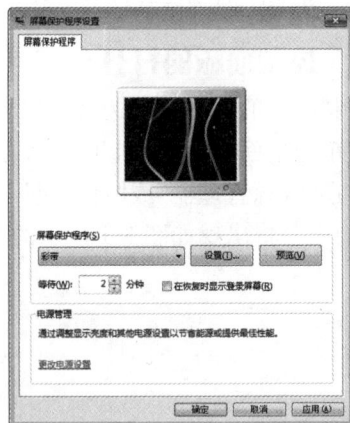

图 3-3　设置屏幕保护程序

3. 设置显示器的分辨率

(1)在"控制面板"窗口中,单击"外观和个性化"组下的"调整屏幕分辨率"链接,弹出如图 3-4 所示的窗口。

(2)单击"分辨率"下拉列表框,可以选择合适的分辨率。在"方向"下拉列表框中选择一种方向。还可以单击"高级设置",在弹出的对话框中对"适配器""监视器"等进行设置。

（3）单击"应用"按钮，还可继续进行其他参数的
设置。

（4）单击"确定"按钮，保存设置并关闭对话框。

3.3.3　调整系统日期/时间

1. 打开"日期和时间属性"对话框

选择下列两种方法打开如图 3-5 所示的"日期和
时间属性"对话框。

（1）单击"控制面板"窗口中的"时钟、语言和区
域"，在弹出的窗口右侧单击"设置时间和日期"链接，
然后在弹出的对话框中单击"更改日期和时间"，弹出
如图 3-5(a)所示的对话框。

（2）单击任务栏右边的"日期和时间"所在区域，
在弹出的小窗口中单击"更改日期和时间设置"，然后
在弹出的对话框中单击"更改日期和时间"，也会弹出
如图 3-5(a)所示的对话框。

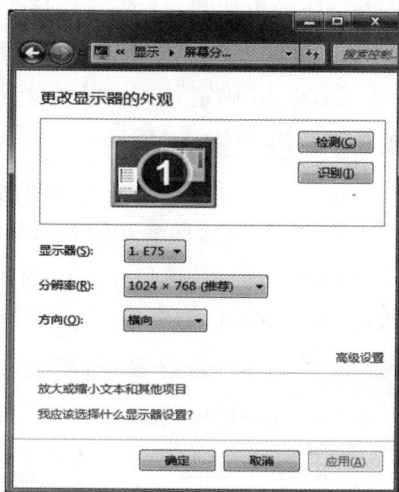

图 3-4　设置屏幕分辨率

2. 设置系统的日期和时间

（1）在"日期和时间设置"对话框中，将日期和时间设置成所需要的日期及时间，单击
"确定"按钮。

（2）单击"更改日历设置"，将分别弹出"区域和语言"和"自定义格式"对话框，可以对
数字、货币、时间、日期等项目进行设置，分别如图 3-5(b)及图 3-5(c)所示。

（3）单击"确定"按钮，退出设置操作。

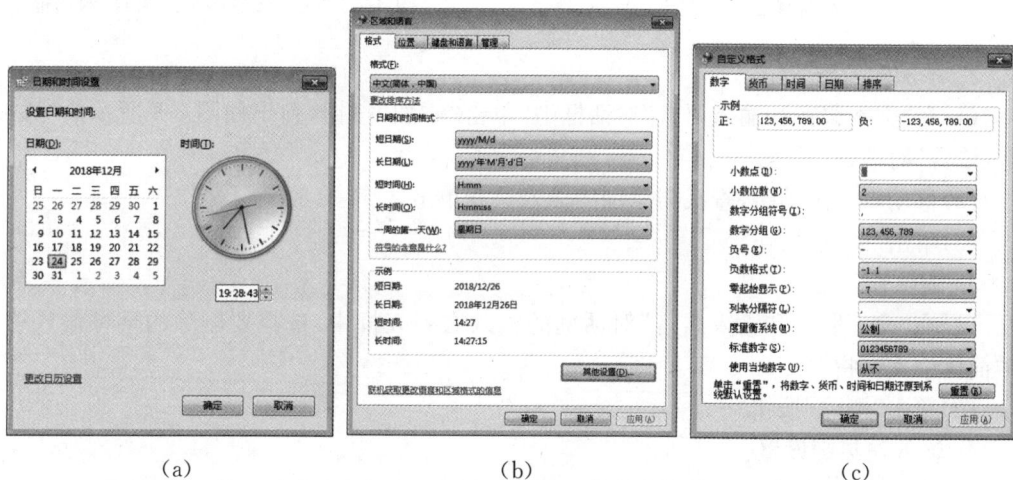

（a）　　　　　　　　　　（b）　　　　　　　　　　（c）

图 3-5　设置日期和时间

3.3.4　设置鼠标

设置鼠标属性的操作步骤如下。

（1）在"控制面板"窗口中，单击"硬件和声音"组链接，在设备和打印机组下单击"鼠

25

标"链接,弹出如图 3-6 所示的对话框。

(2)在对话框中根据需要设置相应的选项,如鼠标键、指针、指针选项、滑轮及硬件等。

(3)单击"确定"按钮,保存设置并关闭对话框。

3.3.5 设置输入法

输入法的设置主要包括添加、删除输入法以及输入法的热键设置。

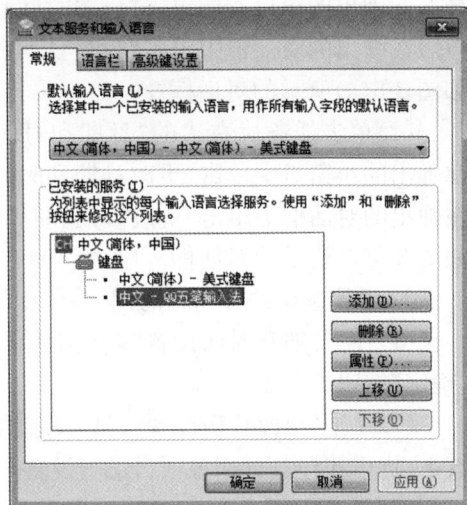

1. 打开"文本服务和输入语言"对话框

在"控制面板"窗口中,在"时钟、语言和区域"组中单击"更改键盘或其他输入法"链接,在弹出的对话框中单击"更改键盘"按钮,弹出如图 3-7 所示的对话框。

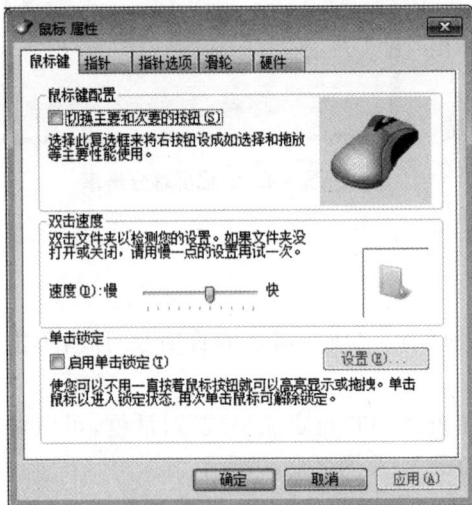

图 3-6 "鼠标属性"对话框　　　　图 3-7 "文本服务和输入语言"对话框

2. 添加输入法

(1)在"文本服务和输入语言"对话框中,单击"添加"按钮,弹出如图 3-8 所示的"添加输入语言"对话框。

(2)移动垂直滚动条,查找需添加的输入法并单击之。

(3)单击"确定"按钮。

3. 删除输入法

(1)在"文本服务和输入语言"对话框的输入法列表框中,选择要删除的某种输入法,如"简体中文全拼"。

(2)单击"删除"按钮。

4. 输入法热键设置

(1)在"文本服务和输入语言"对话框中,单击"高级键设置"选项卡,如图 3-9 所示。

(2)单击"更改按键顺序"按钮,出现"更改按键顺序"对话框,如图 3-10 所示。

(3)设置新的热键后,单击"确定"按钮。

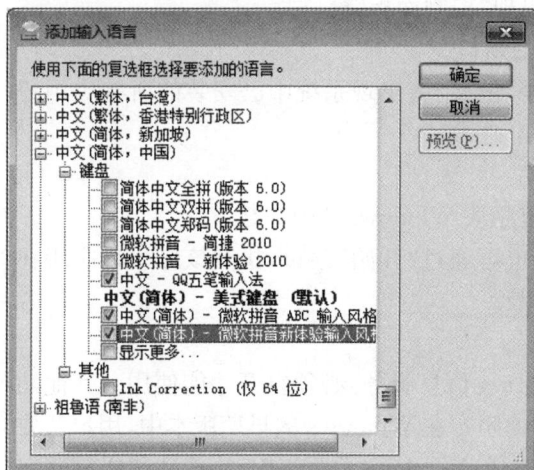

图 3-8 "添加输入语言"对话框

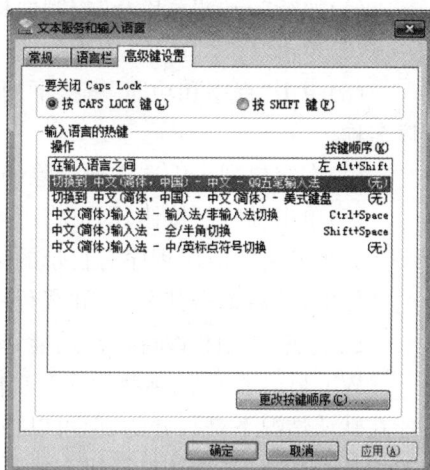

图 3-9 "高级键设置"对话框

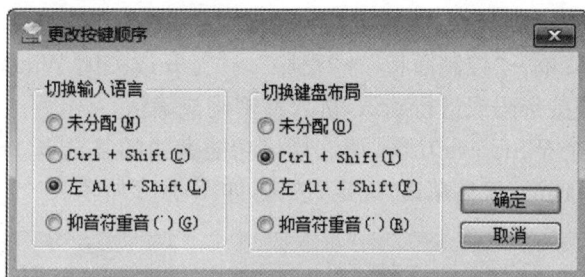

图 3-10 "更改按键顺序"对话框

3.3.6 添加或删除程序

1. 添加新程序

添加新程序是指在计算机中安装一个应用程序。应用程序的安装主要分为以下几种情况。

(1)从 CD 或 DVD 安装程序。将光盘插入光驱,然后按照屏幕上的说明操作。如果系统提示输入管理员密码或进行确认,键入该密码或确认。

(2)从 CD 或 DVD 安装的许多程序会自动启动程序的安装向导。在这种情况下,系统将显示"自动播放"对话框,然后用户可以选择运行该向导进行应用程序安装。

(3)如果程序无法安装,请检查程序附带的信息。该信息可能会提供手动安装该程序的说明。如果无法访问该信息,还可以浏览整张光盘,然后打开程序的安装文件,其文件名通常为 Setup.exe 或 Install.exe。

(4)如果程序是为 Windows 的某个早期版本编写的,运行"程序兼容性疑难解答",按提示进行操作。

2. 删除程序

删除程序是指将计算机中的某个应用程序进行卸载。其操作步骤如下。

　　(1)执行"开始"菜单→"控制面板"命令,出现"控制面板"窗口。

　　(2)单击"程序"链接,出现如图 3-11 所示的窗口。

　　(3)单击"程序和功能"链接下的"卸载程序"链接,将出现系统中已安装的所有应用程序名称。

　　(4)在窗口列表中选定要删除的程序。

　　(5)单击"卸载"按钮,即可将已经安装的程序从 Windows 7 中卸载。

　　如果安装的应用程序有自带的卸载程序,也可通过"开始"菜单,找到该应用程序所在的文件夹,然后单击其中的"卸载程序"进行卸载。

3. 打开或关闭 Windows 功能

　　Windows 附带的某些程序和功能(如 Internet 信息服务)必须打开才能使用。其他功能在默认情况下是打开的,但可以在不使用时关闭。在 Windows 的早期版本中,用户若要关闭某个功能,必须从计算机上将其完全卸载。在 Windows 7 版本中,这些功能仍存储在硬盘上,以便用户可以在需要时重新打开它们。关闭某个功能不会将其卸载,并且不会减少 Windows 该功能所使用的硬盘空间量。若要打开或关闭 Windows 功能,可按照下列步骤操作。

　　(1)执行"开始"菜单→"控制面板"→"程序"→"打开或关闭 Windows 功能"命令。如果系统提示输入管理员密码或进行确认,键入该密码或确认。

　　(2)若要打开某个 Windows 功能,请选择该功能旁边的复选框。若要关闭某个 Windows 功能,清除该复选框,最后单击"确定"按钮,如图 3-12 所示。

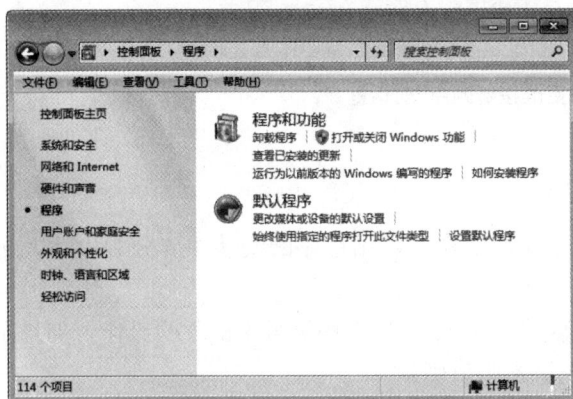

图 3-11　"程序"管理窗口　　　　　　图 3-12　"Windows 功能"窗口

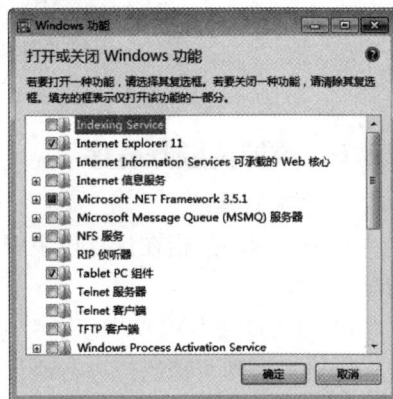

3.3.7　设置打印机

　　利用打印机进行文档打印,必须将打印机连接到计算机。将打印机连接到计算机的方式有几种。选择哪种方式取决于设备本身,以及是在家中还是在办公室。对打印机的操作分为添加打印机、设置默认打印机以及删除打印机。

1. 添加打印机

　　该命令用来安装打印机的驱动程序,可以安装本地打印机或网络打印机,其操作步骤如下。

（1）执行"开始"菜单→"控制面板"命令，出现"控制面板"窗口。单击窗口中的"硬件和声音"链接，出现"硬件和声音"窗口。

（2）单击"设备和打印机"下面的"添加打印机"，将出现提示向导。可依次按照提示信息进行本地打印机或网络打印机的安装。

或者按照以下步骤进行安装：执行"开始"菜单→"设备和打印机"命令，将弹出"设备和打印机"窗口，单击"添加打印机"，根据提示进行安装。

2. 设置默认打印机

如果计算机系统中安装了多台打印机，用户在执行具体的打印任务时可以选择某台打印机进行打印，或者将某台打印机设置为默认打印机。要设置默认打印机，打开"设备和打印机"窗口，在某台打印机图标上右键单击，在弹出的快捷菜单中单击"设为默认打印机"即可。默认打印机的图标左上角有一个"√"标志。

3. 删除打印机

删除打印机是指删除打印机的驱动程序。其操作步骤：首先要打开"设备和打印机"窗口，右键单击要删除的打印机，在弹出的快捷菜单中单击"删除设备"，然后单击"是"按钮。如果无法删除打印机，请再次右键单击，依次单击"以管理员身份运行""删除设备"，然后单击"是"按钮。如果系统提示输入管理员密码或进行确认，键入该密码或确认。

3.3.8　桌面小工具

1. 在桌面上添加小工具

（1）打开控制面板，若是分类视图方式，单击"外观和个性化"或者"程序"图标或名称，在打开的窗口中单击"桌面小工具"即可。若控制面板为大图标或小图标显示方式，直接单击"桌面小工具"即可。

（2）若要往桌面添加某个小工具，如"时钟"，在图 3-13（a）中双击"时钟"图标即可；或者右键单击"时钟"，在弹出的快捷菜单中选择"添加"命令。

2. 设置小工具

单击"时钟"右上角的"选项"按钮 ，打开"时钟"对话框。在打开的对话框中，单击"时钟"下方的三角箭头，可以选择"时钟"的外观，可以在"时钟名称"文本框中输入时钟的名称，在"时区"中选择当前的时区，也可选择或取消秒钟。设置完成后，单击"确定"按钮。也可通过快捷菜单对桌面小工具进行设置。右键单击桌面上的"时钟"小工具，会弹出一个快捷菜单，如图 3-13（b）所示，可根据需要进行相应的设置。单击"选项"按钮，将弹出"时钟"对话框，可进行相应的设置。

3. 关闭桌面小工具

直接单击小工具右上角的"关闭"按钮 。或者在需要关闭的小工具上单击鼠标右键，在弹出的快捷菜单中选择"关闭小工具"命令。

(a)　　　　　　　　　　　　　　　　　　　(b)

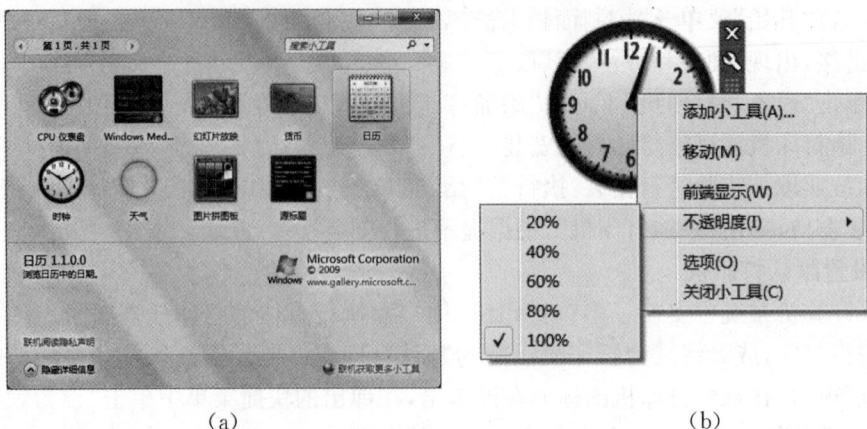

图 3-13　桌面小工具

3.3.9　用户账户管理

1. 打开"账户管理"窗口

执行"开始"菜单→"控制面板"命令，出现"控制面板"窗口。单击"用户账户和家庭安全"链接下面的"添加或删除用户账户"，打开如图 3-14 所示的"管理账户"窗口。或者在"控制面板"窗口中单击"用户账户和家庭安全"，在打开的窗口中单击"添加或删除用户账户"，也可以打开"管理账户"窗口。

2. 创建账户

(1)选择"管理账户"窗口中的"创建一个新账户"命令。

(2)键入要为用户账户提供的名称，选择账户类型，然后单击"创建账户"按钮，系统将自动建立新建账户的使用环境。

图 3-14　"管理账户"窗口

3. 更改账户

(1)在"管理账户"窗口中单击要更改的账户，将弹出一个更改账户的窗口。

(2)在打开的窗口中，可以对选择的账户进行更改账户名称、创建密码、更改图片、设置家长控制、更改账户类型、删除账户等操作。

3.3.10　磁盘清理和碎片整理

长期使用磁盘，将产生垃圾文件及磁盘碎片，影响磁盘性能。

1. 磁盘清理

(1)执行"开始"菜单→"所有程序"→"附件"→"系统工具"→"磁盘清理"命令，弹出如图 3-15 所示的"磁盘清理:驱动器选择"对话框。

(2)在对话框中选择要清理的驱动器，单击"确定"按钮，系统将自动扫描要清理的驱动器。

(3)扫描结束后，弹出如图 3-16 所示的对话框。勾选要删除的文件，单击"确定"按钮，又将弹出一个对话框。在对话框中单击"删除文件"按钮，系统立即开始清理磁盘。

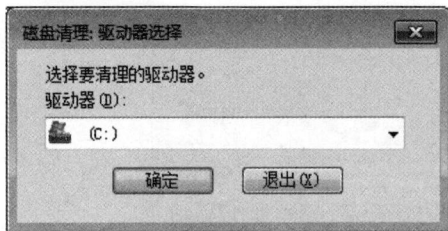

图 3-15　"磁盘清理：驱动器选择"对话框

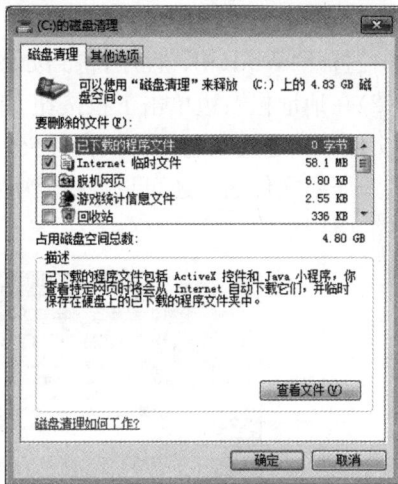

图 3-16　"磁盘清理"对话框

2. 磁盘碎片整理

（1）执行"开始"菜单→"所有程序"→"附件"→"系统工具"→"磁盘碎片整理程序"命令，弹出如图 3-17 所示的对话框。或者打开"计算机"窗口，右击某个盘符（C 盘）图标，在弹出的快捷菜单中选择"属性"，弹出"属性"对话框。再单击"工具"选项卡，单击"立即进行碎片整理"按钮，也会弹出如图 3-17 所示的对话框。

（2）分别选定 C 盘和 D 盘，单击"分析磁盘"按钮，对不同的磁盘进行分析后会显示相应的碎片比例。根据比例，可确定是否进行磁盘碎片整理。

（3）选择某个盘符，单击"磁盘碎片整理"，可对选定的磁盘进行磁盘碎片整理。

（4）也可以对磁盘整理设定操作计划，单击"配置计划"按钮，弹出如图 3-18 所示的对话框，设置对应磁盘以及操作计划，单击"确定"按钮。

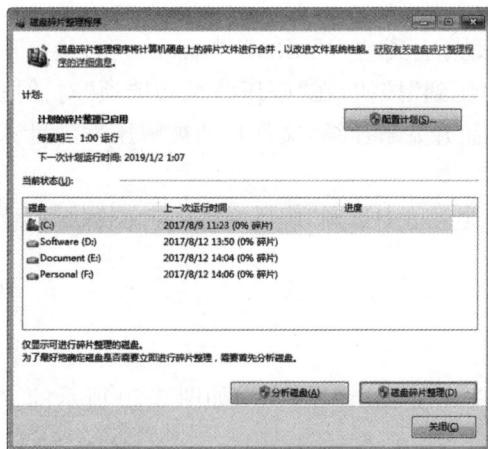

图 3-17　"磁盘碎片整理程序"对话框

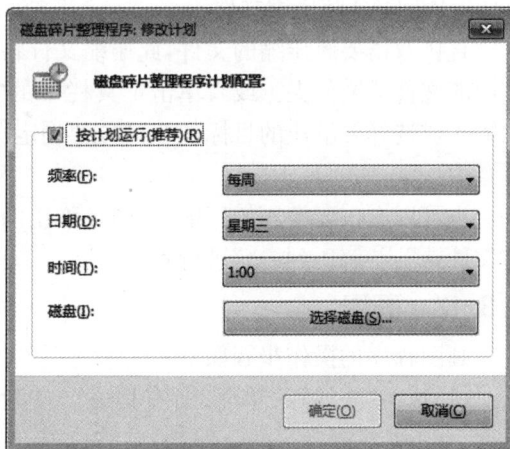

图 3-18　"磁盘碎片整理程序：修改计划"对话框

3.3.11 压缩/解压缩软件 WinRAR

1. WinRAR 压缩文件

(1)打开"WinRAR"程序,得到如图 3-19 所示的主界面。

(2)在地址栏右边单击下拉按钮,用来确定要压缩的文件或文件夹所在的位置。在列出的文件中单选或多选文件或文件夹,单击"添加"按钮,将打开"压缩文件名和参数"对话框,输入压缩文件名。还可以通过"浏览"确定压缩位置,单击"确定"按钮开始压缩,并生成压缩文件。

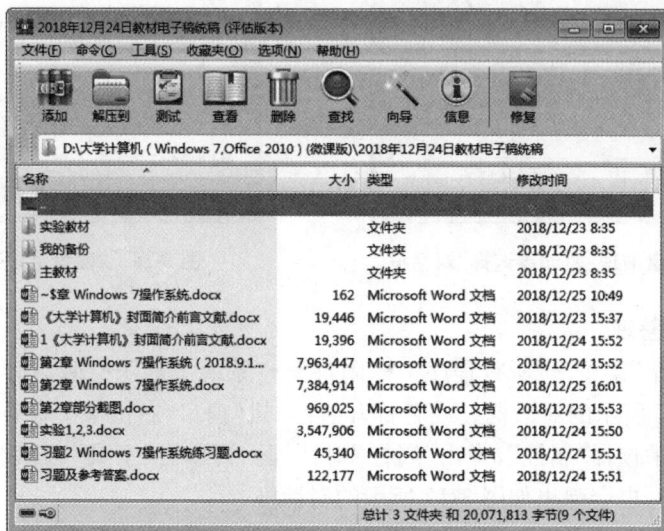

图 3-19 WinRAR 界面

也可以右击要压缩的文件或文件夹,在弹出的快捷菜单中选择"添加到压缩文件…"或"添加到….RAR"命令进行压缩。建立的压缩文件与源文件或文件夹位于相同的文件夹中。

2. WinRAR 解压缩文件

直接双击要解压缩的文件,此压缩文件将自动解压缩在 WinRAR 界面中,可直接打开其中的文件或文件夹。或者单击工具栏中的"解压到"按钮,在"解压路径和选项"对话框中输入或选择要解压的目标位置,单击"确定"按钮开始解压缩,文件自动被解压缩到目标位置中。

也可以右击要解压的压缩文件,在弹出的快捷菜单中选择"解压文件…"或"解压到当前文件夹"或"解压到…\"进行解压。

3.3.12 画图

画图程序的操作步骤如下:

(1)执行"开始"菜单→"所有程序"→"附件"→"画图"命令,弹出如图 3-20 所示的主界面。

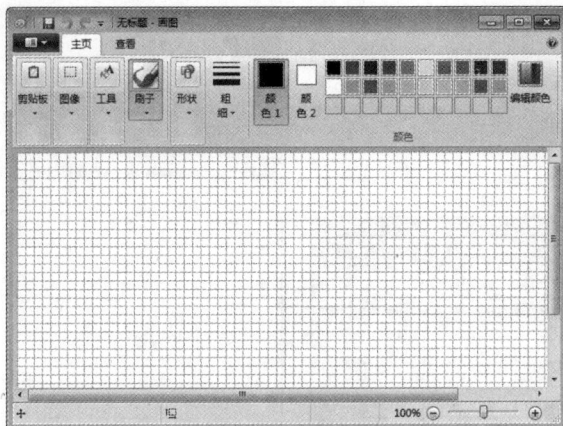

图 3-20　"画图"主界面

（2）可以在"画图"主界面内实现绘制线条、绘制其他形状、添加文本、选择并编辑对象、调整整个图片或图片中某部分的大小、移动和复制对象、处理颜色、查看图片、保存和使用图片等操作。

3.3.13　截图工具

1. 截图

（1）执行"开始"菜单→"所有程序"→"附件"→"截图工具"命令，弹出如图 3-21 所示的界面。

（2）在截图工具的工具栏之外，光标变为十字形状，按住鼠标左键不放，拖动鼠标，即可绘制一个矩形区域。区域选定后，松开鼠标左键，在截图工具的窗口内将显示截取的矩形区域。

（3）单击"文件"菜单中的"保存"或工具栏中的"保存"按钮，进行截取图像保存。

2. 设置

在图 3-21 中，单击截图工具的工具栏中"新建"按钮右侧的下拉按钮 ▼，可选择"窗口截图""任意格式截图"或"全屏幕截图"。在截图工具窗口中单击"选项"，可打开"截图工具选项"对话框，用户可在对话框中设置相关参数，单击"确定"按钮关闭对话框。

3.3.14　写字板

写字板程序的操作步骤如下。

（1）执行"开始"菜单→"所有程序"→"附件"→"写字板"命令，弹出如图 3-22 所示的界面。

（2）在写字板中可以查看或编辑带有复杂格式和图形的文档内容。可以进行如下编辑操作：创建、打开和保存文档，编排文档格式（包括字体和段落格式），插入日期和图片，编辑图片，查看文档，进行页面设置，查找或替换，进行打印设置等。

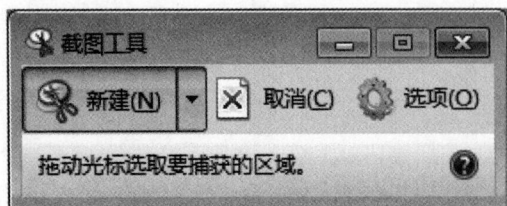

图 3-21 "截图工具"界面

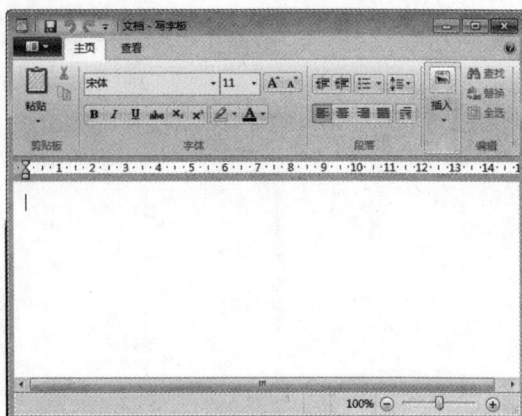

图 3-22 "写字板"界面

3.3.15 操作与练习

(1)改变计算机显示器的分辨率,如果当前分辨率为 1 024×768,则改为 800×600。若为 800×600,则改为 1 024×768。

(2)打开"写字板"程序,输入下列矩形框中的所有内容,并以文件 Text1. rtf 保存在 D 盘根目录下。

常用符号的输入方法。

①各种输入法之间的选择。组合键【Ctrl+空格】实现中英文之间的快速切换,组合键【Ctrl+Shift】实现各种输入法之间的切换,组合键【Shift+空格】实现全角/半角之间的切换,组合键【Ctrl+句号】实现中英文标点符号之间的切换。

②输入如下内容:123456ABCDEF(1 2 3 4 5 6 ABCDEF),注意半角与全角的区别。

③输入如下特殊符号。标点符号:〖〗、【】、「」、『』。数学序号:Ⅰ、Ⅱ、Ⅲ、Ⅳ、Ⅴ、①、②、③、④、⑤。数学符号:≈、≌、∽、√。特殊符号:☆、★、※、→、←。

---

(3)设置:Windows 的长时间样式为 HH:mm:ss,上午设置为 AM,下午设置为 PM,短日期格式为 yyyy/M/d 形式,货币符号为 $ 。

(4)将实验 2 中 D 盘根目录下的文件夹 MYCCB 压缩成一个文件 MYCCB.RAR,并将其压缩文件直接以 MYCCB 为文件夹名解压到桌面上。

操作与练习(1)～(4)操作步骤

略。

实验 4　Windows 7 综合练习

4.1　实验目的

(1)熟练掌握 Windows 7 的基本操作,如桌面、任务栏、快捷方式、搜索等。

(2)熟练掌握 Windows 7 文件及文件夹的管理方法,如文件及文件夹的新建、复制、移动、重命名、属性设置、删除等。

(3)熟练掌握 Windows 7 控制面板的设置方法。

4.2　实验内容

(1)Windows 7 的基本操作。

(2)Windows 7 文件及文件夹的操作。

(3)Windows 7 控制面板的设置方法。

4.3　实验操作步骤

4.3.1　操作与练习

假设当前系统的考生文件夹为"D:\EXAM\123456789011",完成以下操作。

(1)将考生文件夹中的 FAX 文件夹下的 TEST.FAX 文件删除。

(2)在考生文件夹的 GOOD 文件夹下建立一个文件夹 TEST。

(3)将考生文件夹中的 DAT 文件夹下的 TEST.DAT 文件复制到考生文件夹中的 HLPWIN 文件夹下,改名为 TEST.DLL,并将其属性设为只读。

(4)将考生文件夹中的 WARN 文件夹下的 TEST.TXT 文件移动到考生文件夹中的 DAT 文件夹下。

(5)将考生文件夹中的 COM 文件夹下的 TEST.ASM 文件更名为 TEST.TXT。

(6)在库中建立一个新库,名为"学习",并向其添加文件夹"D:\EXAM"。

(7)清空"回收站"。

(8)设置个性化主题"Windows 经典",并设置屏幕保护程序"气泡"。

(9)通过"开始"菜单的搜索功能查找系统提供的应用程序 Notepad.exe,在桌面上建立其快捷方式,并将该应用程序附到"开始"菜单中。

(10)将任务栏设置为自动隐藏。

(11)设置数字分组格式为"12,34,45,789",货币符号为"$"。

(12)全屏幕截图,并以文件 Screen.png 保存于桌面。

4.3.2　操作参考步骤

总体设置:文件和文件夹的操作环境是在资源管理器中完成的,并且在其中的考生文件夹下。要定位到考生文件夹,其操作步骤是右击桌面左下角的"开始"菜单,在弹出的快捷菜单中单击"打开 Windows 资源管理器",弹出"资源管理器"窗口。在窗口左侧窗格中双击"D盘",弹出下级子文件夹。在下级子文件夹中双击"EXAM",弹出下级子文件夹,再双击下级子文件夹"123456789011",进入考生文件夹。窗口的右侧窗格中显示的内容即为考生文件夹中的资源。

每题可能有多种操作方法,读者可自行尝试。

1. 操作与练习(1)操作步骤

(1)在右侧窗格中双击文件夹"FAX"进入下一级文件夹。

(2)右击文件 TEST.FAX,在弹出的快捷菜单中选择"删除"命令,弹出"删除文件"对话框,单击对话框中的"是"按钮,文件 TEST.FAX 被移到回收站。

2. 操作与练习(2)操作步骤

(1)单击"资源管理器"窗口地址栏中的返回按钮 ，返回到上一级文件夹"123456789011"中。

(2)在右侧窗格中双击文件夹 GOOD 进入下一级子文件夹。

(3)在右侧窗格中的任意空白处右击,在弹出的快捷菜单中单击"新建"子菜单中的"文件夹",生成一个新文件夹。

(4)输入文件夹名称 TEST,按【Enter】键。

3. 操作与练习(3)操作步骤

(1)通过前面介绍的方法,在"资源管理器"右侧窗格中定位到文件夹"DAT"。

(2)选定文件 TEST.DAT,按组合键【Ctrl+C】。

(3)定位到文件夹 HLPWIN。

(4)按组合键【Ctrl+V】。

(5)观察文件的扩展名是否显示出来(资源管理器显示文件名时,其扩展名默认为隐藏)。若无,需要在重命名之前显示其扩展名。操作方法是单击工具栏左侧的"组织"下拉按钮,在弹出的下拉菜单中单击"文件夹和搜索选项",弹出"文件夹选项"对话框。在对话框中单击"查看"选项卡,在"高级列表"框中取消选中"隐藏已知文件类型的扩展名",单击"确定"按钮,文件 TEST.DAT 的扩展名将显示出来。

(6)右击文件 TEST.DAT,在弹出的快捷菜单中单击"重命名",输入文件名 TEST.DLL,在弹出的"重命名"对话框中单击"是"按钮。

(7)右击文件 TEST.DLL,在弹出的快捷菜单中单击"属性",弹出"属性"对话框。在"属性"对话框中选中"只读",单击"确定"按钮。

4. 操作与练习(4)操作步骤

(1)定位到文件夹 WARN。

(2)右击文件 TEST.DAT,在弹出的快捷菜单中选择"剪切"命令,或按组合键【Ctrl+X】。

(3)定位到文件夹 DAT。

(4)在右侧窗格中的任意空白位置右击鼠标,在弹出的快捷菜单中选择"粘贴"命令,或按组合键【Ctrl+V】。

5. 操作与练习(5)操作步骤

参考操作与练习(3),由于当前"资源管理器"窗口中的文件已显示出扩展名,可直接进行重命名操作。

6. 操作与练习(6)操作步骤

(1)在"资源管理器"窗口中,单击左侧导航窗格中的"库"。

(2)单击工具栏上的"新建库",在右侧窗格中将自动生成一个新库,直接输入库名"学习",按【Enter】键。

(3)在右侧窗格中双击库"学习",进入该库,单击"包括一个文件夹"按钮,在打开的对话框中选择文件夹。选择 D 盘根目录下的文件夹"EXAM",然后单击"包括文件夹"按钮。

7. 操作与练习(7)操作步骤

(1)双击桌面上的"回收站"图标,打开"回收站"窗口。

(2)执行"回收站"窗口工具栏上的"清空回收站"命令,弹出"删除多个项目"对话框,单击"是"按钮。

8. 操作与练习(8)操作步骤

(1)在桌面任意空白处右击鼠标,在弹出的快捷菜单中单击"个性化",弹出"个性化"窗口。

(2)在"个性化"窗口右侧的"基本和高对比度主题"列表中单击主题"Windows 经典"。

(3)在"个性化"窗口下边窗格中单击"屏幕保护程序"图标,弹出"屏幕保护程序设置"对话框,在"屏幕保护程序"下拉列表框中选择"气泡",其余取默认值,单击"确定"按钮。

9. 操作与练习(9)操作步骤

(1)单击桌面左下角的"开始"菜单,在弹出的菜单列表底部的搜索框中输入文件名 Notepad.exe,系统将自动进行搜索。

(2)右击搜索结果中的文件 Notepad.exe,在弹出的快捷菜单中单击"发送到"子文件夹中的"桌面快捷方式"。

(3)由于对"开始"菜单中的搜索结果仅能做一次操作,因此第二个操作须重复一次搜索过程。然后再右击搜索结果中的文件 Notepad.exe,在弹出的快捷菜单中单击"附到「开始」菜单"。

10. 操作与练习(10)操作步骤

(1)右击任务栏任意空白处,在弹出的快捷菜单中单击"属性",弹出"任务栏和「开始」菜单属性"对话框。

(2)在"任务栏"选项卡中,单击"自动隐藏任务栏",即选中该复选框,单击"确定"按钮。

11. 操作与练习(11)操作步骤

(1)打开控制面板,若是类别视图方式,单击"时钟、语言和区域",然后单击"更改日期、时间或数字格式",弹出"区域和语言"对话框。如果是大图标或小图标视图方式,单击其中的"区域和语言"图标也可打开该对话框。

(2)在对话框中单击"其他设置"按钮,弹出"自定义格式"对话框。选择"数字"选项卡中的数字分组右侧下拉列表框中的格式"12,34,56,789"。

(3)在"自定义格式"对话框中单击"货币"选项卡,在货币符号右侧的下拉列表框中选择"＄",单击"确定"按钮。

12. 操作与练习(12)操作步骤

(1)单击桌面左下角的"开始"菜单,选择"所有程序"中的子文件夹"附件"中的"截图工具",弹出"截图工具"窗口。

(2)单击"截图工具"工具栏中的"新建"按钮右侧的下拉按钮 ▼,选择"全屏幕截图"命令,截图工具会自动截取当前屏幕,并显示在"截图工具"窗口中。

(3)单击"截图工具"窗口"文件"菜单,选择"另存为"命令,弹出"另存为"对话框。或单击工具栏中的"保存"图标,也可弹出"另存为"对话框。

(4)在"另存为"对话框中单击地址栏,选择"桌面"。在"文件名"文本框中输入Screen,文件类型选择"可移植网络图形文件(PNG)",单击"保存"按钮。

实验 5　Word 2010 基本操作

5.1　实验目的

(1)掌握 Word 2010 的启动与退出。

(2)熟练掌握 Word 2010 中工具的使用。

(3)熟练掌握文档的编辑及修改。

(4)熟练掌握文件的保存和打开。

(5)熟练掌握查找和替换操作。

(6)熟练掌握文字的格式化操作。

(7)熟练掌握段落的格式化操作。

5.2　实验内容

(1)Word 2010 的启动与退出。

(2)编辑及修改文档。

(3)文件的保存和打开。

(4)移动、复制、查找和替换等操作。

(5)文字的格式化。

(6)段落的格式化。

5.3　实验操作步骤

5.3.1　Word 2010 的基本操作

1. Word 2010 的启动

Word 2010 的启动方法有很多,一般情况下,若桌面上有 Microsoft Word 2010 快捷图标,则直接双击该图标,即可打开 Word 2010 工作窗口。若"开始"菜单中有 Word 2010 程序项,也可以通过单击该程序项将其打开。由于 Word 2010 文档与 Word 2010 应用程序之间建立了"文档驱动"的关联,所以,通过双击打开 Word 2010 文档,在打开文档的同时也必然会启动 Word 2010 应用程序。

2. 保存文档

单击常用工具栏中的"保存"按钮(第一次保存该文档),或执行"文件"选项卡中的"保存"命令,或执行"文件"选项卡中的"另存为"命令,打开如图 5-1 所示的"另存为"对话框。

在该对话框中,在左侧窗格中选定保存文件的文件夹,在"文件名"下拉列表框内输入待保存的文件名称,在"保存类型"下拉列表框中选择"Word 文档(*.docx)",单击"保存"按钮即可。

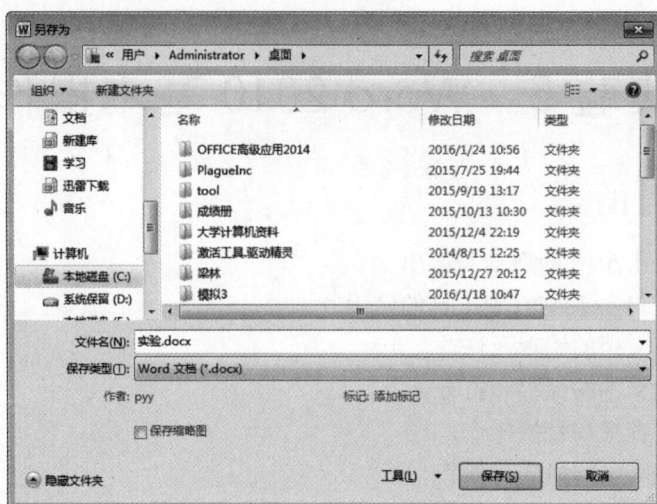

图 5-1　"另存为"对话框

3. 打开文档

选择"文件"选项卡中的"打开"命令，Word 将显示"打开"对话框，如图 5-2 所示。在左侧目录窗格中找到需打开文档所在的文件夹，再双击要打开的文档，或选择要打开的文档后单击"打开"按钮。

图 5-2　"打开"对话框

4. 退出 Word

Word 的退出方法也有很多，这里介绍几种常规的退出方式。

①执行"文件"选项卡中的"退出"命令。

②单击 Word 2010 窗口右上角的"关闭"按钮。

③双击 Word 2010 窗口左上角的控制菜单图标。

④按【Alt＋F4】组合键。

5.3.2　Word 对齐方式设置

将插入点光标置于需要设置对齐段落的任意位置,单击"开始"选项卡中"段落"分组中的对齐方式按钮;或者选择"开始"选项卡中"段落"分组中的"段落"命令,打开"段落"对话框,在该对话框中的"对齐方式"下拉列表中选择对齐方式。

5.3.3　查找和替换操作

1. 查找操作

单击"开始"选项卡中"编辑"分组的"查找"中的"高级查找",就可得到如图 5-3 所示的对话框。

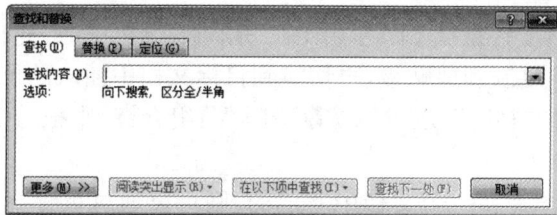

图 5-3　"查找和替换"对话框中的"查找"选项卡

在"查找内容"组合框内输入要查找的内容,单击"查找下一处"按钮就可以开始查找了。如果找到相匹配的文字就会以反相方式显示,若不是用户需要查找的位置,可以继续单击"查找下一处"按钮往下查找。单击"取消"按钮结束本次的查找操作。若在"阅读突出显示"中选择"全部突出显示",可以把查找范围内所有符合条件的对象全部突出以反相方式显示。

2. 替换操作

单击"开始"选项卡中"编辑"分组中的"替换",就可得到如图 5-4 所示的对话框。

在"查找内容"组合框内输入要被替换的内容,在"替换为"组合框内输入替换后的内容,然后单击"查找下一处"按钮。找到后如需替换,单击"替换"按钮即可完成替换操作;否则单击"查找下一处"按钮,继续下一步的操作。

此外,若替换过程中把所有查找到的内容都做替换操作,则当"查找内容"组合框内和"替换为"组合框内内容输入完毕后,单击"全部替换"按钮,则系统自动完成全部符合条件的内容的替换。

图 5-4　"查找和替换"对话框中的"替换"选项卡

5.3.4 移动和复制

移动和复制操作常利用剪贴板完成。使用剪贴板可以实现同一文档、不同文档或是不同应用程序之间的文本的移动或复制。

1. 移动方法

选中要移动的文本,单击"开始"选项卡中"剪贴板"分组中的"剪切",或按【Ctrl+X】组合键,把选中的文本移入剪贴板,再切换到目标文档中插入的位置,单击"开始"选项卡中"剪贴板"分组中的"粘贴",或按【Ctrl+V】组合键,则把剪贴板中的文本内容复制到当前位置。

2. 复制方法

选中要复制的文本,单击"开始"选项卡中"剪贴板"分组中的"复制",也可以按【Ctrl+C】组合键,把选中文本复制到剪贴板,再切换到目标文档中插入的位置,单击"开始"选项卡中"剪贴板"分组中的"粘贴",也可以按【Ctrl+V】组合键,则把剪贴板中的文本内容复制到当前位置。

若移动或复制操作是在一个文档中完成的,则可以通过鼠标直接拖动的方式完成。只要选中目标文本,若移动选定文本,只需拖动到目标位置即可;若是复制选定文本,先按住【Ctrl】键再拖动到目标位置,就完成了复制操作。

5.3.5 文字格式的设置

文字格式的设置,主要是利用"开始"选项卡中"字体"分组的相应按钮或"字体"对话框完成。"开始"选项卡的"字体"分组中包含了多个用于文字格式设置的按钮,如图 5-5 所示。

"字体"下拉列表框中包含的中文字体有宋体、楷体、仿宋体、隶书等,西文字体也有很多种设置。"字号"下拉列表框中允许用户选择使用"字号"和"磅"作为字体大小的单位。"字号"越大字体越小,"磅"值越大字体越大。

也可以单击"开始"选项卡中"字体"分组右下角的对话框按钮或直接按【Ctrl+D】组合键,打开"字体"对话框,如图 5-6 所示。"字体"对话框由两个选项卡组成,分别是"字体"选项卡和"高级"选项卡。

"字体"选项卡中,如图 5-6 所示,除在"格式"工具栏可设置的项目外,增加了更多的字体修饰项目,如删除线、阴文、阳文等;每个字下面可以加上着重号;"隐藏"可以用于将不想显示或打印的文字隐藏起来;"小型大写字母"是指将所选的英文字母用大写来显示,同时将这些字母缩小;"全部大写字母"是指将所选的英文字母全部改为大写显示。

在"高级"选项卡中,用户可以分别对所选的字符进行字符间距、缩放和位置的设置。字符间距用于调整字符间的距离,有标准、加宽和紧缩三种方式;缩放是指对所选字符本身横向大小的调整;位置是指对所选字符在纵向位置上的调整。设置字符间距后,用户可在"预览"框中看到更改后的效果。

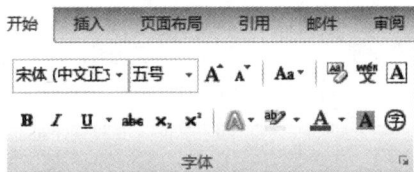

图 5-5　"字体"分组

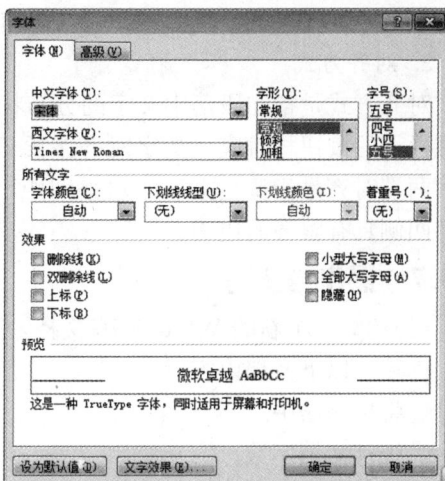

图 5-6　"字体"对话框

5.3.6　段落格式的设置

　　进行段落格式的设置,主要是利用"开始"选项卡的"段落"分组中相应的按钮或"段落"对话框,也可以利用标尺来设置。"开始"选项卡的"段落"分组主要用于对段落格式中对齐方式的设置,其提供的对齐方式按钮有左对齐按钮、居中按钮、右对齐按钮、两端对齐按钮和分散对齐按钮。每单击一个按钮就获得相应的对齐方式,当所有按钮都不选时,为左对齐方式。"段落"分组中也提供了行和段落间距设置和段落缩进设置。

　　单击"格式"分组右下角的对话框按钮,可打开"段落"对话框,如图 5-7 所示。"段落"对话框由三个选项卡组成,分别是"缩进和间距"选项卡、"换行和分页"选项卡和"中文版式"选项卡。

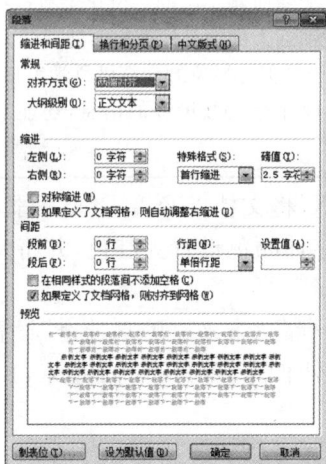

图 5-7　"段落"对话框

1. 缩进和间距

在"缩进和间距"选项卡中,用户可以对当前选定段落或插入点所在段落的段落缩进、间距和对齐方式进行设置。间距包括段前距、段后距和行距。

2. 对齐方式

对齐方式是指在段落中文字的分布状况。Word 提供了五种对齐方式,分别与"格式"工具栏上的按钮相对应。文字对齐主要包括左对齐、右对齐、居中、两端对齐和分散对齐等。两端对齐是指调整文字的水平间距,使其均匀分布在左右间距之间。分散对齐可使文字两侧具有整齐的边缘。

5.3.7 操作与练习

(1)建立一个新的 Word 2010 文档,并按如下要求输入并编辑文档。

①输入以下文档内容。

②将标题居中。

③统计文档字数。

④将文档保存在 D 盘的 MYDIR 文件夹中,文件名为 WD51. DOCX。

未来计算机真神奇

科学家们一直尝试研制未来新一代计算机。

现在的计算机是通过把一些指令蚀刻到硅芯片上进行数据传送的,这种技术历经十多年高速的发展已近穷途末路。在此之前,科学家们注意到,与硅相比,晶体蓄电时能更有效地吸收和组织数据。惠普公司依此提出了"分子计算机"的模型,并制作出构成分子计算机的基础部件最为关键的"逻辑门"。假若这种晶体式结构的"分子计算机"最终成真,并替代硅芯片计算机,那么未来的计算机将会小似谷粒。

---

(2)关闭当前文档,退出 Word 2010。

(3)创建新文档,输入以下内容,并将文档保存在 D 盘的 MYDIR 文件夹中,命名为 WD52. DOCX。

与惠普远见略同的加州洛杉矶大学研制小组的一位化学教授称:"分子计算机的计算能力将是奔腾芯片的 1 000 亿倍。在将来,米粒那么大的一台计算机的处理能力,相当于现在拥有 100 多台工作站的超级计算机中心的处理能力!"在极具美好想象的计算机科学家口中,我们还听到他们说,"分子计算机"比现在的 PC 更节能,更可永久地保存大数量级的信息,还能对病毒、死机等计算机痼疾具有免疫力。

---

(4)打开文档 WD51. DOCX,将文档 WD52. DOCX 添加到文末,将文档中所有的"计算机"改成"电脑",并且"电脑"字体颜色设置为红色,并将文档以 WD53. DOCX 另存在 D 盘的 MYDIR 文件夹中。

(5)在 WD53. DOCX 中,将标题"未来电脑真神奇"设置为隶书,小三号,加粗,倾斜,居中,蓝色;将正文设置为楷体,小四号,首行缩进 1 厘米,1.5 倍行距,左缩进 1 字符,右缩进 1.5 字符。

(6)在 WD53. DOCX 中,将正文第一段设置为段前加 12 磅,段后加 6 磅。

(7)在 WD53. DOCX 中,将文中所有的"分子电脑"设为蓝色斜体,隶书。

(8)将文档保存在 D 盘的"文字处理"文件夹中,文件名为 WD54. DOCX。

5.3.8　操作参考步骤

1.操作与练习(1)操作步骤

(1)启动 Word 2010 后,打开一个空白文档,选择合适的汉字输入法。可以按【Ctrl+Shift】组合键进行输入法的切换,也可以直接在任务栏的输入法指示器中通过单击所需的输入法来进行选择。

(2)输入《未来计算机真神奇》一文。输入文本内容时要注意文中的标点符号,必须在中文标点输入状态下输入。

(3)将标题居中。将插入点光标置于标题的任意位置,单击"开始"选项卡中的"段落"分组中的 ▤ 按钮;或者单击"开始"选项卡中的"段落"分组右下角按钮,打开"段落"对话框。在该对话框中的"对齐方式"下拉列表框中选择"居中"选项。

图 5-8　"字数统计"对话框

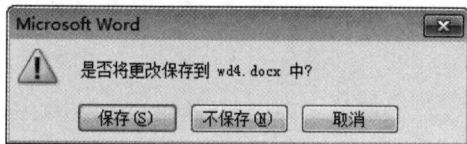

(4)统计文档字数。单击"审阅"选项卡中"校对"分组中的"字数统计"命令按钮,打开如图 5-8 所示的"字数统计"对话框。该对话框可显示当前文档的各项统计信息,包括字数、字符数、页数、行数、段落数等。

(5)保存文档。单击快速工具栏中的 🖫 按钮(第一次保存该文档),或选择"开始"选项卡中的"保存"命令,也可选择"开始"选项卡中的"另存为"命令,打开"另存为"对话框,在该对话框中,在左侧文件夹位置指定文件保存的文件夹 D:\MYDIR,在"文件名"下拉列表框内输入

图 5-9　提示保存修改对话框

WD51,在"保存类型"下拉列表框中选择"Word 文档(*.docx)",单击"保存"按钮。

2.操作与练习(2)操作步骤

(1)关闭文档。在使用中,若只想关闭当前文档,可以单击"开始"选项卡中的"关闭"命令按钮,则 Word 依旧正常运行。若在保存文档后关闭文档前,对文档进行了修改,则在关闭时会弹出如图 5-9 所示的对话框,以提示用户对已修改的文档内容进行保存。

(2)退出 Word。若需退出 Word,可以单击当前窗口右上角的 ▣ 按钮退出 Word;或单击"文件"选项卡中的"退出"命令钮来退出 Word;也可以按【Alt+F4】组合键退出 Word。

3.操作与练习(3)操作步骤

(1)重新启动 Word 2010,或单击"开始"选项卡中的"新建",在"新建"任务窗格中选择"空白文档",即可获得新的文档窗口。

(2)输入文本内容。

(3)单击快速工具栏中的 🖫 按钮(第一次保存该文档),或单击"开始"选项卡中的"保存"命令按钮,也可单击"开始"选项卡中的"另存为",打开"另存为"对话框,在该对话框中,在左侧文件夹位置指定文件保存的文件夹 D:\MYDIR,在"文件名"下拉列表框内输入WD52,在"保存类型"下拉列表框中选择"Word 文档(*.docx)",单击"保存"按钮。

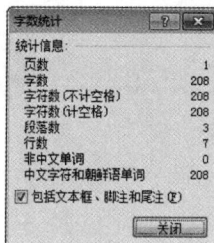

4.操作与练习(4)操作步骤

(1)打开文档 WD51.DOCX。

(2)插入其他文档到当前文档中。把插入点定位于文档末尾,另起一段,单击"插入"选项卡中"文本"分组中"对象"按钮右侧的下拉箭头,选择"文件中的文字…"命令,可打开如图 5-10 所示的"插入文件"对话框。在该对话框中执行和打开文档一样的操作,找到WD52.DOCX 后,单击"插入"命令按钮,即可把指定文档插入到指定的位置。

图 5-10 "插入文件"对话框

(3)替换。单击"开始"选项卡中"编辑"分组的"替换"命令按钮,就可打开"查找和替换"对话框。在"查找内容"下拉列表框内输入要被替换的内容"计算机",在"替换为"下拉列表框内输入替换后的内容"电脑",单击"更多"按钮,打开"高级查找"对话框,单击"替换为"下拉列表框内的"电脑"后,再单击"格式"按钮,在其弹出的快捷菜单中单击"字体",在打开的"替换字体"对话框中设置字体颜色为"红色"后单击"确定"按钮,如图 5-11 所示,最后单击"全部替换"按钮即可完成替换。

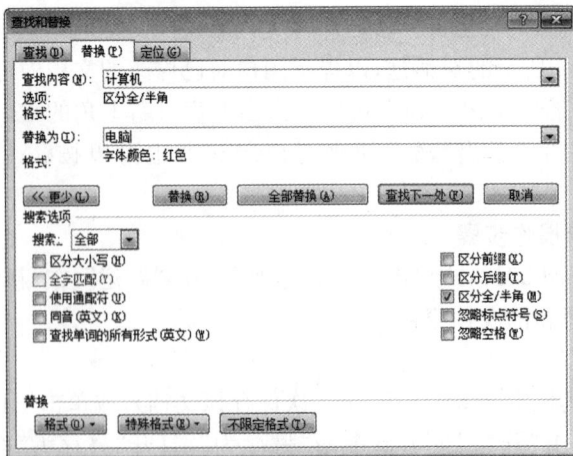

图 5-11 "替换"选项卡

(4)更名。单击"开始"选项卡中的"另存为",打开如图 5-12 所示的"另存为"对话框,在"文件名"下拉列表框内输入新的文档名称 WD53.DOCX,然后单击"保存"按钮即可。若还需要改变文档保存的位置,可在左侧文件夹位置中重新指定文件保存的新文件夹,然后单击"保存"按钮即可。

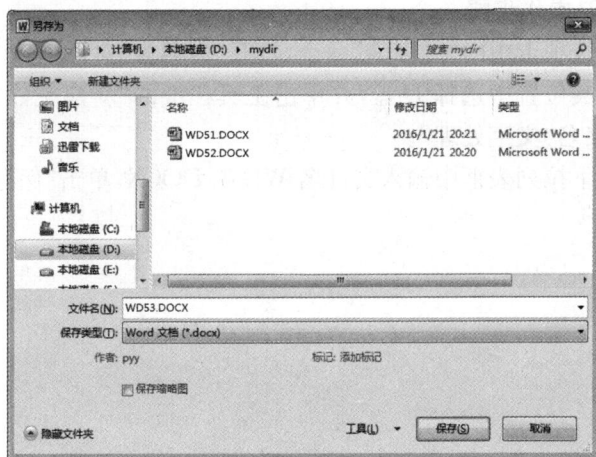

图 5-12　"另存为"对话框

5.操作与练习(5)操作步骤

(1)选中标题内容"未来电脑真神奇"。右击,选择快捷菜单中的"字体"命令,打开"字体"对话框,在该对话框中,设置"中文字体"为"隶书","字号"为"小三号","字形"选择"加粗倾斜","字体颜色"选择"蓝色";或者直接在"开始"选项卡的"字体"分组中进行设置。右击,选择快捷菜单中的"段落"命令,打开"段落"对话框,在该对话框中,将"对齐方式"设为"居中";或者直接在"开始"选项卡的"段落"分组中进行设置。

(2)选中正文内容。右击,选择快捷菜单中的"字体"命令,打开"字体"对话框,在该对话框中,设置"中文字体"为"楷体","字号"为"小四号","字形"选择"常规"后,单击"确定"按钮;或者直接在"开始"选项卡的"字体"分组中进行设置。右击,选择快捷菜单中的"段落"命令,打开"段落"对话框,在"缩进"中设"左侧"为"1 字符","右侧"为"1.5 字符",在"特殊格式"中选择"首行缩进",设置缩进"磅值"为"1 厘米","行距"选择"1.5 倍行距"后,单击"确定"按钮;或者直接在"开始"选项卡的"段落"分组中进行设置。

6.操作与练习(6)操作步骤

(1)选中正文第一段。

(2)右击,选择快捷菜单中的"段落"命令,打开"段落"对话框,在该对话框中,将"间距"设置为段前"12 磅"、段后为"6 磅"后,单击"确定"按钮。(注:默认单位不为磅时,输入数值后,把单位磅同时输入。)

7.操作与练习(7)操作步骤

(1)选择"开始"选项卡中"编辑"分组中的"替换"命令,打开"替换"对话框。

(2)在"查找内容"框内输入要被替换的内容"分子电脑",在"替换为"框内输入替换后的内容"分子电脑"。

（3）单击"更多"按钮，在对话框中，单击"替换为"框内的"分子电脑"后，再单击"格式"按钮，执行"字体"命令，在打开的"替换字体"对话框中设置"字体"为"隶书"，"字形"选择"倾斜"，"字体颜色"为"蓝色"后，单击"确定"按钮。

（4）单击"全部替换"按钮即可替换完成。

8.操作与练习(8)操作步骤

（1）选择"开始"选项卡中的"另存为"命令，打开"另存为"对话框。

（2）在左侧文件夹位置中选择 D 盘，并单击工具栏上的"新建文件夹"图标，在弹出的名称框中输入文件夹名"文字处理"。

（3）在"文件名"下拉列表框中输入文件名 WD54.DOCX，单击"保存"按钮。

实验 6　Word 2010 样式操作

6.1　实验目的

(1)熟练掌握页眉与页脚的设置。

(2)掌握分栏操作。

(3)熟练掌握在 Word 文档中创建新样式和应用样式的操作。

(4)掌握在 Word 文档中编制目录的基本操作。

6.2　实验内容

(1)页眉与页脚的设置。

(2)分栏的设置。

(3)在 Word 2010 中创建新样式。

(4)在 Word 2010 中应用样式。

(5)在 Word 2010 中编制目录。

6.3　实验操作步骤

6.3.1　页眉与页脚

页眉和页脚的添加都必须在页面视图的显示方式下才可以进行,在其他视图方式下,页眉和页脚无法显示。所以,在设置页眉和页脚前,应先将视图方式切换到"页面视图",单击"插入"选项卡的"页眉和页脚"分组中的"页眉"或者"页脚",则在主窗口打开"页眉和页脚工具"的"设计"选项卡,如图 6-1 所示。

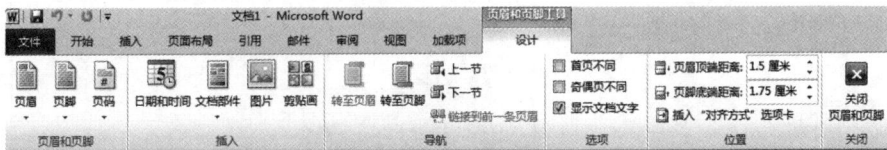

图 6-1　"页眉和页脚工具"的"设计"选项卡

页眉和页脚位置的切换,可以通过"页眉和页脚工具"的"设计"选项卡中的"转至页眉"和"转至页脚"按钮实现,也可以单击页眉或页脚位置直接切换。

页眉和页脚位置与正文的切换,可以在文档的任意位置双击进入正文的编辑,也可以双击页眉或页脚位置进入页眉或页脚的设置。

用户可以使用该选项卡中的"页码"按钮在下拉选项中选择插入页码,还可以单击"页码"按钮中的"设置页码格式"打开如图 6-2 所示的"页码格式"对话框,在该对话框中通过选择完成对页码格式的设置。

单击"日期和时间"按钮可以插入当前的系统日期和时间;单击"文档部件"按钮下的

"域",用户可以通过选择所需要的域插入页眉或页脚的位置。

　　若需要设置单双页格式不同,可单击"选项"分组中的按钮,设置"首页不同""奇偶页不同"或"显示文档文字"。

6.3.2 创建新样式

　　Word 2010 提供了很多样式,但还允许用户新建一些新的样式并利用新建的样式进行排版。

1. 创建新样式

　　单击"开始"选项卡"样式"分组中的"样式"对话框按钮,打开如图 6-3 所示的"样式"窗格。在"样式"窗格的左下角,单击"新建样式",打开如图 6-4 所示的"根据格式设置创建新样式"对话框,在"名称"框中键入样式的名称,在"样式类型"框中,单击"段落""字符""表格"或"列表",指定所创建的样式类型。

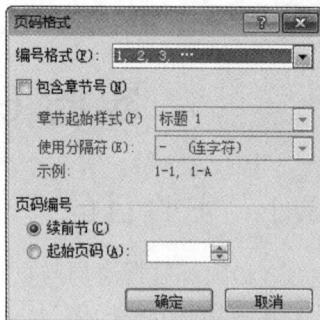

图 6-2 "页码格式"对话框

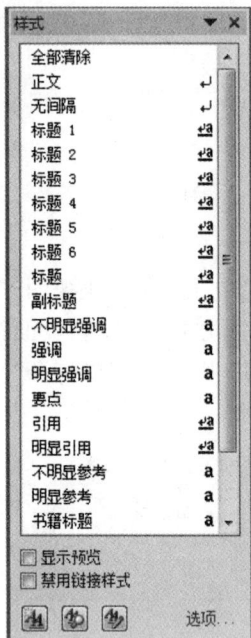

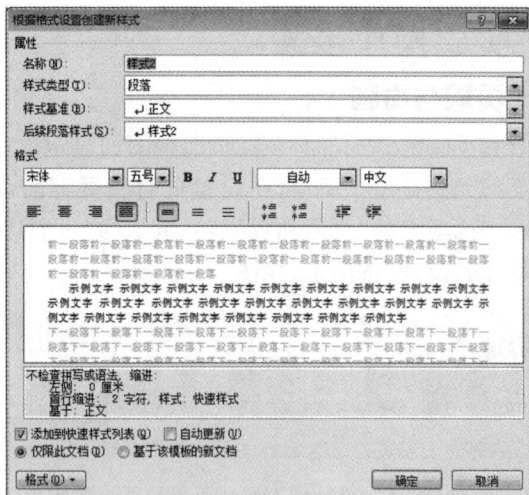

图 6-3 "样式"窗格　　　　　　图 6-4 "根据格式设置创建新样式"对话框

　　选择所需的选项,或者单击"格式"以便看到"字体""段落""编号"等选项,执行对应命令,可以打开相应对话框,以便对当前样式进行设置。如,执行"编号"命令,打开如图 6-5 所示的对话框,在编号库中选择格式即可;如果需要进行新编号的添加,单击"定义新编号格式"命令按钮,在打开的如图 6-6 所示的对话框中建立即可。

图 6-5　"编号和项目符号"对话框

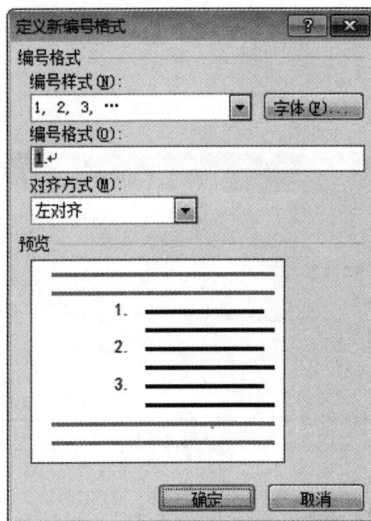

图 6-6　"定义新编号格式"对话框

2. 应用样式

对于段落应用样式,应先将插入点光标放在该段落内任意位置,或者在该段中选定任意数量的文本;对于文字应用样式,应先选取要应用样式的正文。在"开始"选项卡的"样式"分组的列表框中,选择适当的样式;或者右键单击,在打开的快捷菜单中选择"样式",在"样式"框中选择需要的样式。

3. 修改样式的格式

右键单击"开始"选项卡中的"样式"分组中要进行修改的样式按钮,在打开的快捷菜单中单击"修改",可打开如图 6-7 所示的"修改样式"对话框,设置需修改的格式。若修改的样式需添加至模板中,则选中"添至模板";若需自动更新,则选中"自动更新",单击"确定",完成样式的修改。

4. 删除样式

用户创建的样式是可以删除的,而系统原有的样式不可删除。在图 6-8 中,右键单击待删除的样式,打开的快捷菜单中选择"删除"命令,在提示框中单击"是",完成样式的删除。

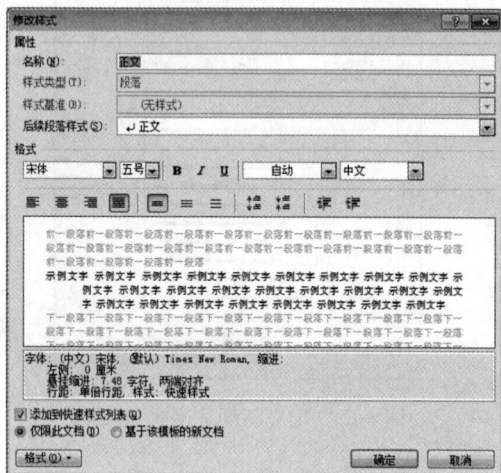

图 6-7 "修改样式"对话框

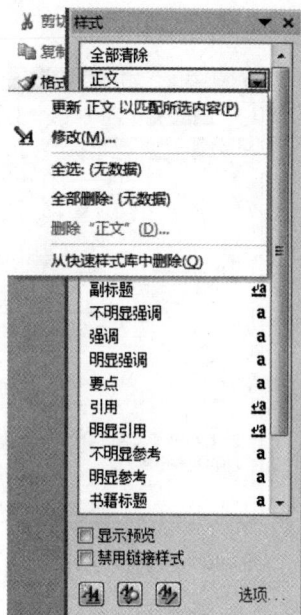

图 6-8 "样式"快捷菜单

5. 把默认标题的样式设置为带有多级编号

编写 Word 文档的习惯是把标题按照级别进行编号,形成如下格式。

```
1. 前言
2. 概述
  2.1 总体结构
  2.2 结构图
    2.2.1  XXX
    2.2.2  XXXX
    2.3  XXXXX
3.XXXXX
```

Word 默认的标题样式不符合要求,需要自己设置一下。我们可以更改默认标题的样式,使其变成带多级编号。

Word 2010 里面的一种设置方法,如下:

(1)打开一个新的 Word 2010 文档,输入文档内容。

(2)如果用户以前设置过默认的标题样式,点击"开始"选项卡"样式"分组中的"更改样式"的下拉箭头,在打开的下拉菜单中选择"样式集"下拉菜单中的"重设为模板中的样式"命令,就可以将其恢复。

(3)点击"开始"选项卡中"多级列表"右侧的下拉箭头,在对话框中选择"定义新的多级列表",在出现的定义界面中,点击左下角的"更多",得到如图 6-9 所示的对话框。右边的选项"将级别链接到样式",默认是"无样式",用户可按照级别,把 1 级列表链接到标题1,2 级列表链接到标题 2,依此类推完成其下级列表的设置。点击"确定"退出。

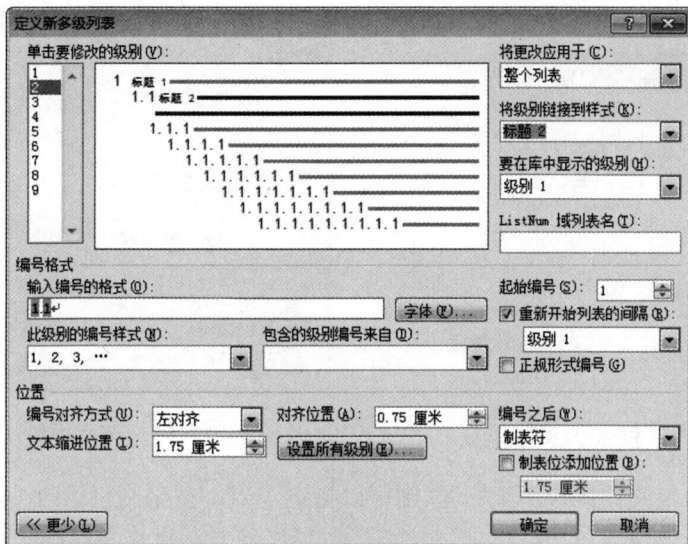

图 6-9　"定义新多级列表"对话框

(4)在"开始"选项卡中,默认的标题样式已经发生了变化,如图 6-10 所示。用户输入标题的时候直接选择不同级别的标题样式就可以了。如选中"前言""概述",单击"样式"分组中的"标题 1"按钮,选中"总体结构""结构图",单击"样式"分组中的"标题 2"按钮,就可以得到需要的效果。

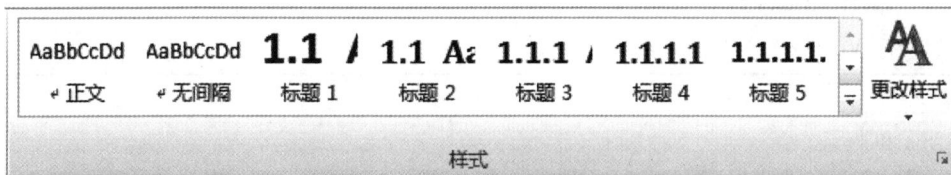

图 6-10　设置多级列表后的标题样式

6.3.3　编制目录

编制目录最简单的方法是使用内置的大纲级别格式或标题样式。如果已经使用了大纲级别或内置标题样式,只要单击要插入目录的位置,单击"引用"选项卡中"目录"分组中的"目录"按钮,可在打开的列表中直接选择目录格式,单击即可在插入点位置插入目录;也可以单击"引用"选项卡中"目录"分组列表中的"目录"按钮,在列表中单击"插入目录",打开如图 6-11 所示的"目录"对话框,在"格式"框中选择一种格式,然后根据需要选择其他与目录有关的选项。

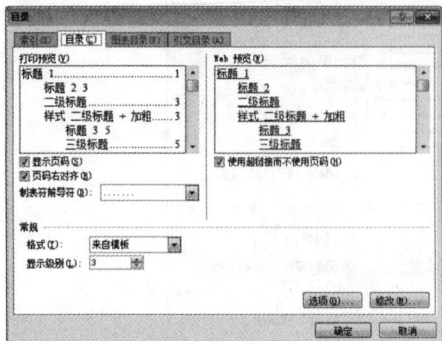

图 6-11 "目录"对话框

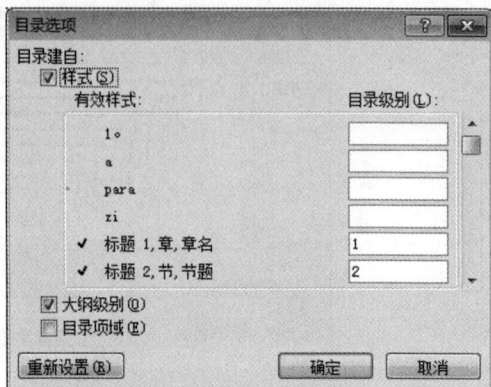

图 6-12 "目录选项"对话框

如果已将自定义样式应用于标题,则可以指定 Word 在编制目录时使用的样式设置。单击要插入目录的位置,打开"目录"对话框,在"目录"对话框中单击"选项"按钮,打开如图 6-12 所示的"目录选项"对话框,在"有效样式"下查找应用于文档的标题样式,在样式名右边的"目录级别"下键入 1 到 9 的数字,表示每种标题样式所代表的级别。如果仅使用自定义样式,则先删除内置样式的目录级别数字,例如"标题 1",对于每个要包括在目录中的标题样式,我们都需要重新设置。单击"确定"按钮返回到"目录"对话框,在"格式"框中选择一种格式,然后根据需要选择其他与目录有关的选项。

6.3.4 操作与练习

(1)在 Word 2010 中输入如下内容。

开心一笑

财主和牛

一穷书生爱上了财主家的小姐,一天他去提亲,可财主让他做成三件事之后才可以娶他的女儿。地看见门边有一头牛,就说:"你先让牛摇头,再让牛点头,然后让它跳到河里去,就算你赢。"

书生走到牛的跟前,跟牛说了几句话,只见牛先摇了摇头,后点了点头,最后扑通一声跳到了河里。

财主很奇怪,问他是怎么做到的。书生说:"我先问牛认不认识我,牛摇了摇头,我问它'你很牛吗?'牛点了点头,然后我用火烧它的尾巴,它就跳到河里去了。"

财主气坏了:"我刚刚说错了,是先让牛点头,后让牛摇头,再让它跳到河里去。哼哼,这下你没办法了吧!"

只见书生又走到牛的旁边,跟牛说了几句话,牛又跳到河里去了。

财主很奇怪,问他怎么又做到了。书生说:"我先问它'你认识我吗?',牛点了点头,我又问它'你很牛吗?',牛摇了摇头,最后我说'那你知道该怎么做了吧?',结果它自己就跳到河里去了,我也没办法!"

假行家与全不懂

从前,有一个外号叫"假行家"的,和一个外号叫"全不懂"的合伙开了一个中药铺。

······

暴露身份

手到哪里泥到哪里

三壶酒

讽刺与嘲弄

懒汉变猫

不要命

吝啬鬼

金老鼠

吹牛说大话

牛皮

画家吹牛

笨人笨事

祝寿

打儿子

聪明人事

打赌

沙子着火

后记

（2）分别对"开心一笑""讽刺与嘲弄""吹牛说大话""笨人笨事""聪明人事""后记"设置样式为标题 1,对"财主和牛""假行家与全不懂""暴露身份""手到哪里泥到哪里""三壶酒""懒汉变猫""不要命""吝啬鬼""金老鼠""牛皮""画家吹牛""祝寿""打儿子""打赌""沙子着火"设置样式为标题 2,"一穷书生爱上了财主家的小姐……我也没办法!""从前,……"保留正文样式。

（3）对正文"一穷书生爱上了财主家的小姐……我也没办法!"部分设置分栏,分成两栏,分栏间设置分隔线。

（4）加上页眉"民间笑话",页眉格式:黑体,五号,红色,倾斜。

（5）页脚插入页码。

（6）由上述标题和正文,在文档开始位置编制目录。

6.3.5　操作参考步骤

1.操作与练习(1)操作步骤

启动 Word 2010 后,新建一个空白文档,输入文本。

2.操作与练习(2)操作步骤

按住【Ctrl】键选定要设置样式的"开心一笑""讽刺与嘲弄""吹牛说大话""笨人笨事""聪明人事""后记"各段落后,在"开始"选项卡的"样式"分组中,选择"标题 1"。

同上,设置除正文外的内容样式为"标题 2"。

3.操作与练习(3)操作步骤

（1）选中要分栏的正文部分(包括段落结束标记)。

（2）执行"页面布局"选项卡中"页面设置"中的"分栏"命令中的"更多分栏",打开"分栏"对话框,在"预设"中选择"两栏";选中"分隔线"复选框后,单击"确定"按钮。

4.操作与练习(4)操作步骤

（1）单击"插入"选项卡"页眉和页脚"分组中的"页眉",选择"编辑页眉"命令,进入页眉,在页眉位置输入"民间笑话"。

(2)选中"民间笑话",打开"字体"对话框,将文字设置成"字体"为"黑体","字号"为"五号","字体颜色"为"红色","字形"选择"倾斜"后,单击"确定"按钮。

5.操作与练习(5)操作步骤

单击"页眉和页脚工具"选项卡"导航"分组中的"转至页脚",将插入点置于页脚位置,在"页眉和页脚工具"选项卡中的"页眉和页脚"分组,单击"页码"按钮,选择页码样式,单击插入当前页的页码。

6.操作与练习(6)操作步骤

将光标定位在文档开始位置,选择"引用"选项卡中的"目录"分组,单击"目录"中的"插入目录"按钮,打开"目录"对话框,单击"目录"选项卡,如图 6-11 所示。

单击"选项"按钮,打开如图 6-12 所示的"目录选项"对话框,在"有效样式"下查找应用于文档的标题样式,在样式名右边的"目录级别"下键入 1 到 9 的数字,表示每种标题样式所代表的级别,如果仅使用自定义样式,则先删除内置样式的目录级别数字,最后单击"确定"按钮。

在"目录"对话框中,选择"格式"框中的一种格式以确定目录格式,再根据需要选择其他与目录有关的选项,单击"确定"。

实验 7 Word 2010 表格与图形混排操作

7.1 实验目的

(1)熟练掌握 Word 表格的建立、编辑和内容的输入。

(2)熟练掌握 Word 表格内容的格式化。

(3)熟练运用公式对 Word 表格进行计算。

(4)熟练掌握对表格中的数据进行排序的操作。

(5)熟练掌握在 Word 文档中插入图形的操作。

(6)熟练掌握图文混排操作。

7.2 实验内容

(1)在 Word 2010 中创建数据表格。

(2)在 Word 2010 中编辑数据表格。

(3)对表格中的数据进行格式化。

(4)学会使用函数公式计算表格中的数据。

(5)在 Word 2010 中插入图片。

(6)在 Word 2010 中进行图文混排。

7.3 实验操作步骤

7.3.1 创建表格

创建表格的方法有以下几种。

1. 指定行数和列数的规则表格的生成

方法一:单击"插入"选项卡中的"表格"按钮,如图 7-1 所示,然后拖动鼠标选择所指定的行数和列数(最多可达到 8 行 10 列),松开鼠标即可在插入点位置插入表格。若指定的行数和列数超过范围,则只能选用第二种方法生成表格。

方法二:单击图 7-1 所示子菜单中的"插入表格",打开如图 7-2 所示的"插入表格"对话框。在该对话框中的"列数"微调框中输入指定的列数,在"行数"微调框中输入指定的行数,在"固定列宽"中选择"自动",单击"确定"按钮,就可在插入点位置生成指定行列的规则表格。

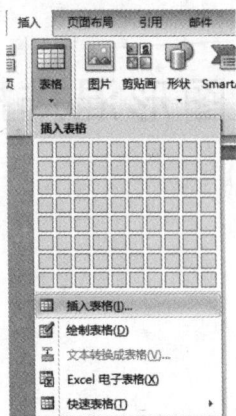

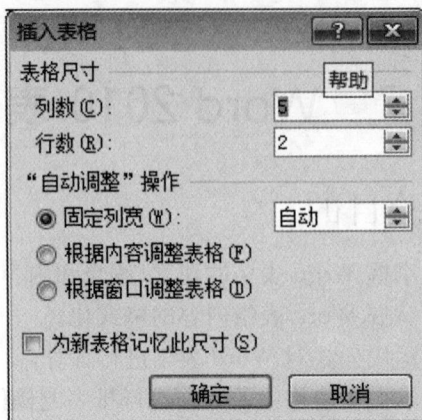

图7-1 "表格"分组   图7-2 "插入表格"对话框

2. 非规则表格的生成

若要生成非规则表格,可以单击图7-1中的"绘制表格",当光标转换为笔状时,就可以按住鼠标左键画出任意表格。设置"线型"按钮、"粗细"按钮和"颜色"按钮,可以得到不同表格线的效果;通过"擦除"按钮,可以擦除多余的边框线。

3. 由文本转换生成表格

有些表格所需的数据已经有文本存在,若需把这样的文本转换为表格,可通过以下操作完成表格的生成。

(1)对文本进行如下处理。

①使文本中的一段对应表格中的一行。

②用分隔符把文本中对应的每个单元格的内容分隔开,分隔符可用逗号、空格、制表符等,也可使用其他字符。

(2)把需要转换的文本部分选定。

(3)单击图7-1所示子菜单中的"文本转换成表格",即可打开如图7-3所示的"将文字转换成表格"对话框。

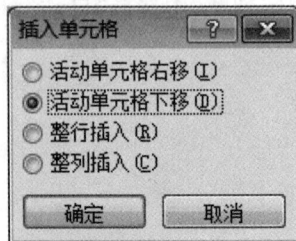

在"将文字转换成表格"对话框中,设置对应的选项,即可将对应文字转换成表格。

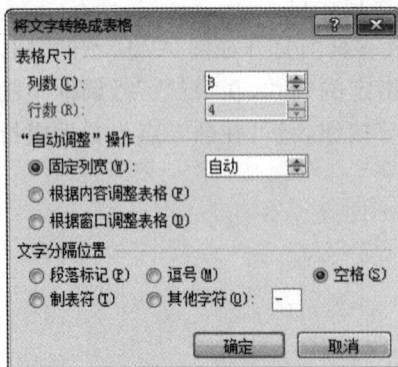

图7-3 "将文字转换成表格"对话框   图7-4 "插入单元格"对话框

7.3.2　表格的基本操作

1. 添加表格的单元格、行或列

添加单元格前先要选定需添加的单元格的格数(必须包括单元格结束标记),单击"表格工具"选项卡中"布局"选项卡的"行和列"分组中右下角的"表格插入单元格"按钮,打开如图 7-4 所示的"插入单元格"对话框,选择需要的选项后单击"确定"按钮,即可实现单元格的插入操作。

添加行或列前,首先选定将在其上(或下)插入新行的行或将在其左(或右)插入新列的列,选定的行数或列数要与需插入的行数或列数一致,然后单击"表格工具"选项卡中"布局"选项卡的"行和列"分组中对应的"在上方插入""在下方插入""在左方插入"或"在右方插入"按钮,即可实现将行或列插入到指定位置。

2. 删除、移动和复制表格的单元格、行或列

(1)删除表格的单元格、行或列。

删除表格的单元格、行或列的操作与单元格、行或列的添加操作类似,单击"表格工具"选项卡中的"删除"按钮对应的删除命令,可删除单元格、行、列和表格。

(2)移动表格的单元格、行或列。

选定要移动的表格的单元格、行或列,将鼠标移动至选定内容,按住鼠标左键拖动到目标位置即可。

(3)复制表格的单元格、行或列。

选定要复制的表格的单元格、行或列,将鼠标移动至选定内容,按住【Ctrl】键,用鼠标左键拖动到目标位置即可。

3. 改变行高和列宽

要修改表格的行高和列宽,可以利用标尺、表格边框线和菜单实现。用户可以利用其中的一种方式来改变表格的行高和列宽。

(1)把插入点定位在表格中时,水平标尺上会出现列标记,垂直标尺上会出现行标记,将鼠标放在行标记或列标记上,当光标变成双向箭头后,拖动箭头,即可改变行高和列宽。

(2)将鼠标放在表格的边框线上时,光标会转换为双向箭头,拖动箭头,即可改变行高和列宽。

(3)单击"表格工具"选项卡中"布局"选项卡的"表"分组中的"属性"按钮,打开"表格属性"对话框。

单击"行"标签,打开如图 7-5 所示的"行"选项卡。选中"指定高度"复选框,键入相应的值,单击"上一行"或"下一行"按钮后键入值,可以得到行高的修改。

单击"列"标签,打开如图 7-6 所示的"列"选项卡。选中"指定宽度"复选框,键入相应的值,单击"前一列"或"后一列"按钮后键入值,在"度量单位"下拉列表框内可选择"厘米"或"百分比",得到列宽的修改。

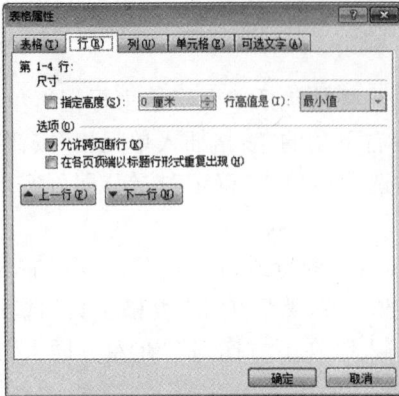

图 7-5 "行"选项卡

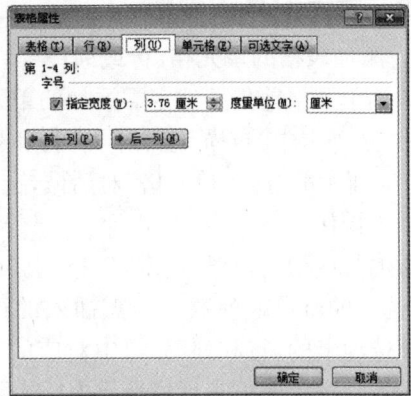

图 7-6 "列"选项卡

4. 合并表格单元格

首先选定要合并的多个单元格,然后单击"表格工具"选项卡中"布局"选项卡的"合并"分组中的"合并单元格",所选定的单元格就合并成为一个单元格。

5. 拆分表格或单元格

要将一张表格拆分成两张表格,只需要将插入点定位在第二张表格的第一行中任意一个单元格中,然后单击"表格工具"选项卡中"布局"选项卡的"合并"分组中的"拆分表格"。

若要将表格中的一个单元格拆分成多个单元格,需先选定被拆分单元格,然后单击"表格工具"选项卡中"布局"选项卡的"合并"分组中的"拆分单元格",打开如图 7-7 所示的"拆分单元格"对话框。在该对话框中设置拆分后的行数和列数后,单击"确定"按钮。若拆分前选中多个单元格,还可选中"拆分前合并单元格"复选框。

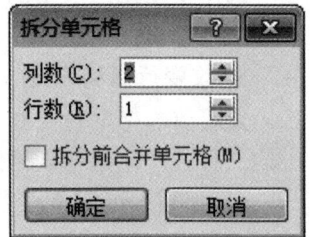

图 7-7 "拆分单元格"对话框

6. 表格内容格式化

选中表格中的文本内容,可以与普通文本一样进行字体格式、段落格式、边框和底纹等相关设置,得到格式化的表格。

7. 表格的排序

在 Word 2010 中制作的表格可以进行简单的排序和计算,用户可以按照字母、数值和日期顺序对表格进行排序。

将插入点定位在表格内的任意单元格中,单击"表格工具"选项卡中"布局"选项卡的"数据"分组中的"排序"按钮,打开如图 7-8 所示的"排序"对话框。若表格有标题,在"列表"选项区中单击"有标题行"单选按钮,则在"主要关键字"选项区中以标

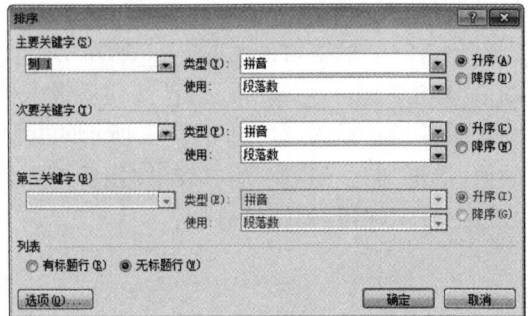

图 7-8 "排序"对话框

题的形式出现。需排序时,先选择"主要关键字",排序"类型"包括"笔画""日期""数字""拼音",用户可选择其中一种,然后选择按"升序"或"降序"方式排序,单击"确定"按钮即可。

8. 表格的计算

同 Excel 一样,Word 表格中的每个单元格都对应着一个唯一的引用编号。编号的方法是以 1、2、3、…代表单元格所在的行,以字母 A、B、C、…代表单元格所在的列。

例如,E4 代表第四行第五列中的单元格。使用单元格编号就可以方便地引用单元格中的数据进行计算。

利用 Word 提供的函数可以计算表格中单元格的数值。

操作步骤如下:

首先将插入点定位于放置结果的单元格内,然后执行"表格工具"选项卡"布局"卡中"数据"分组的"公式"命令,打开"公式"对话框,如图 7-9 所示。

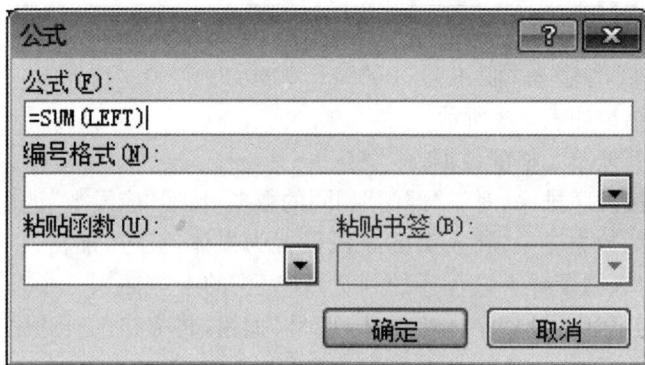

图 7-9 "公式"对话框

如果加入公式的单元格上方都有数据,则在对话框的"公式"编辑框内输入"＝SUM(ABOVE)",即求得该单元格所在列上方所有单元格的数据之和。如果加入公式的单元格左侧都有数据,则在"公式"编辑框中输入"＝SUM(LEFT)",即求得单元格所在行左侧的所有数据之和。若要用其他公式,用户可以手工输入公式,输入公式时一定要先输入"＝"。也可以在"粘贴函数"下拉列表框中选择需要的公式,单击"确定"按钮,关闭对话框。

7.3.3 图片编辑

1. 插入来自文件的图片

(1)将插入点移至文档中需要插入图片的位置。

(2)选择"插入"选项卡中的"插图"分组,单击"图片"按钮,打开"插入图片"对话框,从中选择适当的图片,单击"确定"按钮。

2. 图文混排

当插入图片后,Word 中会出现"图片工具"选项卡。用户可以利用其中的各个按钮对图片进行设置,可以对对比度、亮度等进行调整,实现简单的图像控制,也可以对文字环绕方式进行选择等。

7.3.4 操作与练习

利用 Word 2010 绘制表 7-1,完成下面的操作练习。

(1)创建如表 7-1 所示的某单位三月份工资发放表。

表 7-1 工资发放表

姓名	部门	基本工资	奖金	津贴	应发数
宣言	办公室	600	1 200	50	
赵小兵	办公室	800	1 700	200	
高新国	办公室	800	1 400	150	
胡洪	办公室	1 000	1 300	250	
刘明	人事部	500	1 000	100	
李小红	人事部	550	1 500	100	

(2)在表 7-1 姓名"宣言"后插入一行,依次输入"宋新、办公室、750、1 500、100";在"姓名"前增加一列,依次输入"职工号、000011、000012、000013、000014、000015、000016、000017"。操作的结果如表 7-2 所示。

(3)计算表中其他单元格的数据。

(4)对"部门"按升序排序,对于"部门"相同的数据,按照"应发数"进行降序排序。

(5)将表格中的数据居中,将表头的字段设置为黑体,五号,加粗;将表中的记录设置为宋体,五号;并将表格设置为最合适的列宽,在表头的上方插入一个"职工工资表"的标题行,合并单元格并居中,设置字体为楷体,四号,加粗,将表格的外边框调整为 1.5 磅的粗边框。

(6)插入实验 5 创建的文件 WD51. DOCX,在文档中插入一张图片,以"四周型"版式实现图文混排。

7.3.5 操作参考步骤

1.操作与练习(1)操作步骤

(1)在 Word 2010 中,利用"插入"选项卡中的"插入表格"按钮,或"插入"选项卡"表格"分组中的"插入表格"命令,生成 7 行 6 列的表格。

(2)在表格中输入表格数据。

2.操作与练习(2)操作步骤

(1)将插入点置于"宣言"下一行的任一单元格,右键单击,选择快捷菜单中的"插入"子菜单中的"单元格"命令,在"插入单元格"对话框中选择"整行插入"后单击"确定"。或者执行快捷菜单中的"插入行"命令插入空行。按要求在空行中填入相关数据。

(2)将插入点置于"姓名"列中的任一单元格,右键单击,选择快捷菜单中的"插入"子菜单中的"单元格"命令,在"插入单元格"对话框中选择"整列插入"后单击"确定"。或者执行快捷菜单中的"插入"命令插入空列。按要求在空列中填入相关数据。操作的结果如表 7-2 所示。

表 7-2 添加好数据的工资表

职工号	姓名	部门	基本工资	奖金	津贴	应发数
000011	宣言	办公室	600	1 200	50	
000012	宋新	办公室	750	1 500	100	
000013	赵小兵	办公室	800	1 700	200	
000014	高新国	办公室	800	1 400	150	
000015	胡洪	办公室	1 000	1 300	250	
000016	刘明	人事部	500	1 000	100	
000017	李小红	人事部	550	1 500	100	

3.操作与练习(3)操作步骤

将插入点置于 G2 单元格,单击"表格工具"选项卡中"布局"选项卡的"数据"分组中的"公式"按钮,打开"公式"对话框,在"公式"编辑框中输入"＝SUM(LEFT)",即求得单元格所在行左侧的所有数据之和,其余空格同样操作后,最后的结果如表 7-3 所示。

表 7-3 选用公式计算应发工资数

职工号	姓名	部门	基本工资	奖金	津贴	应发数
000011	宣言	办公室	600	1 200	50	1 850
000012	宋新	办公室	750	1 500	100	2 350
000013	赵小兵	办公室	800	1 700	200	2 700
000014	高新国	办公室	800	1 400	150	2 350
000015	胡洪	办公室	1 000	1 300	250	2 550
000016	刘明	人事部	500	1 000	100	1 600
000017	李小红	人事部	550	1 500	100	2 150

4.操作与练习(4)操作步骤

(1)将插入点移至表格中任一单元格。

(2)单击"表格工具"选项卡中"布局"选项卡的"数据"分组中的"排序"按钮,打开"排序"对话框。

(3)在对话框中的"主要关键字"选项区域的下拉列表框中选择"部门"作为要排序的字段,在"类型"下拉列表框中选择"拼音"选项,最后选中"升序"单选按钮。

(4)在"次要关键字"选项区域的下拉列表框中选择"应发数"作为第二排序依据,在"类型"下拉列表框中选择"数字"选项,最后选中"降序"单选按钮。

(5)单击"确定"按钮,就可以看到排序后的结果了,如表 7-4 所示。

表 7-4　排序后的工资表

职工号	姓名	部门	基本工资	奖金	津贴	应发数
000013	赵小兵	办公室	800	1 700	200	2 700
000015	胡洪	办公室	1 000	1 300	250	2 550
000012	宋新	办公室	750	1 500	100	2 350
000014	高新国	办公室	800	1 400	150	2 350
000011	宣言	办公室	600	1 200	50	1 850
000017	李小红	人事部	550	1 500	100	2 150
000016	刘明	人事部	500	1 000	100	1 600

5.操作与练习(5)操作步骤

(1)选定表格表头行,在"开始"选项卡的"字体"分组中或在打开的"字体"对话框中设置为黑体,五号,加粗。

(2)选定表中的记录,在"开始"选项卡的"字体"分组中或在打开的"字体"对话框中设置为宋体,五号。

(3)执行"表格工具"选项卡的"布局"选项卡中"单元格大小"的"自动调整"命令中的"根据内容自动调整表格"。

(4)在表头上方插入 1 行,选定整行后,单击快捷菜单中的"合并单元格",输入文本"职工工资表",在"开始"选项卡中的"字体"分组中设置为楷体,四号,加粗,在"格式"工具栏中设置"居中"。

(5)选定整个表,选择"表格工具"选项卡中"设计"选项卡的"表格样式"分组中的"边框"按钮右侧箭头,打开"边框和底纹"对话框,在"边框"选项卡中设置表格的外边框为 1.5 磅。操作的结果如表 7-5 所示。

表 7-5　职工工资表

职工工资表						
职工号	姓名	部门	基本工资	奖金	津贴	应发数
000013	赵小兵	办公室	800	1 700	200	2 700
000015	胡洪	办公室	1 000	1 300	250	2 550
000012	宋新	办公室	750	1 500	100	2 350
000014	高新国	办公室	800	1 400	150	2 350
000011	宣言	办公室	600	1 200	50	1 850
000017	李小红	人事部	550	1 500	100	2 150
000016	刘明	人事部	500	1 000	100	1 600

6.操作与练习(6)操作步骤

(1)将插入点定位在文档末尾,选择"插入"选项卡"文本"分组中的"对象"按钮中的"文件中的文字"命令,选择插入 WD51.DOCX。

(2)将插入点移至文档中需要插入图片的位置,选择"插入"选项卡中"插图"分组中的"图片"子菜单,单击"来自文件",打开"插入图片"对话框,从中选择适当的图片,单击"确定"按钮。

(3)可以在图片上右击,在打开的快捷菜单中选择"大小和位置"命令,在打开的对话框中选择"四周型",如图 7-10 所示。

图 7-10　"布局"对话框

实验 8　Word 2010 综合练习

8.1　实验目的

通过综合性练习熟练掌握 Word 2010 中的常用操作。

8.2　实验内容

(1)Word 2010 的基本操作。

(2)Word 2010 文档的格式化。

(3)样式的基本操作。

(4)目录的生成。

8.3　实验操作步骤

8.3.1　操作与练习

文档 WD8.DOCX,内容如下。

第 1 章　认识 Microsoft Visio

1.1　前言

全球化、并购和管理制度的重建显然是现今商业界的主要潮流。若要在其中取得一席之地、站稳脚跟,共四企业组织便不能再像过去一样只是守成而已。更重要的是必须能迅速地跟上市场的变化、满足其多样化的需求,并要求员工随时存取实时的信息,也难怪越来越多的企业都觉得现有的通信架构已不能完全负荷它们的业务需求了。

当企业组织企图寻找一种无法掌握但又充满理想的通信工具时,常常会忽略其中一个最有效分享信息的方法:可视化。现在,我们都会直觉地认为以有效的绘图表现信息,会比任何书面文档更能清楚地传递想法、过程或程序。人们往往会本能地可视化问题的解答。您是否曾注意到,"我看到(I see)"和"我了解(I understand)"是相同的意思呢? 此外,正确的可视化表现方式还能跨越部门、语言、文化与地理界线等限制。就现今的商业交易速度而言,可视化通信的重要性是无可比拟的,成功的共四企业组织需要一个好用的工具以接收及处理企业里的信息。就视觉通信的软件而言,Microsoft Visio 2000 就是这种工具,它能提供清楚的认知,让我们迅速地达成共识。

1.2　Visio 的版本历史

Visio 是 Visio 共四研发的,于 1992 年发布了 Visio 1.0 版本,接着 Visio 共四又推出了 Visio 2.0、Visio 3.0、Visio 4.0 等几个版本。1999 年微软收购了 Visio 共四,继续完善 Visio 功能,并陆续发布了相应版本。Visio 的发展历史如下表所示。

Visio 版本表

1992 年	Visio 1.0
1993 年	Visio 2.0
1995 年	Visio 3.0
1997 年	Visio 4.0
1999 年	Visio 2000
2001 年	Visio 2002
2003 年	Visio 2003
2006 年	Microsoft Visio 2007

1.3　Visio 的系统要求

安装 Visio 2003 的最低系统配置要求如下表所示。

系统配置要求表

组件	要求
计算机和处理器	500 兆赫(MHz)或更快的处理器
内存	256 兆字节(MB)或更大的 RAM
硬盘	1.5 千兆字节(GB);如果在安装后从硬盘上删除原始下载软件包,将释放部分磁盘空间
驱动器	CD-ROM 或 DVD 驱动器
显示器	1 024×768 或更高分辨率的监视器
操作系统	Microsoft Windows XP Service Pack (SP)2、Windows Server 2003 SP1 或更高版本的操作系统

第 2 章　Microsoft Visio 在日常办公中的应用

2.1　流程图的制作与应用

用 Visio,您可以制作出完整的企业流程。举例来说,共四内部的请假流程可以用文字来描述,但利用图片来呈现一定会更清楚易懂。再者,不同共四之间的请款流程,若能被绘制为可视化的流程图,管理者即可借由制程流程图来了解或沟通制程上的作业,进而有效率地改善制程。

2.2　人事组织图的制作与应用

通过组织图,我们能够综观整个共四的情形,或是看到其中某个部门的状况。比如说:

用鼠标在工具列按钮上按一下,便能改变现有组织图的表现方式。就现有的数据,Visio 能使用精灵工具快速地产生组织图,能在图表中快速地变更设计、颜色及位置,存员工数据,如薪水、职称、部门及电话号码。

利用 Visio 可以快速制作出各种人事组织图。只要先找到最顶端的图件,把它放置好,Visio 便会自动建立连接并排好位置。

2.3　建立项目综观的图表

Microsoft Visio 也能帮我们追踪项目的工作进度与资源分配,举例来说:

1)利用时间时程图来显示工作、资源以及由谁负责等内容。

2)利用行事历来显示每月、每季及每年的目标。

如此一来,同事便能轻松地了解项目的内容及进度,或把它汇到另一个应用程序(例如 Microsoft PowerPoint)里展示。此外,您也可以利用时间时程图来显示每阶段的目标。

2.4　产品营销图的制作

除利用 Visio 来绘制流程图外,我们也可以用它来建造出多种对商业用途相当有帮助的图表,以辅助企业或提升我们的简报制作。Visio 提供了超过 75 种有关营销的图件帮助我们建造图表及矩阵图。利用 Visio 所制作的商用图表,能大大地提升简报的视觉效果。在 Visio 的图表图件中,您可以轻易地制作共四的比较分析图。

Visio 在营销图表、营销美工图案及图表图件模板中提供了许多即拖即用的营销用图表模板,您只要用鼠标拖曳到页面上,加入一些文字说明就能完成了,非常简单。虽然这些都是预设好的图件,但您仍然可以依照特殊的需求作修订,以满足实际需要。

操作要求:

(1)章名使用样式"标题 1",并居中,编号格式为"第 X 章",其中 X 为自动排序(如第 1 章)。

(2)小节名使用样式"标题 2",左对齐,编号格式为多级符号"X.Y",X 为章数字序号,Y 为节数字序号(例:1.1)。

(3)新建样式,样式名为"样式 0001"。其中:

①字体:中文字体为"楷体",西文字体为"Times New Roman",字号为"小四"。

②段落:首行缩进 2 字符,行距 1.5 倍。

(4)将文中出现的"1.…2.…"或"1)…2)…"等编号改为自动编号,编号形式不变;将"样式 0001"应用到正文中除章节标题、题注、表格、图片和自动编号以外的所有文字。

(5)对正文中的表添加题注。

①标签为"表",编号包含章节号(例如第 1 章中第 1 张表,题注标签编号为"表 1-1")。

②题注标签编号位于表上方一行文字的左侧,题注及表居中。

(6)对正文中出现"如下表所示"中的"下表"两字,使用交叉引用,改为"表 X-Y",其中"X-Y"为表题注的编号。

(7)将全文中的"共四"替换为"公司",格式为"红色,加粗"。

(8)将页眉设置为"介绍 Visio",页脚设置为"第 X 页"(X 为自动编号)。

(9)在全文的末尾插入分节符(分节符类型为"下一页"),在文档末尾生成空白页;在空白页中输入文字"目录","目录"两字使用样式"标题 1",并居中,文字"目录"下为本文档的目录项。

8.3.2　操作参考步骤

1.操作与练习(1)、(2)操作步骤

(1)将插入点光标定位于第 1 行,单击"开始"选项卡中"段落"分组中的"多级列表"右侧下拉箭头,选择"定义新的多级列表",打开"定义多级列表"对话框,点击左下角的"更

多",打开如图 8-1 所示的对话框,在"输入编号的格式"中输入"第章",将插入点光标置于"第"和"章"之间,在"此级别的编号样式"中选择"1,2,3,…",将自动编号设置完成。将右边的选项"将级别链接到样式"选择为"标题 1",下方的"位置"中"对齐位置"和"文本缩进位置"都设置为"0 厘米","编号之后"选择为"空格"。

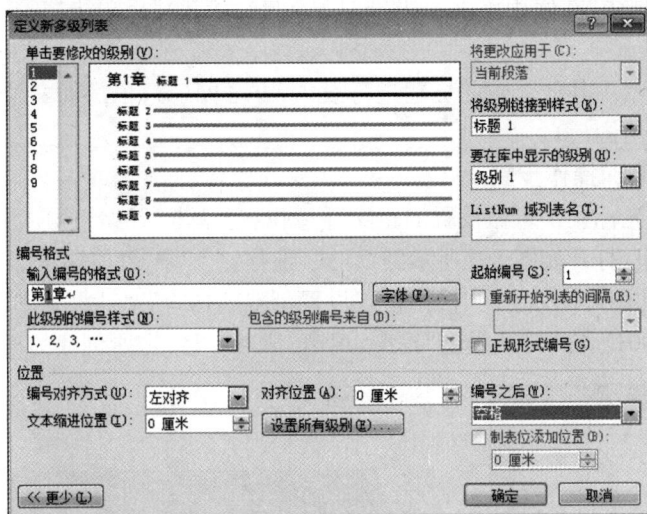

图 8-1　"定义新多级列表"对话框 1

(2)选择"单击要修改的级别"为 2,将插入点光标置于"输入编号的格式"中,在"包含的级别编号来自"中选择"级别 1"后,"输入编号的格式"中自动出现"1",在"1"后输入".",然后在"此级别的编号样式"中选择"1,2,3,…",此时"编号格式"中自动出现"1.1"。将右边的选项"将级别链接到样式"选择为"标题 2",下方"位置"中的"编号对齐方式""对齐位置"和"文本缩进位置"分别设置为"左对齐""0 厘米","编号之后"选择为"空格",如图 8-2所示,单击"确定"。

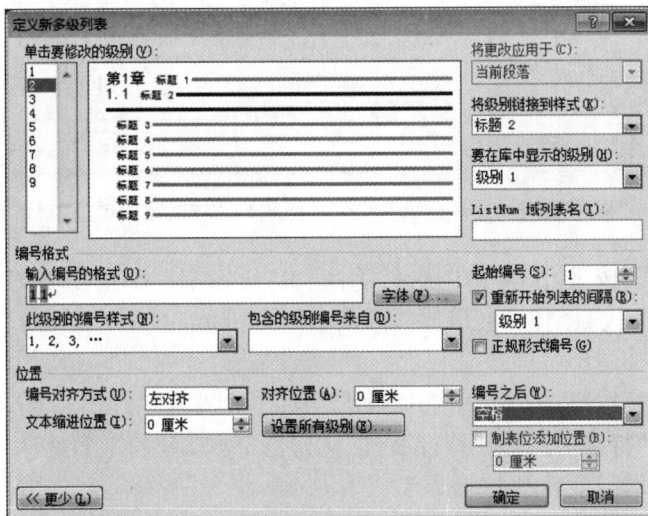

图 8-2　"定义新多级列表"对话框 2

（3）将插入点置于"第 1 章认识 Microsoft Visio"段的任意位置，单击"样式"分组中的"标题 1"按钮，删除手工输入的"第 1 章"。

（4）将插入点置于"1.1 前言"段的任意位置，单击"样式"分组中的"标题 2"按钮，删除手工输入的"1.1"。若样式里"标题 2"不可见，可单击图 8-3 右下角的"选项"，打开如图 8-4 所示的对话框，选中"在使用了上一级别时显示下一标题"后单击"确定"，"标题 2"即可显示。

（5）依次对文章中其他几章的标题进行设置，方法同（3）；依次对文章中其他几章的小节名进行设置，方法同（4）。

2.操作与练习(3)操作步骤

（1）将插入点光标置于未做设置的正文任意位置，单击"开始"选项卡"样式"分组中的"样式"对话框按钮，打开如图 8-3 所示的"样式"窗格。在"样式"窗格的左下角，单击"新建样式"按钮，打开如图 8-5 所示的"根据格式设置创建新样式"对话框，在"名称"框中键入样式的名称"样式 0001"，在"样式类型"框中，单击"段落"以指定所创建的样式类型。

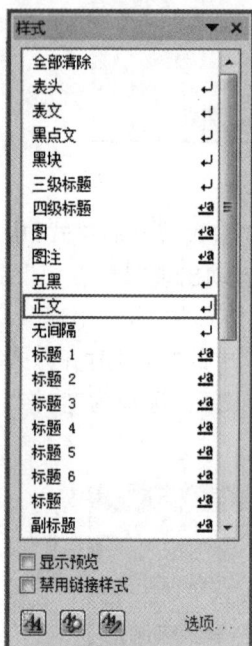

图 8-3 "样式"窗格

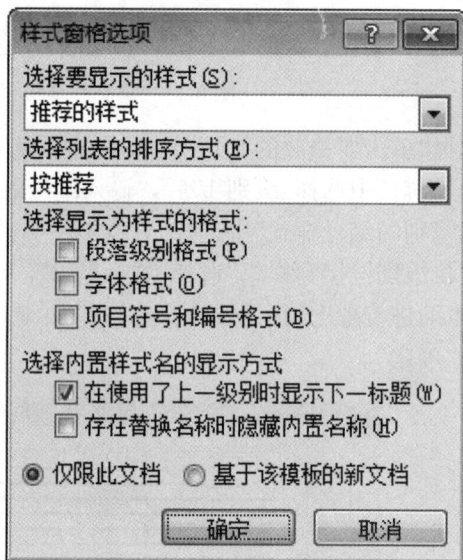

图 8-4 "样式窗格选项"对话框

（2）单击"格式"按钮，在菜单中选择"字体"，打开"字体"对话框，如图 8-6 所示。在"字体"对话框中选择"中文字体"为"楷体"，西文字体为"Times New Roman"，字号为"小四"，点击"确定"。

（3）单击"格式"按钮，在菜单中选择"段落"，打开"段落"对话框，如图 8-7 所示，在"段落"对话框中设置"特殊格式"为"首行缩进"，"磅值"为"2 字符"，行距为"1.5 倍行距"，其余格式采用默认设置，最后点击"确定"。

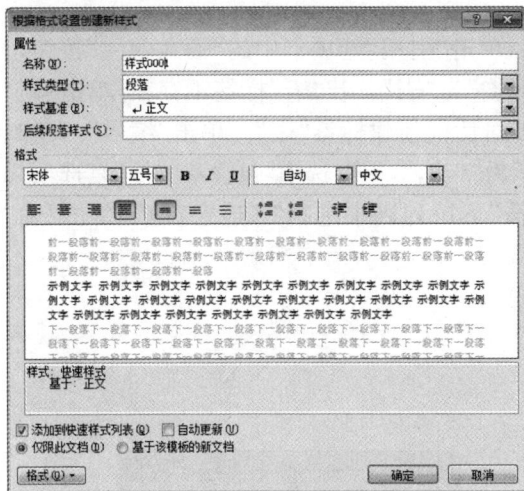

图 8-5　"根据格式设置创建新样式"对话框

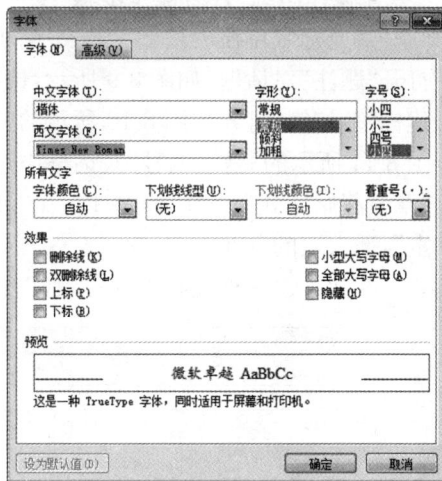

图 8-6　"字体"对话框

3.操作与练习(4)操作步骤

(1)选中正文中第一处出现编号的文本,单击"开始"选项卡"段落"分组中的"编号",选择一种与原来正文编号一样的编号,如图 8-8 所示,单击即可应用为自动编号样式。

(2)依次查找出现编号的地方,对不连续的编号用【Ctrl】键组合选定,并选择重新开始编号,确定完成后删除多余的符号。

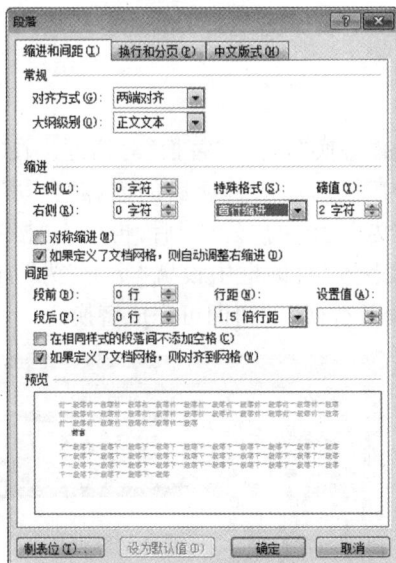

图 8-7　"段落"对话框

图 8-8　编号设置

(3)选择第一个正文段落,单击"开始"选项卡"样式"分组中的"样式 0001",将样式应用于选定段落。对于文中其他需要修改的地方,可以用格式刷完成(双击格式刷)。

4.操作与练习(5)操作步骤

将光标定位在表格上一行文字的开始位置,单击"引用"选项卡中的"插入题注"按钮,打开"题注"对话框,如图8-9所示,选择题注"标签"为"表"。若"表"标签不存在,单击"新建标签"按钮,打开如图8-10所示的"新建标签"对话框新建标签"表"。单击"编号",在如图8-11所示的"题注编号"对话框中选择"格式"为"1,2,3,…",选中"包含章节号"复选项,"章节起始样式"设为"标题1",在"使用分隔符"下拉列表中选择"-(连字符)",单击"确定",插入表的题注。

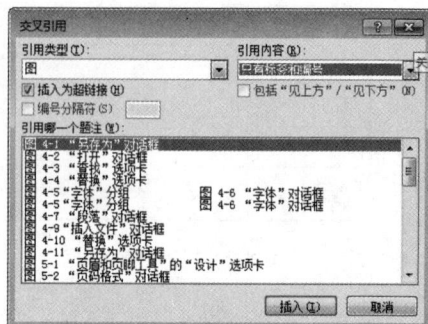

在文中逐一查找有表的位置,以正确添加题注。

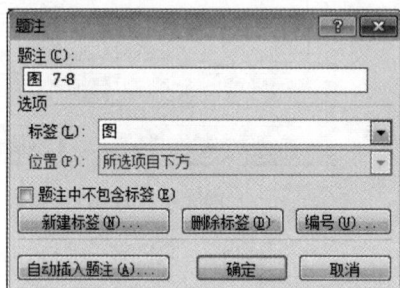

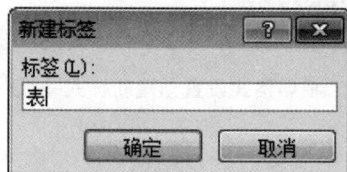

图 8-9　"题注"对话框　　　图 8-10　"新建标签"对话框

5.操作与练习(6)操作步骤

选中文中的"下表",单击"引用"选项卡中的"交叉引用"按钮,打开如图8-12所示的对话框,在"引用类型"中选择"表",选择所要引用的对应的题注,在"引用内容"中选择"只有标签和编号",点击"插入"。逐一检查文中需要把表作交叉引用的地方,方法类似。

6.操作与练习(7)操作步骤

(1)将插入点定位在文档开头位置。

(2)单击"开始"选项卡中"编辑"分组中的"替换",打开"替换"对话框。在"查找内容"框内输入要被替换的内容"共四",在"替换为"框内输入替换后的内容"公司"。单击"更多"按钮,打开"高级查找"选项卡,单击"替换为"框内的"公司"后,再单击"格式"按钮,在其弹出的菜单中选择"字体"命令,在打开的"字体"对话框中设置"字形"为"加粗"、"字体颜色"为"红色"后,单击"确定"按钮。单击"全部替换"按钮即可完成替换。

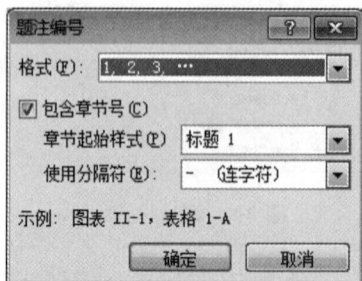

图 8-11　"题注编号"对话框　　　图 8-12　"交叉引用"对话框

72

7.操作与练习(8)操作步骤

(1)单击"插入"选项卡"页眉和页脚"分组中的"页眉",选择"编辑页眉"命令,进入页眉编辑状态,在页眉位置输入"介绍 Visio"。

(2)单击"页眉和页脚工具"选项卡"导航"分组中的"转至页脚",将插入点置于页脚位置,输入"第页",将插入点定位于"第"和"页"之间,在"页眉和页脚工具"选项卡中的"页眉和页脚"分组中单击"页码"按钮,选择页码样式,单击插入当前页的页码。

8.操作与练习(9)操作步骤

(1)双击正文部分,返回正文编辑状态。将插入点光标定位于文档末尾,单击"页面布局"选项卡中的"分隔符"按钮,在"分节符"中选择"下一页",完成分节。

(2)将插入点定位于新的一节的开始位置,输入文字"目录",并应用"标题 1"样式,将生成的自动编号删除。插入点定位于"目录"二字之后,单击"引用"选项卡中的"目录"按钮,单击"插入目录",打开如图 8-13 所示的对话框,按要求设置,单击"确定",可在当前位置自动生成目录。

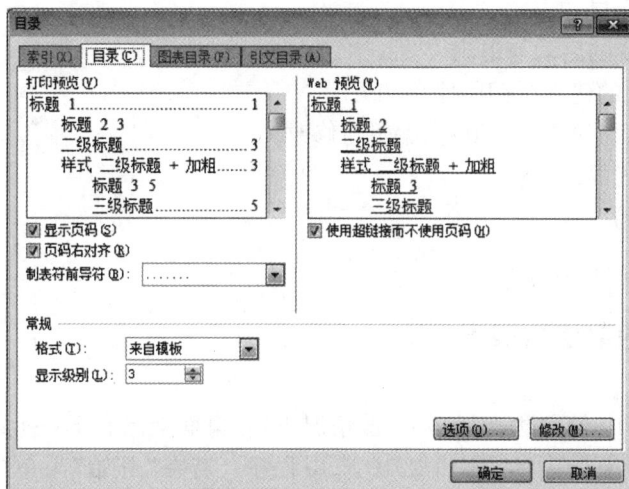

图 8-13　"目录"对话框

实验 9　工作表的建立与格式设置

9.1　实验目的

(1)熟悉 Excel 2010 的启动、退出及窗口结构。
(2)熟练掌握工作表中各种不同类型数据的输入方法。
(3)掌握各类数据序列的快速填充方法。
(4)熟练掌握工作表中数据的编辑与修改。
(5)掌握工作表的格式设置。
(6)掌握条件格式的设置。

9.2　实验内容

(1)Excel 2010 的启动与退出。
(2)Excel 文件的建立、打开、保存和关闭。
(3)工作表中数据的输入、填充、编辑与修改。
(4)工作表格式的设置。
(5)条件格式的设置。

9.3　实验操作步骤

9.3.1　Excel 的启动与退出

1. 启动

启动 Excel 2010 的方法有很多,一般情况下,若桌面上已有 Excel 2010 的快捷图标,则直接双击该图标便能启动 Excel 2010 应用程序。若在"开始"菜单中包含"Microsoft Excel 2010"程序项,也可以通过单击该程序项将其打开。

2. 退出

要退出 Excel 2010,有以下常用的几种方法可选。
①单击窗口右上角的"关闭"按钮 ✖ 。
②双击窗口左上角的控制菜单按钮 ▦ 。
③按组合键【Alt+F4】。
④单击"文件"选项卡下的"退出"命令按钮。
如果在 Excel 中已经输入了新的数据,则在退出之前系统将弹出一个提示框,询问是否要保存数据,用户可以根据需要选择"保存""不保存"或"取消"按钮。

9.3.2　工作簿的创建、保存与打开

1. 创建工作簿

选择"文件"选项卡下的"新建"命令,弹出如图 9-1 所示的选项,用户可根据需要,选择按空白工作簿、根据已有内容新建或基于可用模板来创建新工作簿。

2. 工作簿的保存

"保存"操作与 Word 操作相同,可以通过"文件"选项卡中的"保存"或"另存为"命令项来实现。Excel 2010 工作簿文件名的扩展名为.XLSX。

3. 工作簿的打开

打开 Excel 工作簿的方法一般有两种,一种是先查找到要打开的工作簿文件,然后双击该文件名,便能打开工作簿;另一种是先启动 Excel 2010 应用程序,通过"文件"选项卡中的"打开"命令,在"打开"对话框中确定文件的位置、文件名和文件类型后,将其打开,如图 9-2 所示。

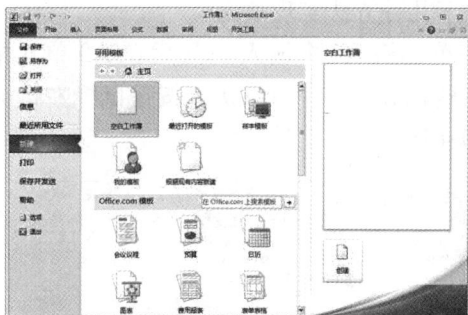

图 9-1 新建工作簿选项

图 9-2 "打开"对话框

9.3.3 工作表中数据的输入、填充、编辑与修改

1. 工作表中数据的输入

在工作表中输入数据的基本方法:首先选定单元格,然后在选定的单元格中直接输入数据;或选定单元格后,在编辑栏中输入和修改数据。

(1)输入文本。

输入文本的方法通常有两种:第一种方法是先输入英文单引号""再输入数字;第二种方法是先选中要输入的文本数字的单元格,右击单元格,在弹出的快捷菜单中选"设置单元格格式",在弹出的对话框"数字"标签中选择"文本"并单击"确定"按钮,再输入数字。

(2)输入数字。

①输入分数。

输入分数时,先在分数前输入"0",再输入一个空格,然后再输入分数。

②输入负数。

用户在输入正数时可以省略正号"+",输入负数时,可以在负数前输入减号"-"作为标识,也可以将数字置于括号"()"中。

(3)输入日期和时间。

①输入日期。

通常,在 Excel 中采用的日期格式有"年-月-日"或"年/月/日"。用户可以用斜杠"/"或"-"来分隔日期的年、月、日。Excel 中有多种日期的显示方式,并且默认的对齐方式为右对齐,用户可以通过"开始"选项卡的"数字"分组来设置单元格格式,以改变日期的显示方式或对齐方式。

75

②输入时间。

在单元格中输入时间的方法有两种,即按 12 小时制或按 24 小时制输入。二者的输入方法不同。如果按 12 小时制输入时间,要在时间数字后加一空格,然后输入 a 或 p,字母 a 表示上午,p 表示下午。

2. 工作表中数据的填充

填充功能是通过"填充柄"或"序列"对话框来实现的。

填充有三种方法:自动填充、等差填充和等比填充。

例如从工作表初始单元格 A1 开始沿列方向填入 1、5、9、13、17、21 这样一组序列,这是一个等差序列,初值为 1,步长为 4,可以采用以下几种方法实现填充。

方法一:鼠标拖曳法。具体操作如下:首先在单元格 A1 中输入 1;然后在 A2 单元格中输入 5,选中 A1:A2 单元格区域右下角的填充柄,如图 9-3 所示;接着按住鼠标左键向下拖曳至单元格 A6 即可完成数据的填充,如图 9-4 所示。

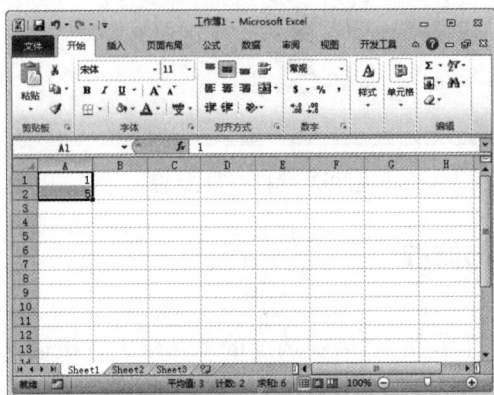

图 9-3　选择填充柄　　　　　　　　　　　图 9-4　填充

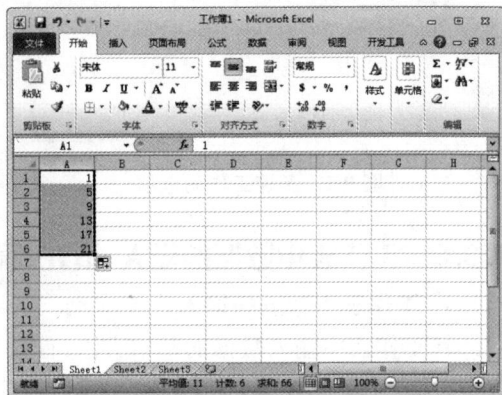

方法二:利用"序列"对话框。首先在单元格 A1 中输入 1,然后在"开始"选项卡"编辑"分组中选择"填充"命令,在弹出的菜单中选择"系列"命令,弹出"序列"对话框,如图 9-5 所示。将"序列产生在"设为"列",将"类型"设为"等差序列",将"步长值"设为"4",单击"确定"按钮完成填充。

方法三:利用右键快捷菜单。先在单元格 A1 中输入 1,选中该单元格填充柄,按住鼠标右键向下拖曳至 A6 单元格,释放鼠标,打开如图 9-6 所示的快捷菜单,执行菜单中的"序列"命令,即可打开如图 9-5 所示的"序列"对话框,在此对话框中将"序列产生在"设为"列",将"类型"设为"等差序列",将"步长值"设为"4",单击"确定"按钮完成填充。

3. 工作表中数据的编辑与修改

(1)修改数据。

选择要修改的单元格,单击编辑栏的编辑区,在编辑区中进行修改;或直接双击单元格,将单元格中的插入点移到需要修改的位置进行修改。

(2)插入。

①插入单元格、整行、整列。

　　如果要插入单元格、整行或整列，只需在要插入的位置右击，在弹出的快捷菜单中选择"插入"命令，并在弹出的"插入"对话框中按要求选择相应的插入选项（或单击"插入"菜单中的相应插入命令项）。

　　也可通过单击"开始"选项卡"单元格"功能组中的"插入"按钮，在弹出的快捷菜单中选择相应的插入项。

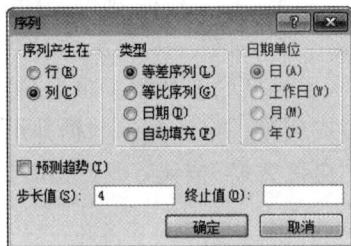

图 9-5　"序列"对话框

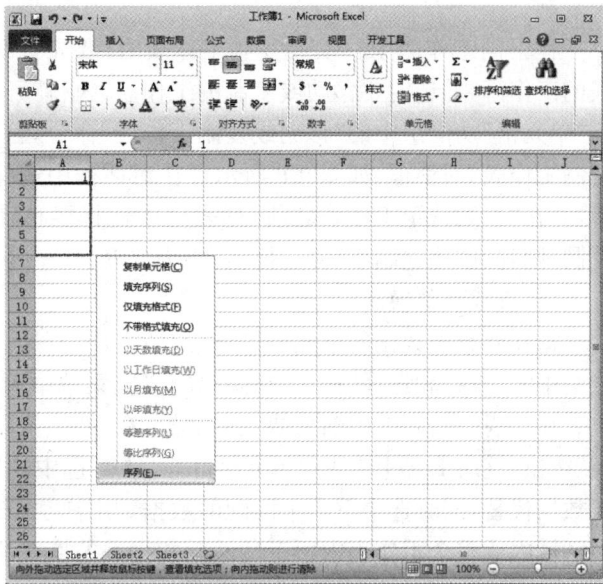

图 9-6　快捷菜单

　　②插入工作表。

　　右击工作表标签，在弹出的快捷菜单中选择"插入"，并在"插入"对话框中选择"工作表"。或者单击"开始"选项卡下"单元格"功能组中的"插入"按钮，在弹出的快捷菜单中选择"插入工作表"也可。

　　（3）清除和删除。

　　①清除或删除单元格、整行、整列。

　　单击"开始"选项卡下"编辑"功能组中的"清除"按钮 ，在弹出的快捷菜单中选择不同的清除内容，便能清除选定的内容；或者单击"开始"选项卡下"单元格"功能组中的"删除"按钮 删除 ，在弹出的快捷菜单中选择相应的选项完成删除操作。

　　②删除工作表。

　　右击要删除的表标签，在弹出的快捷菜单中选择"删除"，便可删除所选工作表。或者选定要删除的工作表标签后，单击"开始"选项卡下"单元格"功能组中的"删除"按钮，并选择"删除工作表"命令，将已选择的工作表删除。

　　（4）移动和复制。

　　①数据的移动和复制。

　　选定要移动或复制的数据区域，执行"开始"→"剪贴板"→"剪切"（或"复制"）命令，将选定内容复制到剪贴板，再将插入点移到目标处，单击"开始"→"剪贴板"→"粘贴"命令下拉按钮,弹出如图 9-7 所示的下拉菜单,选择不同的选项将以不同的形式粘贴复制的内容。

②移动或复制工作表。

在同一工作簿中移动或复制工作表只需将选定的工作表表标签拖动到目标位置即可,拖动鼠标时同时按住【Ctrl】键则实现复制。

在不同工作簿中移动或复制工作表时,要先打开移动工作表的工作簿,并选定要移动或复制的工作表,执行"开始"选项卡下"单元格"功能组中的"移动或复制工作表"命令,打开"移动或复制工作表"对话框,如图 9-8 所示。在对话框中选择目标工作簿,并在"下列选定工作表之前"列表框中选择要移动或复制的工作表的目标位置。若要复制,则勾选"建立副本"复选框,否则为移动。

图 9-7 "粘贴"下拉菜单

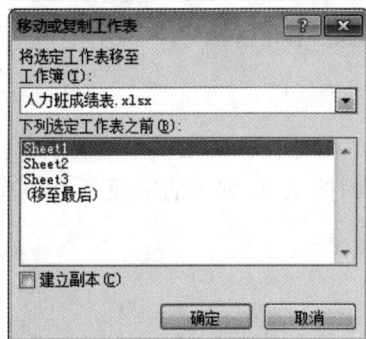

(5)查找和替换。

选择要查找数据的单元格区域,或选定任一单元格,单击"开始"选项卡下"剪贴板"功能组中的"查找和选择"按钮,在弹出的快捷菜单中单击"替换",弹出如图 9-9 所示的对话框。在"查找内容"框中输入要找的数据,在"替换为"框中输入要替换的新数据。单击"替换"按钮,这时 Excel 从活动单元格开始(或在选中的区域内)找到第一个匹配的数据并用新数据代替,同时选中下一个匹配的数据。用户也可以单击"全部替换"按钮,一次性将选中区域内或整个工作表中所有的匹配数据都替换成新数据。

图 9-8 "移动或复制工作表"对话框　　　**图 9-9 "查找和替换"对话框中的"替换"选项卡**

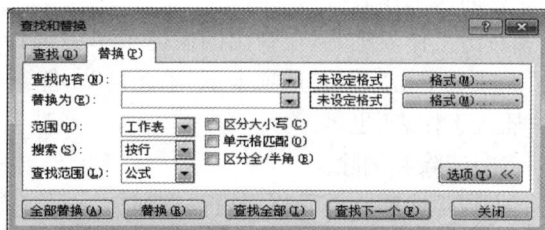

9.3.4 工作表格式的设置

1. 设置文字格式

先选定要设置文字格式的单元格或数据区域,然后单击"开始"选项卡下的"单元格"分组中的"设置单元格格式对话框启动器",弹出"设置单元格格式"对话框,如图 9-10 所示。单击对话框中的"字体"选项卡,并选择需要设置的字体、字形、字号和颜色等,按"确定"完成设置。

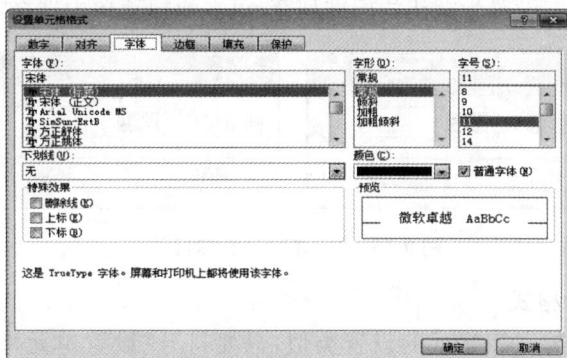

图 9-10　"设置单元格格式"对话框

2. 设置边框和图案

(1)设置边框。

先选择要设置边框的数据区域,再打开"设置单元格格式"对话框,并选择"边框"选项卡,根据需要设置表格的边框形状、线型和颜色等,并按"确定"完成设置,如图 9-11 所示。

(2)设置图案。

图案的设置方法与设置边框类似,只要在弹出的"设置单元格格式"对话框中单击"填充"选项卡,在"图案颜色"栏中选择合适的颜色。若还需配上底纹,可在"图案样式"下拉列表框中选择合适的底纹,如图 9-12 所示。

图 9-11　边框设置

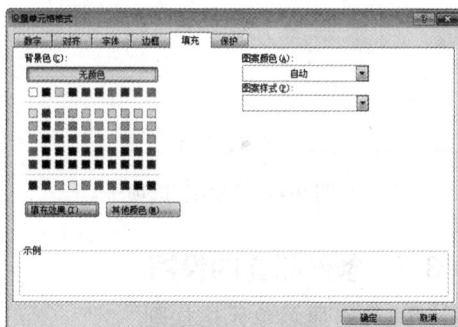

图 9-12　图案设置

3. 改变行高和列宽

调整列宽和行高有如下三种方法。

(1)将鼠标指针移动到该列标(或行号)的右侧(下方)边界处,待鼠标指针变成"▣"("╋")形状时,拖动鼠标便能进行调整。

(2)用鼠标单击要调整的列(或行)中的任一单元格,单击"开始"选项卡下"单元格"分组中的"格式"按钮,在弹出的快捷菜单中选择"列宽"(或"行高")命令下的"列宽"("行高")命令项,在打开的对话框中进行精确设置,如图 9-13 所示。

(3)要使某列的列宽与单元格内容宽度相适合(或使行高与单元格内容高度相适合),可以选择快捷菜单中的"自动调整列宽"(或"自动调整行高")命令项。

如果用户要将列宽设置为默认的标准列宽，可在快捷菜单中选择"默认列宽"命令项。

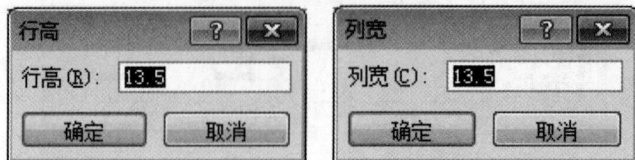

图 9-13 "行高""列宽"对话框

4. 设置数据显示格式

数据格式的设置与文字格式的设置类似，只要打开"设置单元格格式"对话框，选择"数字"选项卡，如图 9-14 所示。用户可以在对话框的"分类"栏中选择数据的种类，并在右边的"类型"栏中选择相应的显示格式。

5. 设置对齐方式

设置对齐方式是在"设置单元格格式"对话框的"对齐"选项卡中进行的，如图 9-15 所示。

图 9-14 "数字"选项卡

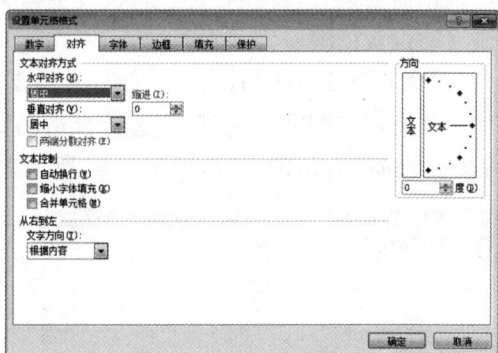

图 9-15 "对齐"选项卡

9.3.5 条件格式的设置

1. 突出显示单元格规则

先选择要设置条件格式的单元格区域，然后单击"开始"选项卡中"样式"分组的"条件格式"按钮，弹出如图 9-16 所示的下拉菜单，单击"突出显示单元格规则"，选择相应的命令，最后输入需要设置的条件和格式。

2. 项目选取规则

先选择要设置条件格式的单元格区域，再单击"开始"选项卡中"样式"分组的"条件格式"按钮，弹出如图 9-17 所示的下拉菜单，单击"项目选取规则"，选择相应的命令，最后输入需要设置的条件和格式。

3. 新建规则

新建规则的类型总共有六种，用户可以根据需要选择其中的一种类型来设置条件格式。常用的一种类型为"只为包含以下内容的单元格设置格式"，下面就这种规则类型的使用作一下介绍。其操作的具体步骤如下：

（1）选择要设置格式的单元格区域。

（2）在"开始"选项卡上的"样式"分组中，单击"条件格式"按钮，在弹出的快捷菜单中选择"新建规则"命令，打开"新建格式规则"对话框，如图 9-18 所示。

（3）在"选择规则类型"列表中选择"只为包含以下内容的单元格设置格式"。

（4）在"编辑规则说明"中输入条件，如"小于""60"。

（5）单击"格式"按钮，打开"设置单元格格式"对话框，在对话框中按要求设置格式。

图 9-16　条件格式（突出显示单元格规则）

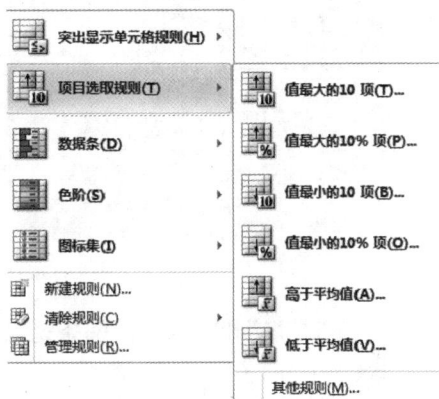

图 9-17　条件格式（项目选取规则）

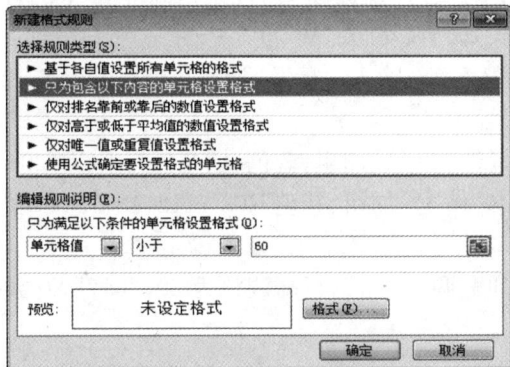

图 9-18　"新建格式规则"对话框

4. 清除规则

可以通过"开始"→"样式"→"条件格式"→"清除规则"来实现。

9.3.6　操作与练习

（1）启动 Excel 2010，在空白工作表 Sheet1 中输入如图 9-19 所示的数据，并以 qmcj. xlsx 为文件名保存在 D:\MYDIR 目录下。

（2）将工作表 Sheet1 的表标签改名为原始数据，并将工作表 Sheet1 中的所有数据复制到 Sheet2 工作表中，将表标签改名为"计算机期末成绩统计表"（后续的操作都在该表中进行）。

（3）将学生"罗玲玲"的姓名更改为"罗玲珑"，"WORD 题"成绩更改为 24。

(4)在第 8 行之前插入一行,并输入数据"姜伟、8:00:00、9:15:00、20、5、4、22、15、12、11"。

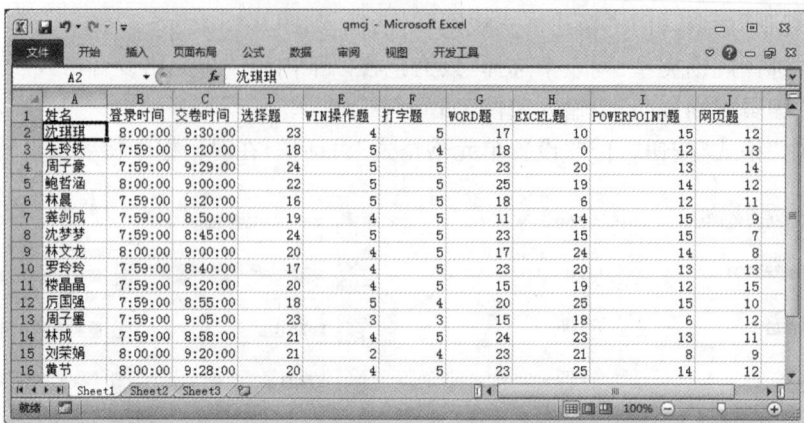

图 9-19　初始数据

(5)将学生"林晨"和"林成"的两条记录交换位置。

(6)删除学生"周子墨"的记录。

(7)在"姓名"列前插入一列,列标题为"学号",第一条记录的学号为"201859173101",其余学号通过拖动填充柄填入。

(8)在"姓名"列后插入一列,列标题为"性别",每个学生的性别按记录顺序分别为"女、女、男、男、男、男、男、女、男、女、女、男、女、女、男"。

(9)在第一行之前插入一行,输入表标题"计算机期末成绩统计表",并将 A1:L1 单元格合并居中。

(10)将表标题设为黑体、28 号、加粗、蓝色,填充色为 RGB(204、255、153)。

(11)将表头设为隶书、16 号、加粗、紫色 RGB(112、48、160),填充色为 RGB(255、255、153)。

(12)将整个表格的列宽调整为 15,行高调整为 20,并将所有数据居中显示,如图 9-20 所示。

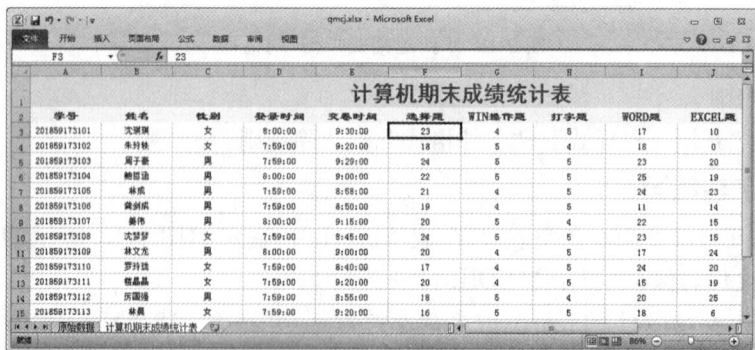

图 9-20　(2)～(12)题的操作结果

(13)将 WORD 题和 EXCEL 题的分数大于等于 20 分的单元格数据用红色、加下划线显示；小于等于 8 分的用蓝色、加粗倾斜显示。

（14）将选择题得分前三名的单元格以浅红填充色深红色文本显示，如图 9-21 所示。

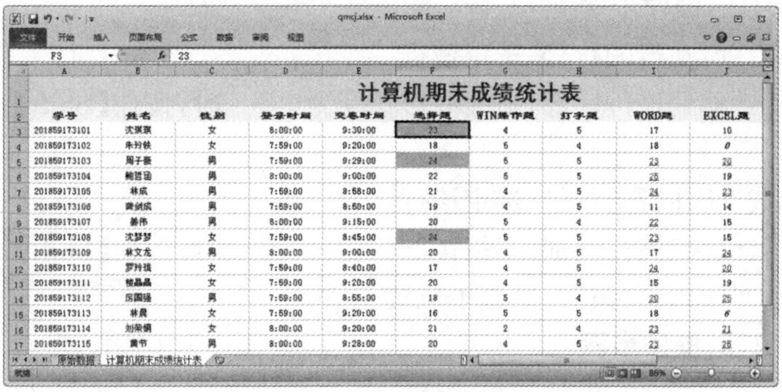

图 9-21　操作最终结果

（15）以 qmcj.xlsx 的文件名保存在 D 盘 MYDIR 文件夹下。

9.3.7　操作参考步骤

1.操作与练习(1)操作步骤

（1）双击桌面上的"Microsoft Excel"快捷图标或单击任务栏最左边的"开始"按钮，打开"开始"菜单，选择"程序"子菜单中的 Microsoft Excel 2010 命令，即可启动 Excel，打开 Excel 2010 工作窗口。

（2）根据图 9-19 所提供的数据，在工作表 Sheet1 中依次输入数据。

（3）全部输完后，单击"文件"选项卡下的"另存为"，打开"另存为"对话框，在"保存位置"下拉列表框中选择"D 盘"，查找到文件夹 MYDIR 并双击打开该文件夹。

（4）在"文件名"下拉列表框中输入文件名 qmcj。

（5）单击"保存"按钮，完成对所建工作表的保存。

2.操作与练习(2)操作步骤

（1）右击表标签 Sheet1，在快捷菜单中选择"重命名"命令，输入工作表表名"原始数据"。

（2）选中"原始数据"表中所有的数据，右击并在弹出的快捷菜单中选择"复制"，在 Sheet2 表中 A1 单元格中右击，在弹出的快捷菜单中选择"粘贴"，将数据复制到 Sheet2 中。右击表标签 Sheet2，在快捷菜单中选择"重命名"命令，输入工作表表名"计算机期末成绩统计表"。

3.操作与练习(3)操作步骤

（1）双击"罗玲玲"所在单元格，直接将第二个"玲"改为"珑"即可（部分修改时要双击单元格）。

（2）单击 WORD 题"23"，直接在单元格中输入"24"即可（单击时，新输入的数据会覆盖原数据）。

4.操作与练习(4)操作步骤

（1）单击第 8 行中的任一单元格。

（2）单击"开始"选项卡下"单元格"分组中的"插入"按钮，在弹出的快捷菜单中选择

"插入工作表行"命令,便在第 8 行之前插入了一空行。

(3)按题目要求依次输入"姜伟、8:00:00、9:15:00、20、5、4、22、15、12、11"。

5.操作与练习(5)操作步骤

(1)单击"林晨"所在行的行号,选定该行。

(2)将鼠标指针移到该行底部,当指针形状变为" ✛ "时,按住【Shift】键的同时拖动鼠标到"林成"处。

(3)单击"林成"所在行的行号,选定该行。

(4)将鼠标指针移到该行底部,当指针形状变为" ✛ "时,按住【Shift】键的同时拖动鼠标到原"林晨"处,便使这两行相互交换了位置。

6.操作与练习(6)操作步骤

(1)单击"周子墨"所在行的任一单元格。

(2)在"开始"选项卡下的"单元格"分组中,单击"删除"按钮,在弹出的快捷菜单中选择"删除工作表行"命令,便删除了插入点所在行。

7.操作与练习(7)操作步骤

(1)选定"姓名"列。

(2)单击"开始"选项卡中"单元格"分组中的"插入"按钮,并选择"插入工作表列"命令,便在"姓名"列之前插入了一空列(即 A 列)。

(3)在 A1 单元格中输入"学号"。

(4)在 A2 单元格中输入"201859173101",单元格显示科学计数形式"2.01859E+11",通过单击"开始"选项卡"数字"分组中的单元格格式,将"常规"改为"数字",并减少小数位数为 0 个,此时单元格显示"201859173101",拖动填充柄至下一单元格,将学号的最后一位改为"2",接着选中 A2 和 A3 两个单元格,拖动填充柄至 A16 单元格,完成学号的填充。

8.操作与练习(8)操作步骤

(1)选定"登录时间"列。

(2)右键单击"登录时间"列,在弹出的快捷菜单中单击"插入",便在"登录时间"列之前插入了一空列(即 C 列)。

(3)在 C1 单元格中输入"性别"。

(4)在 C2:C16 单元格区域输入性别的值(女、女、男、男、男、男、男、女、男、女、女、男、女、女、男)。

9.操作与练习(9)操作步骤

(1)选中第一行,右键单击,在弹出的快捷菜单中选择"插入"命令,即在第一行前插入了一空行。

(2)选择 A1:L1 数据区域,单击"开始"选项卡"对齐方式"分组中的"合并居中"按钮,使 A1:L1 合并为一个单元格,并在该单元格中输入表标题"计算机期末成绩统计表"。

10.操作与练习(10)操作步骤

(1)单击表标题所在的单元格,单击"开始"选项卡"字体"分组中的字体颜色按钮设置颜色。

(2)单击"加粗"按钮设置加粗,在"字体""字号"框中选择"黑体"和"28"。

(3)单击"填充颜色"按钮,在下拉的菜单里选择"其他颜色",弹出如图 9-22 所示的"颜色"对话框,单击"自定义",在其中输入 RGB 的值。

11.操作与练习(11)操作步骤

表头即学号姓名这一行,格式设置方法同第(10)题。

12.操作与练习(12)操作步骤

(1)将鼠标从 A2 单元格拖动到 L17 单元格,选定 A2:L17 数据区域。

(2)单击"开始"选项卡中"单元格"分组中的"格式"按钮,选择下拉项中的"行高",在弹出的"行高"对话框中输入行高的高度"20",单击"确定"按钮完成行高设置。

图 9-22 "颜色"对话框

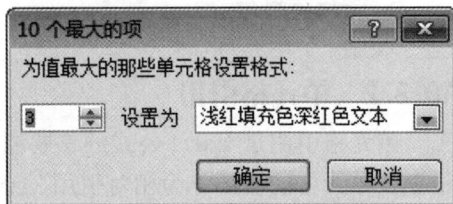

(3)单击"开始"选项卡中"单元格"分组中的"格式"按钮,选择下拉项中的"列宽",在弹出的"列宽"对话框中输入列宽的宽度"15",单击"确定"按钮完成列宽设置。

(4)拖动鼠标选定 A2:L17 数据区域。

(5)单击"开始"选项卡中"对齐方式"分组中的"居中"按钮,便将所有数据居中显示。

13.操作与练习(13)操作步骤

(1)拖动鼠标选定 WORD 题和 EXCEL 题两列的数据区域 I3:J17。

(2)单击"开始"选项卡中"样式"分组中的"条件格式"按钮,在弹出的快捷菜单中选择"新建规则"命令,打开"新建格式规则"对话框。

(3)在"选择规则类型"列表中选择"只为包含以下内容的单元格设置格式",在"编制规则说明"栏中输入条件。选择"大于等于",并在数值框中输入"20",表示设置的条件为 >=20。

(4)单击"格式"按钮,弹出"设置单元格格式"对话框,在"下划线"列表框中选择"单下划线",单击"颜色"下拉按钮,在弹出的"颜色"下拉列表框中选择"红色"选项,单击"确定"按钮。

(5)重复(2)、(3)、(4)操作,选择"小于等于",并输入 8(即设置条件<=8);单击"格式"按钮,在"设置单元格格式"对话框中单击"颜色"下拉列表框的下拉按钮,并选择"蓝色"选项,在"字形"列表框中选择"加粗倾斜",单击"确定"按钮完成设置。

14.操作与练习(14)操作步骤

(1)选中"选择题"列的数据区域 F3:F17。

(2)单击"开始"选项卡中"样式"分组的"条件格式"按钮,弹出下拉菜单,选择"项目选取规则"命令,选择"值最大的 10 项"命令,弹出如图 9-23 所示的对话框,在左边框中输入"3",右边设置格式为"浅红填充色深红色文本",最后单击"确定"按钮完成设置。

图 9-23 "10 个最大的项"对话框

15.操作与练习(15)操作步骤

所有题操作完毕,得到如图 9-21 所示的操作结果,要将操作结果存盘,只需单击标题栏左侧的保存按钮即可。

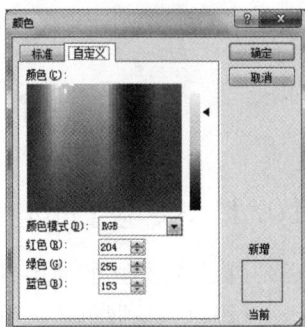

实验 10　公式和函数的应用

10.1　实验目的

(1)掌握公式的使用方法。

(2)熟练掌握单元格引用的概念及使用方法。

(3)熟练掌握 Excel 2010 常用函数的应用。

(4)掌握保护工作表的方法。

(5)熟练掌握打印工作表的操作。

10.2　实验内容

(1)公式的应用。

(2)单元格引用的使用。

(3)Excel 2010 常用函数的应用。

(4)保护工作表、页面设置及打印操作。

10.3　实验操作步骤

10.3.1　公式

输入公式时,必须以英文等号("=")开头,由操作数和运算符组成。操作数主要包括常量、名称、单元格引用和函数等。运算符主要有算术运算符、关系运算符和字符运算符等。

1. 算术运算符

负号("-")、百分数("%")、乘幂("^")、乘(" * ")和除("/")、加("+")和减("-")。

2. 关系运算符

等于("=")、小于("<")、大于(">")、小于等于("<=")、大于等于(">=")、不等于("<>")。

3. 字符运算符

只有一个运算符,即"&"。

10.3.2　单元格引用

单元格引用是 Excel 公式的重要组成部分,它用以指明公式中所使用的数据和所在的位置。单元格的引用分为相对引用、绝对引用、混合引用和三维引用四种。

1. 相对引用

相对引用是指在公式中需要引用单元格的值时直接用单元格名称表示。例如公式"=E2+F2+G2+H2",就是一个相对引用,表示在公式中引用了单元格:E2、F2、G2 和 H2;又如公式"=SUM(B3:E3)"也是相对引用,表示引用 B3:E3 区域的数据。

相对引用的主要特点是,当包含相对引用的公式被复制到其他单元格时,Excel 会自动调整公式中的单元格名称。

2. 绝对引用

绝对引用是指在公式中引用单元格时在单元格名称的行列坐标前加"＄"符号,将这个公式复制到任何地方,该单元格引用都不会发生变化。行列前加＄,可按功能键【F4】实现。

3. 混合引用

混合引用是指在一个单元格地址引用中,既有绝对地址引用,又有相对地址引用。包含混合引用的公式被复制到其他单元格时,公式中绝对引用部分不发生变化,相对引用部分会根据位置自动调整单元格的名称。

4. 三维引用

用户不但可以引用一个工作表的单元格,还可以引用同一工作簿不同工作表的单元格,这种引用方式叫三维引用。三维引用的一般格式为"工作表标签! 单元格引用"。

10.3.3　函数

函数是 Excel 中为解决那些复杂运算需求而提供的预置算法,如 SUM、AVERAGE、IF、COUNTIF 等。通常,函数通过引用参数接收数据,并返回计算结果。函数由函数名和参数构成。

函数的格式:函数名([参数 1],[参数 2],…)。

输入函数的方法有多种,最简便的是单击"编辑栏"上的"插入函数 f_x"按钮,弹出"插入函数"对话框,如图 10-1 所示,从中选择所需要的函数,此时,会弹出如图 10-2 所示的对话框,利用它可以确定函数的参数。

图 10-1　"插入函数"对话框

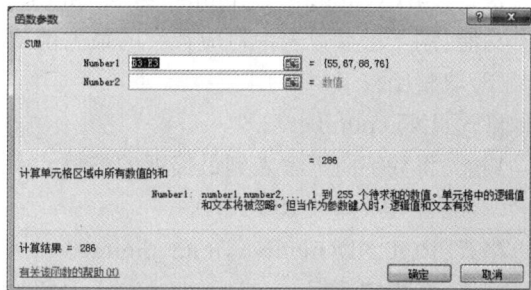

图 10-2　SUM"函数参数"对话框

也可以单击单元格,直接在编辑栏里输入函数"＝函数名(参数)"。

另外,还可以通过选择"公式"选项卡中的"插入函数"命令,或者从"函数库"组中选择某一类别的函数命令,从打开的函数列表中选择所需要的函数,"函数库"组如图 10-3 所示。

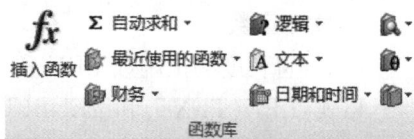

图 10-3　"函数库"组

1. 数值计算函数

(1)求和函数 SUM。

格式:SUM(number1,number2,…)。

功能:求参数所对应数值的和。参数可以是常数或单元格引用,参数与参数之间用逗号分隔,最多可有 30 个参数。

(2)条件求和函数 SUMIF。

格式:SUMIF(range,criteria,[sum_range])。

功能:根据指定条件对指定数值单元格求和。

(3)多条件求和函数 SUMIFS。

格式:SUMIFS(sum_range,criteria_range1,criteria1,[criteria_range2,criteria2],…)。

功能:对指定求和区域中满足多个条件的单元格求和。

(4)求平均函数 AVERAGE。

格式:AVERAGE(number1,number2,…)。

功能:求给定数据区域的算术平均值。

(5)条件求平均函数 AVERAGEIF。

格式:AVERAGEIF(range,criteria,[average_range])。

功能:根据条件对指定数值单元格求平均值。

(6)多条件求平均函数 AVERAGEIFS。

格式:AVERAGEIFS(average_range,criteria_range1,criteria1,[criteria_range2,criteria2],…)。

功能:对指定区域中满足多个条件的单元格求平均值。

(7)求最大值函数 MAX 和求最小值函数 MIN。

格式:MAX(number1,number2,…)和 MIN(number1,number2,…)。

功能:用于求参数表中对应数字的最大值或最小值。

(8)取整函数 INT。

格式:INT(number)。

功能:将数字向下舍入到最接近的整数。

(9)四舍五入函数 ROUND。

格式:ROUND(number,num_digits)。

功能:对指定数据 number,四舍五入保留 num_digits 位小数。

(10)求余数函数 MOD。

格式:MOD(number,divisor)。

功能:返回两数相除的余数,结果的正负号与除数相同。

2. 文本函数

(1)字符长度测试函数 LEN 和 LENB。

格式:LEN(TEXT)和 LENB(TEXT)。

功能:统计指定字符串中字符的个数,空格也作为字符计数。LEN 和 LENB 的区别主要是在计算汉字长度时的差异,前者一个汉字同字母一样算,一个汉字一个长度;后者则一个汉字以两个长度计算。

(2)截取子字符串函数。

①左截函数 LEFT。

格式：LEFT(text,num_chars)。

功能：将字符串 text 从左边第一个字符开始，向右截取 num_chars 个字符。

②右截函数 RIGHT(text,num_chars)。

格式：RIGHT(text,num_chars)。

功能：将字符串 text 从右边第一个字符开始，向左截取 num_chars 个字符。

③截取任意位置子字符串函数 MID。

格式：MID(text,start_num,num_chars)。

功能：将字符串 text 从第 start_num 个字符开始，向右截取 num_chars 个字符。

(3)字符串替换函数 REPLACE。

格式：REPLACE(old_text,start_num,num_chars,new_text)。

功能：针对指定字符串，从指定位置开始，用新字符串来替换原有字符串中的若干个字符。

3. 统计函数

(1)统计计数函数 COUNT。

格式：COUNT(number1,number2,…)。

功能：统计给定数据区域中所包含的数值型数据的单元格个数。

与 COUNT 函数相类似的还有以下函数：

①COUNTA(value1,value2,…)函数，用于计算参数列表(value1,value2,…)中所包含的非空值的单元格个数；

②COUNTBLANK(range)函数，用于计算指定单元格区域(range)中空白单元格的个数。

(2)条件统计函数 COUNTIF。

格式：COUNTIF(range,criteria)。

功能：统计指定数据区域内满足单个条件的单元格的个数。

(3)多条件统计函数 COUNTIFS。

格式：COUNTIFS(criteria_range1,criteria1,[criteria_range2,criteria2],…)。

功能：统计指定数据区域内满足多个条件的单元格的个数。

(4)排位函数 RANK.EQ。

格式：RANK.EQ(number,ref,[order])。

功能：返回一个数值在指定数据区域中的排位。

另外，RANK.AVG 函数也用于返回一个数字在数字列表中的排位，数字的排位是其大小与列表中其他值的比值；如果多个值具有相同的排位，则将返回平均排位。

RANK 函数是 Excel 以前版本的排位函数，现在被归类在兼容性函数中，其功能同 RANK.EQ 函数。

4. 日期和时间函数

(1)求当前系统日期函数 TODAY。

格式：TODAY()。

功能:返回当前的系统日期。

(2)求当前系统日期和时间函数 NOW。

格式:NOW()。

功能:返回当前的系统日期和时间。

(3)返回日期函数 DATE。

格式:DATE(year,month,day)。

功能:返回一个特定的日期。

(4)年函数 YEAR。

格式:YEAR(serial_number)。

功能:返回指定日期所对应的四位的年份。返回值为 1900 到 9999 之间的整数。

(5)小时函数 HOUR。

格式:HOUR(serial_number)。

功能:返回指定时间值中的小时数,即一个介于 0(12:00 AM)到 23(11:00 PM)之间的一个整数值。

5. 逻辑函数

(1)条件判断函数 IF。

格式:IF(logical,value_if_true,value_if_false)。

功能:根据条件的判断来决定相应的返回结果。

(2)逻辑与函数 AND。

格式:AND(logical1,logical2,…)。

功能:返回逻辑值。如果所有参数值均为逻辑"真(TRUE)",则返回逻辑值"TRUE",否则返回逻辑值"FALSE"。

与 AND 函数相类似的还有 OR(logical1,logical2,…)函数,用于返回逻辑值。仅当所有参数值均为逻辑"假(FALSE)"时,返回逻辑假值"FALSE",否则返回逻辑真值"TRUE";NOT(logical)函数,用于对参数值求反。

10.3.4 保护工作表

工作表的保护功能可以用于保护整张工作表的数据,也可以只保护工作表中部分单元格的数据。在设置保护工作表之前,必须先将所有需要保护的单元格设置为"锁定"状态。这样,当设置了工作表的保护方式后,被锁定的单元格就不能进行任何修改操作。

锁定单元格可以通过单击"开始"选项卡"数字"分组中的"对话框启动按钮 ",在弹出的"设置单元格格式"对话框中选择"保护"选项卡,并勾选"锁定"复选框,如图 10-4 所示。

保护工作表可单击"审阅"选项卡中"更改"分组中的"保护工作表"按钮,在弹出的"保护工作表"对话框中选择要保护的项目,并设置好密码,单击"确定"按钮,便完成了对工作表的保护设置,如图 10-5 所示。

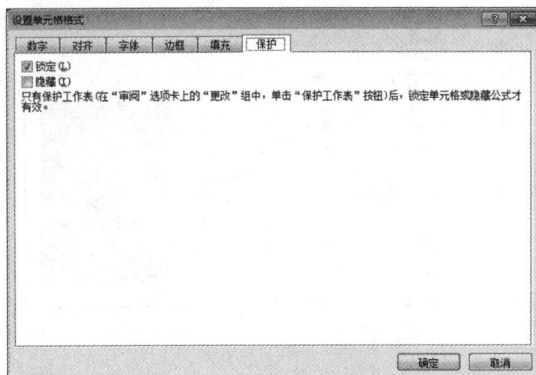

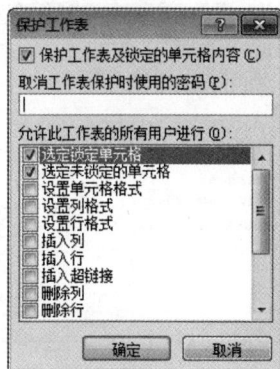

图 10-4　"保护"选项卡　　　　图 10-5　"保护工作表"对话框

若只对工作表中的部分数据设置保护,则应先取消选中"锁定"复选框(因为整个工作表缺省方式为"锁定"),再将需要保护的数据重新设置为"锁定"状态,最后再设置保护工作表。

在 Excel 工作表中进行了公式计算后,当单击包含公式的单元格时,公式就会出现在编辑栏中。只要将包含公式的单元格设置为"隐藏",并进行工作表保护设置后,单击该单元格时,公式就不会出现在编辑栏中。设置方法为在"保护"选项卡中勾选"隐藏"复选框即可。

取消工作表保护的方法是单击"审阅"选项卡"更改"分组中的"撤销工作表保护",如果在设置保护时设置了密码,则这时必须输入正确的密码,才能撤销保护。

10.3.5　打印工作表

为了获得满意的工作表效果,用户在打印表格前需对其进行页面布局设置,从而打印出美观的表格。

页面设置可通过单击"页面布局"选项卡中的"页面设置对话框启动按钮",打开"页面设置"对话框,如图 10-6 所示。

主要设置内容包括:

①页面:用于确定打印方向(横向或者纵向)、缩放比例、纸张大小、打印质量等;

②页边距:打印时,工作表与纸张边距之间的距离;

③页眉页脚:用于添加表格出处公司的名称、企业标志和每页下方的页码、页数等信息;

④工作表:用于设置工作表的打印区域、顶端标题行、左端标题列、打印方式等。

在设置好工作表的纸张方向、大小、页边距、页眉和页脚以及打印区域等后,通过打印预览查看打印效果,如果对打印效果满意,就可以开始打印了。打印可以在"打印预览"窗口,单击"打印按钮"实现;也可以执行"文件"→"打印"命令,弹出如图 10-7 所示的打印界面,在此界面中,用户可以设置打印的份数、打印的页码、打印机属性等。设置完毕后,单击该界面中的"打印"按钮,打印机就将当前的工作表打印出来。

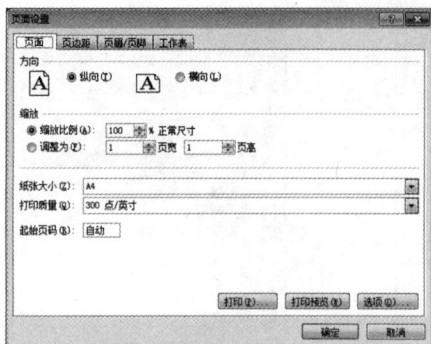

图 10-6 "页面设置"对话框

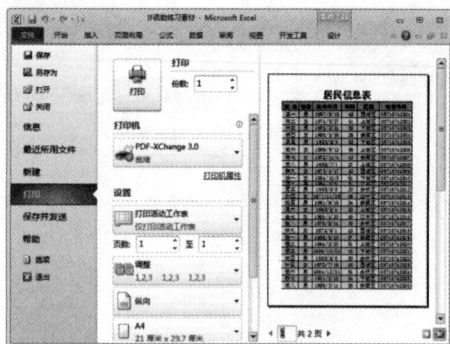

图 10-7 打印界面

10.3.6 操作与练习

打开在"实验9"中所建立的工作簿"qmcj.xlsx",在工作表"计算机期末成绩统计表"中完成如下操作。

(1)在"选择题"列前插入一列,列标题为"考试时间",并利用公式计算出考试时间。

(2)在"网页题"后增加一列"总分"。总分的计算规则:各个题型分数之和,其中 PPT 题和网页题以二选一的方式记录,两题当中分数高者计入总分。

(3)在"总分"列后增加一列"名次",并计算出名次。

(4)在"名次"列后增加一列"总评"。其值填入规则:总分大于等于 90 的为"优秀";总分大于等于 80 且小于 90 的为"良好";总分大于等于 70 且小于 80 的为"中等";总分大于等于 60 且小于 70 的为"合格";其余为"不合格"。计算结果如图 10-8 所示。

图 10-8 第(1)~(4)题操作结果

(5)分别计算每种题型得分和总分的最大值和最小值,计算结果放置于 G18:N19 相应的单元格中。

(6)根据表 10-1 题型及分数分配表,利用公式完成各种题型平均失分率的计算,并将计算结果保留 2 位小数填入计算机期末考试成绩统计表 G20:M20 相应的单元格中,以百分比的形式显示,操作结果如图 10-9 所示。

表 10-1　题型及分数分配表

题型	选择题	WIN 操作题	打字题	WORD 题	EXCEL 题	PPT 题	网页题
分数	25	5	5	25	25	15	15

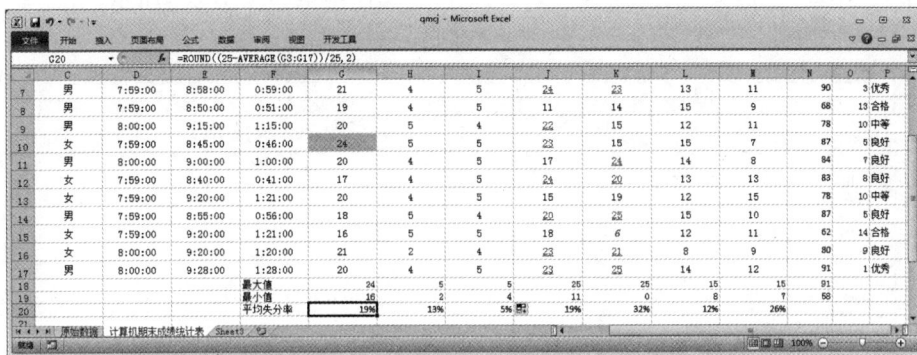

图 10-9　第(5)、(6)两题计算结果

(7)利用函数完成成绩分布统计的计算,如表 10-2 所示,并将计算结果填入计算机期末考试成绩统计表中相应的位置(建议将此统计区域放置于 F22 开始的区域中),操作结果如图 10-10 所示。

表 10-2　统计各分数段的人数

分数区间	人数	考试时间在 1 个小时之内的男生人数
90 以上		
80～89		
70～79		
60～69		
60 以下		

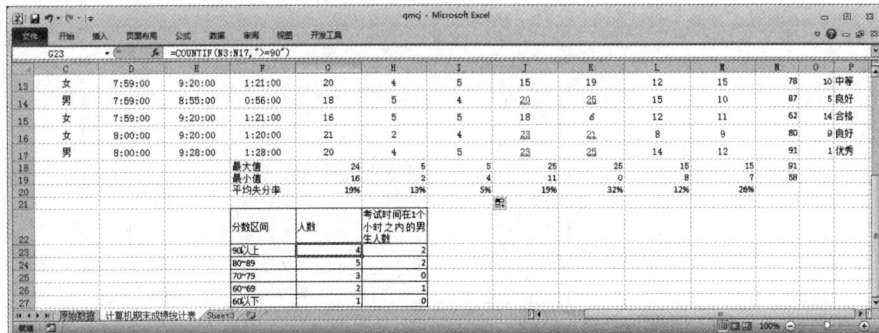

图 10-10　第(7)题操作结果

(8)在"学号"列后插入一列"新学号",对原学号中最后两位值大于 08 的学号,将其第

10 位改为"2",并重新开始编号;其余学号不变,并将结果填入"新学号"列。例如:学号
201859173101 填入新学号时其值不变;学号 201859173109 填入新学号时其值变为
201859173201,学号 201859173110 填入新学号时其值变为 201859173202 等等,以此类推。

(9)在"新学号"后插入一列"班级",若"新学号"中第 10 位为 1,则"班级"填入"1 班";
若"新学号"中第 10 位为 2,则"班级"填入"2 班"。操作结果如图 10-11 所示。

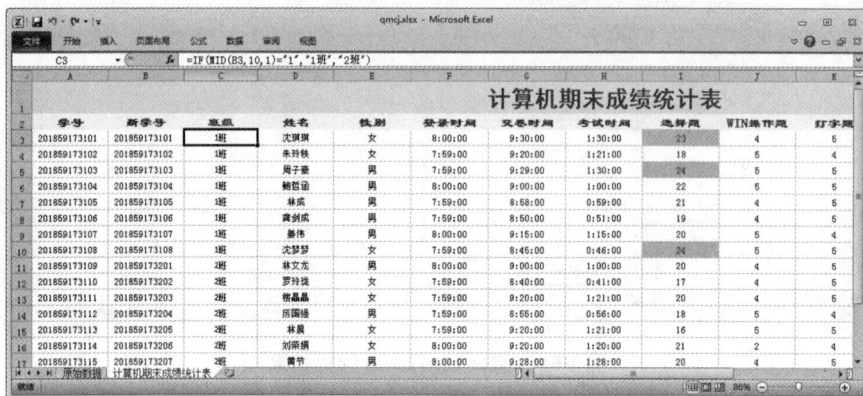

图 10-11　第(8)、(9)题操作结果

(10)利用公式和函数完成各班级考试成绩统计的计算,如表 10-3 所示,其中班级平均
分保留一位小数,合格率保留三位小数并用百分比表示,将计算结果填入计算机期末考试
成绩统计表中相应的位置(建议将此统计区域放置于 H30 开始的区域中),操作结果如图
10-12 所示。

表 10-3　各班级考试成绩统计表

班级	班级平均分	不合格人数	优秀人数(>=90)	合格率
1 班				
2 班				

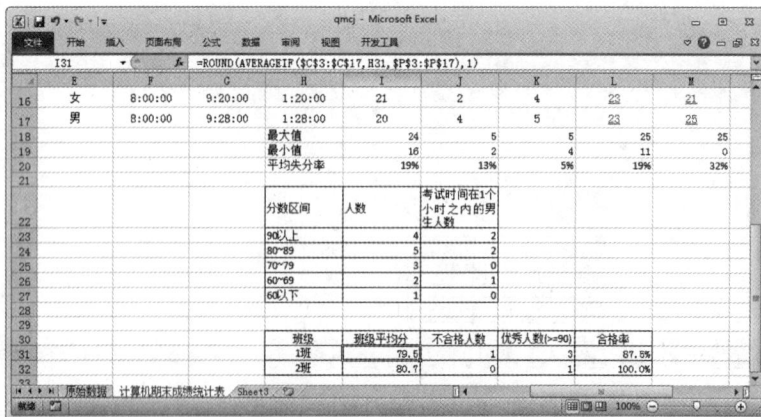

图 10-12　第(10)题操作结果

(11)将表格标题栏重新调整单元格合并,将合并区域扩展至 R1。将"计算机期末成绩统计表"的外边框设置为粗实线,内表格线设置为细实线,再通过"打印预览"查看打印效果,并将打印方向设置为"横向",将缩放设置为"将工作表调整为一页",如图 10-13 所示。

(12)将各个题型的得分锁定,然后进行工作表保护操作。

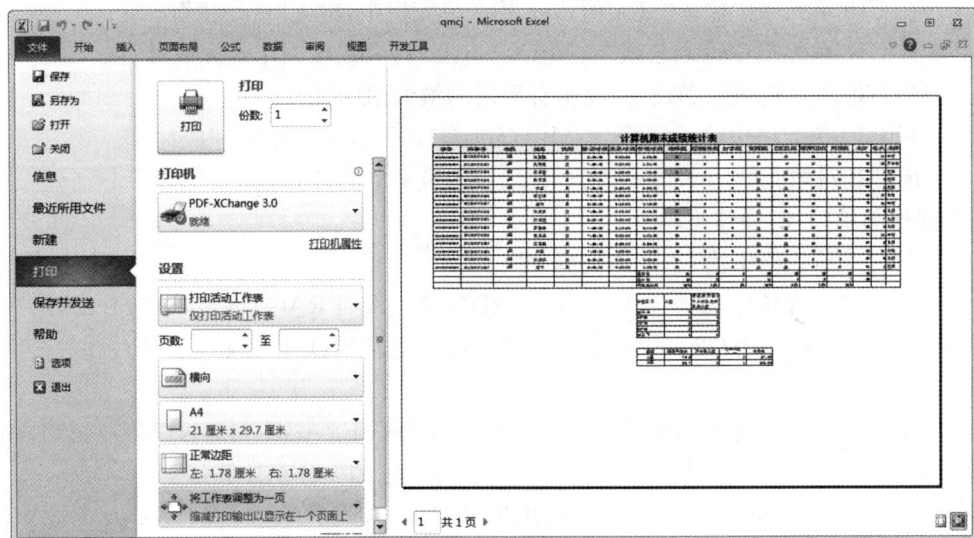

图 10-13　打印预览效果

(13)将工作簿以文件名 qmcj.xlsx 保存到 D:\MYDIR 文件夹中。

10.3.7　操作参考步骤

1.操作与练习(1)操作步骤

(1)选中 F 列,右击并在弹出的菜单中选择"插入",即在 F 列之前插入一空列。

(2)输入列的名称"考试时间"。

(3)在 F3 单元格中输入公式"=E3-D3",并按回车键确认,接着拖动填充柄至 F17 单元格,完成所有记录的考试时间的计算。

2.操作与练习(2)操作步骤

(1)在 N2 单元格中输入列名称"总分"。

(2)在 N3 单元格中输入公式"=SUM(G3:K3)+IF(L3>M3,L3,M3)"或者"=G3+H3+I3+J3+K3+IF(L3>M3,L3,M3)",并按回车键完成计算。

(3)拖动填充柄至 N17,完成所有记录的总分的计算。

3.操作与练习(3)操作步骤

(1)在 O2 单元格中输入列名称"名次"。

(2)在 O3 单元格中输入公式"=RANK.EQ(N3,＄N＄3:＄N＄17)",并按回车键完成计算。

(3)拖动填充柄至 O17,完成所有记录的名次的计算。

4.操作与练习(4)操作步骤

(1)在 P2 单元格中输入列名称"总评"。

(2)在 P3 单元格中输入公式"=IF(N3＞=90,"优秀",IF(N3＞=80,"良好",IF(N3＞=70,"中等",IF(N3＞=60,"合格","不合格"))))",并按回车键完成计算。

(3)拖动填充柄至 P17,完成所有记录的总评的计算。

5.操作与练习(5)操作步骤

(1)在 F18 单元格中输入"最大值",在 F19 单元格中,输入"最小值"。

(2)在 G18 单元格中输入公式"=MAX(G3:G17)",并按回车键完成计算。

(3)向右拖动填充柄至 N18,完成所有记录的最大值的计算。

(4)在 G19 单元格中输入公式"=MIN(G3:G17)",并按回车键完成计算。

(5)向右拖动填充柄至 N19,完成所有记录的最小值的计算。

6.操作与练习(6)操作步骤

(1)在 F20 单元格中输入"平均失分率"。

(2)在 G20 单元格中输入公式"=ROUND((25-AVERAGE(G3:G17))/25,2)",并按回车键完成计算,复制 G20 的公式至 J20 和 K20,完成 WORD 题和 EXCEL 题失分率的计算。

(3)在 H20 单元格中输入公式"=ROUND((5-AVERAGE(H3:H17))/5,2)",并按回车键完成计算,并向右拖动填充柄至 I20,完成打字题的失分率计算。

(4)在 L20 单元格中输入公式"=ROUND((15-AVERAGE(L3:L17))/15,2)",并按回车键完成计算,并向右拖动填充柄至 M20,完成网页题的失分率计算。

(5)选中 G20:M20,单击"开始"选项卡"数字"分组中的"百分比样式",完成百分比样式的显示。

7.操作与练习(7)操作步骤

(1)在 F22:H27 区域中输入表 10-2 所示的内容,输入完后,选择 F22:H27 区域,单击"开始"选项卡下"字体"分组中的"边框",为 F22:H27 区域添加边框线。

(2)在 G23 单元格中输入以下公式"=COUNTIF(N3:N17,"＞=90")",并确定。

(3)在 G24 单元格中输入以下公式"=COUNTIFS(N3:N17,"＞=80",N3:N17,"＜90")",并确定。

(4)在 G25 单元格中输入以下公式"=COUNTIFS(N3:N17,"＞=70",N3:N17,"＜80")",并确定。

(5)在 G26 单元格中输入以下公式"=COUNTIFS(N3:N17,"＞=60",N3:N17,"＜70")",并确定。

(6)在 G27 单元格中输入以下公式"=COUNTIF(N3:N17,"＜60")",并确定。

(7)在 H23 单元格中输入以下公式"=COUNTIFS(N3:N17,"＞=90",C3:C17,C5,F3:F17,"＜=1:00:00")",并确定。

(8)在 H24 单元格中输入以下公式"=COUNTIFS(N3:N17,"＞=80",N3:N17,"＜90",C3:C17,C5,F3:F17,"＜=1:00:00")",并确定。

(9)在 H25 单元格中输入以下公式"=COUNTIFS(N3:N17,"＞=70",N3:N17,"＜80",C3:C17,C5,F3:F17,"＜=1:00:00")",并确定。

(10)在 H26 单元格中输入以下公式"=COUNTIFS(N3:N17,"＞=60",N3:N17,

"＜70",C3：C17,＄C＄5,F3：F17,"＜＝1：00：00")",并确定。

(11)在 H27 单元格中输入以下公式"＝COUNTIFS(N3：N17,"＜60",C3：C17,＄C＄5,F3：F17,"＜＝1：00：00")",并确定。

8.操作与练习(8)操作步骤

(1)选中 B 列,右击并在弹出的菜单中选择"插入",即在 B 列之前插入一空列。

(2)输入列的名称"新学号"。

(3)在 B3 单元格中输入公式"＝IF(MID(A3,11,2)＞"08",REPLACE(A3,10,1,"2")－8,A3)",并按回车键确认,设置 B3 单元格格式为数值,小数位数为 0,接着拖动填充柄至 B17 单元格,完成所有记录新学号的计算。

9.操作与练习(9)操作步骤

(1)选中 C 列,右击并在弹出的菜单中选择"插入",即在 C 列之前插入一空列。

(2)输入列的名称"班级"。

(3)在 C3 单元格中输入公式"＝IF(MID(B3,10,1)＝"1","1 班","2 班")",并按回车键确认,接着拖动填充柄至 C17 单元格,完成所有记录班级的计算。

10.操作与练习(10)操作步骤

(1)在 H30：L32 区域中输入表 10-3 所示的内容,输入完后,选择 H30：L32 区域,单击"开始"选项卡下"字体"分组中的"边框",为 H30：L32 区域添加边框线。

(2)在 I31 单元格中输入以下公式"＝ROUND(AVERAGEIF(＄C＄3：＄C＄17,H31,＄P＄3：＄P＄17),1)",并确定,接着拖动填充柄至 I32 单元格,完成 2 班平均分计算。

(3)在 J31 单元格中输入以下公式"＝COUNTIFS(＄P＄3：＄P＄17,"＜60",＄C＄3：＄C＄17,H31)",并确定,接着拖动填充柄至 J32 单元格,完成 2 班不合格人数的计算。

(4)在 K31 单元格中输入以下公式"＝COUNTIFS(＄P＄3：＄P＄17,"＞＝90",＄C＄3：＄C＄17,H31)",并确定,接着拖动填充柄至 K32 单元格,完成 2 班优秀人数的计算。

(5)在 L31 单元格中输入以下公式"＝ROUND(COUNTIFS(＄P＄3：＄P＄17,"＞＝60",＄C＄3：＄C＄17,H31)/COUNTIF(＄C＄3：＄C＄17,H31),3)",并确定,接着拖动填充柄至 L32 单元格,完成 2 班合格率的计算。

(6)选中 L31：L32 区域,单击"开始"选项卡中"数字"分组中的"百分比样式",并设置小数位数 3 位,完成百分比样式的显示。

11.操作与练习(11)操作步骤

(1)选择 A1：O1 区域,单击"开始"选项卡"对齐"分组中的"合并后居中"按钮取消合并,接着选择 A1：R1 区域,单击"开始"选项卡"对齐"分组中的"合并后居中"按钮重新合并居中。

(2)选择 A2：R20 区域,单击"开始"选项卡下"字体"分组中的"边框"下的"其他边框",为 A2：R20 区域添加外粗内细的边框线。

(3)选择"文件"选项卡下的"打印"命令,预览打印的效果,并将打印方向设置为"横向",将缩放设置为"将工作表调整为一页"。

12.操作与练习(12)操作步骤

(1)选定所有单元格,单击"开始"选项卡中"数字"分组中的对话框启动按钮 ,打开"设置单元格格式"对话框,选择"保护"选项卡,取消选中"锁定"复选框,单击"确定"按钮。

(2)按住【Ctrl】键,拖动鼠标选定需要保护的数据(I3:O17),重新打开"设置单元格格式"对话框中的"保护"选项卡,选中"锁定"复选框。

(3)单击"审阅"选项卡"更改"分组中的"保护工作表"按钮,打开"保护工作表"对话框,在"密码"文本框中输入保护密码,单击"确定"按钮,完成对所选数据的保护。

13.操作与练习(13)操作步骤

单击标题栏左侧的"保存"按钮即可。

实验 11　数据分析与管理

11.1　实验目的

(1)熟练掌握数据的排序操作。
(2)掌握数据分类汇总的操作。
(3)熟练掌握数据的筛选操作。
(4)熟练掌握数据透视表和数据透视图的创建方法。

11.2　实验内容

(1)数据的排序。
(2)数据的分类汇总。
(3)数据的筛选。
(4)数据透视表和透视图的制作。

11.3　实验操作步骤

11.3.1　数据的排序

1. 单关键字排序

(1)在数据表中单击某一字段名。例如,在如图 11-1 所示的工作表中对"金额"进行降序排序,则单击"金额"单元格。

(2)单击"数据"选项卡下"排序和筛选"分组中的"降序"按钮 ⧨ 。如图 11-1 所示,为按"金额"降序的排序结果。

2. 多关键字排序

例如,要对图 11-1 所示的工作表的数据排序,先按"出版社"升序排序,如果"出版社"相同,则按"金额"降序排序。

具体操作步骤如下。

(1)选定要排序的数据表中的任意一个单元格。

(2)单击"数据"选项卡下"排序和筛选"分组中的"排序"按钮,弹出如图 11-2 所示的"排序"对话框。

(3)单击"添加条件"按钮,在"主要关键字"和"次要关键字"列表中选择排序的主要关键字和次要关键字。

(4)在"排序依据"列表中选择"数值",在"次序"列表中选择"升序"或者"降序"。

(5)如果要防止数据表的标题被加入排序数据区中,则应在"排序"对话框中取消勾选"数据包含标题"复选框,本题需要勾选"数据包含标题"。

(6)如果要改变排序方式,可单击"排序"对话框中的"选项"按钮,选择需要的排序方式。

(7)单击"确定"按钮,完成对数据的排序。

图 11-1　金额降序排序

图 11-2　"排序"对话框

11.3.2　分类汇总

1. 创建分类汇总

创建分类汇总的前提:先按分类字段排序,使同类数据集中在一起后再汇总。创建分类汇总的具体操作步骤如下。

(1)先按分类字段进行排序,从而使同类数据集中在一起。如图 11-3 所示,把相同性别的记录排在一起。

(2)先单击数据表中的任一单元格,再单击"数据"选项卡下"分级显示"中的"分类汇总"按钮,出现如图 11-4 所示的"分类汇总"对话框。

(3)在"分类字段"列表框中,选择分类字段,即步骤(1)中的排序字段。

(4)在"汇总方式"列表框中,选择汇总计算方式。"汇总方式"分别有"求和""计数""平均值""最大值""最小值""乘积""数值计算""标准偏差"等共 11 项。

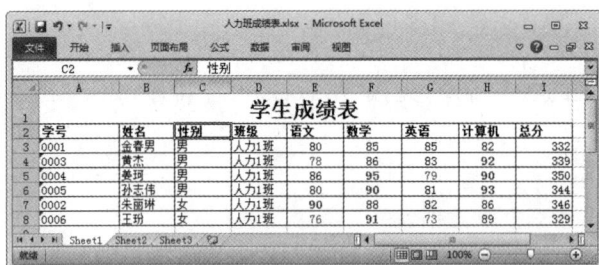

图 11-3　按"性别"排序后的结果

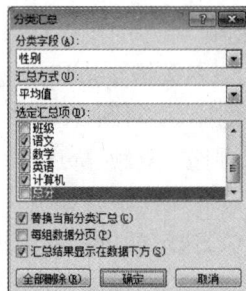

图 11-4　"分类汇总"对话框

(5)在"选定汇总项"列表框中,选择需要计算的列(只能选择数值型字段)。如选择"语文""数学""英语""计算机"等字段。若在步骤(4)中选中了"平均值",则此时表示对"语文""数学""英语""计算机"四个字段分别求平均。

(6)按要求选择后,单击"确定"按钮,完成分类汇总。若按图 11-4 中的选项选择,则汇总结果如图 11-5 所示。

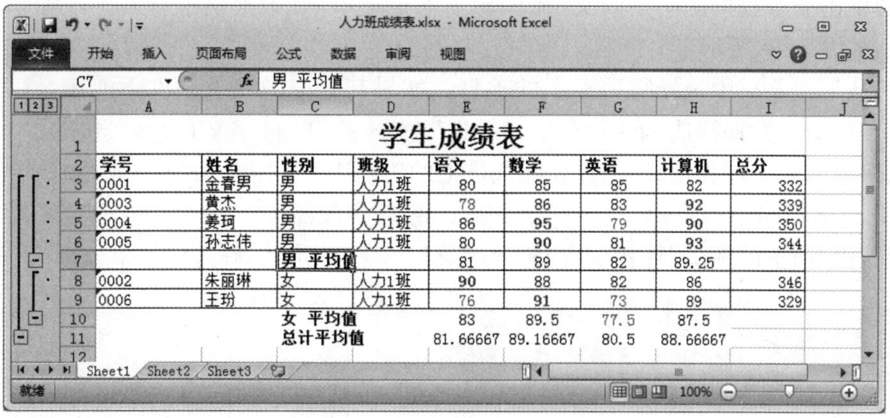

图 11-5　分类汇总结果示意图

2. 删除分类汇总

(1)单击分类汇总数据表中的任意一个单元格。

(2)单击"数据"选项卡中的"分类汇总"按钮,在弹出的"分类汇总"对话框中单击"全部删除"命令按钮,便能撤销分类汇总。

3. 汇总结果分级显示

在如图 11-5 所示的汇总结果中,左边有几个标有"—"和"1""2""3"的小按钮,利用这些按钮可以实现数据的分级显示。单击外括号下的"—",则将数据折叠,仅显示汇总的总计,单击"＋"展开还原;单击内括号中的"—",则将对应数据折叠,同样单击"＋"还原;若单击左上方的"1",表示一级显示,仅显示汇总总计;单击"2",表示二级显示,显示各类别的汇总数据;单击"3",表示三级显示,显示汇总的全部明细信息。

11.3.3　数据的筛选

1. 自动筛选

(1)单击数据表中的任意一个单元格。

(2)单击"数据"选项卡下"排序和筛选"分组中的"筛选"按钮,此时,在每个字段的右边出现一个向下的箭头,如图 11-6 所示。

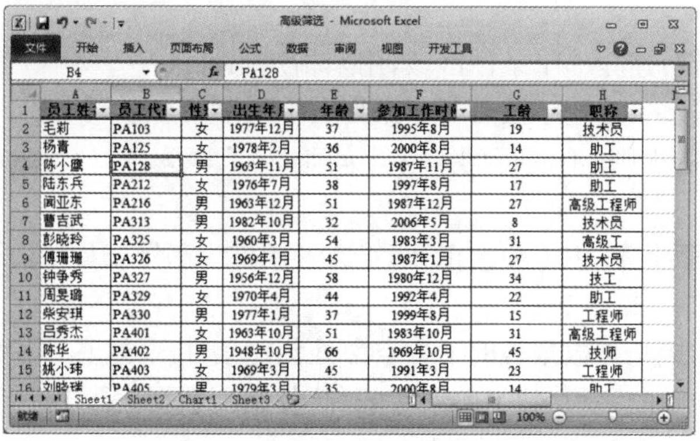

图 11-6　自动筛选示意图

（3）单击要查找列的向下箭头，弹出一个下拉菜单，其中提供了有关排序和筛选的详细选项，如图11-7所示。

（4）从下拉菜单中选择需要显示的项目。如果其列出的筛选条件不能满足用户的要求，则可以选择"数据筛选"下的"自定义筛选"命令，打开"自定义自动筛选方式"对话框，在对话框中输入条件表达式，例如要筛选员工的工龄小于10年或者是工龄大于40年的记录，按图11-8所示进行设置。然后单击"确定"按钮完成筛选。筛选后，被筛选字段的下拉按钮形状由"向下的箭头"形状变成"向下的箭头＋漏斗"形状，筛选的结果如图11-9所示。

图 11-7 单击右边的向下箭头

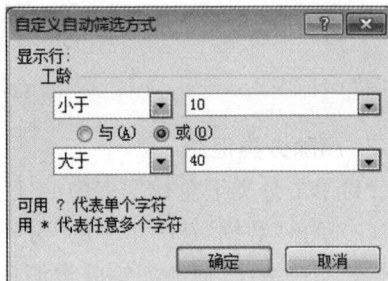

图 11-8 "自定义自动筛选方式"对话框

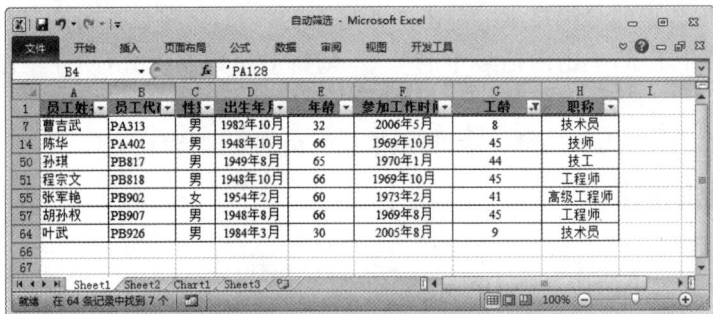

图 11-9 自动筛选结果

2. 高级筛选

高级筛选的关键：建立一个条件区域，用来指定筛选条件。条件区域的第一行是所有作为筛选条件的字段名，这些字段名与数据列表中的字段名必须一致。

条件区域的构造规则：不同行的条件之间是"或"关系，同一行中的条件之间是"且"关系。

例如，筛选出"职工表"中工龄大于30年或者职称为高级工程师的记录至从J1开始的区域中。

在高级筛选时，应先在数据表的下方空白处创建条件区域，具体操作步骤如下。

（1）将条件中涉及的字段名"工龄"和"职称"复制到数据表下方的空白处，然后在不同字段隔行输入条件表达式，如图11-10所示。

（2）单击数据表中的任意一个单元格。

（3）单击"数据"选项卡下"排序和筛选"分组中的"高级"按钮,弹出"高级筛选"对话框,如图 11-11 所示。

（4）如果只需将筛选结果在原数据区域内显示,则选中"在原有区域显示筛选结果"单选按钮;若要将筛选后的结果复制到其他位置,则选中"将筛选结果复制到其他位置"单选按钮,并在"复制到"文本框中指定筛选后复制的起始单元格,本例中选择 J1 单元格。

（5）"列表区域"文本框中已经指出了数据表的范围。单击文本框右边的区域数据选择按钮,可以修改或重新选择数据区域。

（6）单击"条件区域"文本框右边的区域选择按钮,选择已经定义好条件的区域（本题为 B19:C21）。

图 11-10　逻辑"或"条件区域的构造

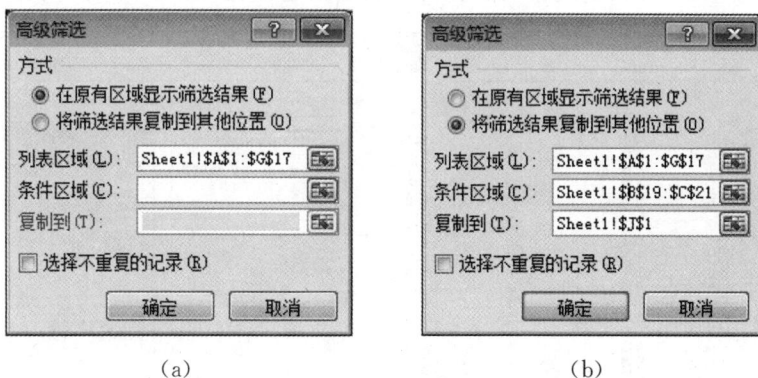

（a）　　　　　　　　　　（b）

图 11-11　"高级筛选"对话框

（7）单击"确定"按钮,其筛选结果被复制到从 J1 开始的数据区域中,如图 11-12 所示。

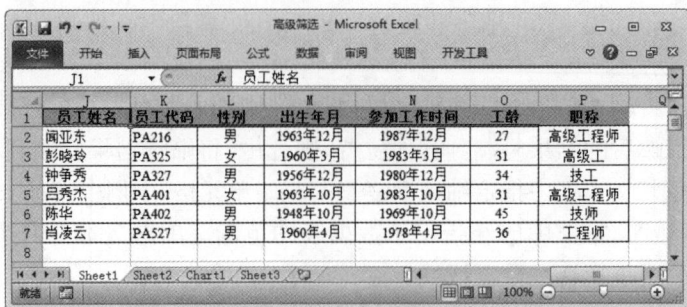

图 11-12　高级筛选结果

11.3.4　数据透视表和数据透视图

1. 创建数据透视表

（1）单击数据表的任一单元格。

（2）单击"插入"选项卡下"表格"分组中的"数据透视表"按钮，在快捷菜单中选择"数据透视表"，打开如图 11-13 所示的"创建数据透视表"对话框。

（3）Excel 会自动确定数据透视表的区域（即光标所在的数据区域），用户也可以键入不同的区域或用该区域定义的名称来替换它。

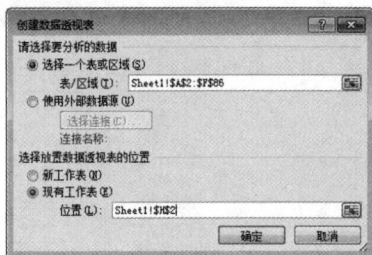

图 10-13　"创建数据透视表"对话框

（4）若要将数据透视表放置在新工作表中，请单击"新工作表"。若要将数据透视表放在现有工作表中的特定位置，请选择"现有工作表"，然后在"位置"框中指定放置数据透视表的单元格区域的第一个单元格。

（5）单击"确定"按钮，Excel 会将空的数据透视表添加至指定位置并显示数据透视表字段列表，以便添加字段、创建布局以及自定义数据透视表，如图 11-14 所示。

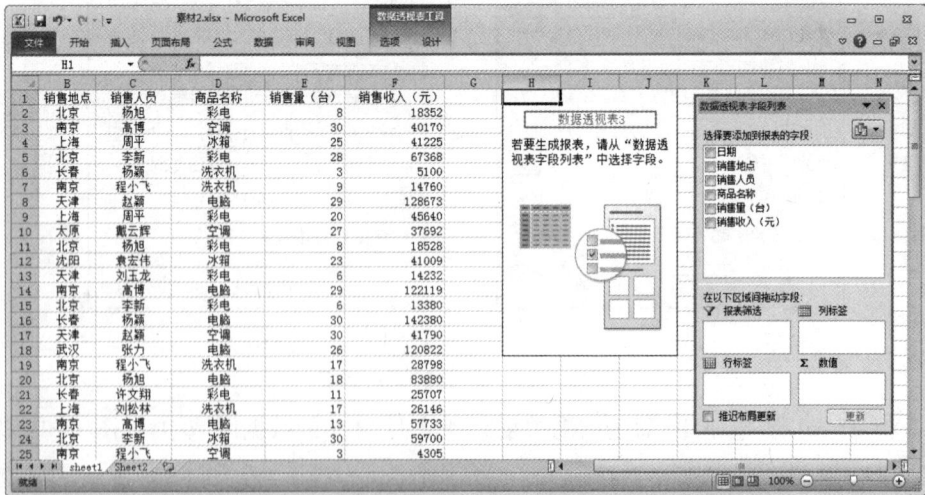

图 11-14　数据透视表布局窗口

（6）将"选择要添加到报表的字段"中的字段分别拖动到对应的"报表筛选""列标签""行标签"和"数值"框中。例如，将"销售地点"拖入"报表筛选"，"商品名称"拖入"列标签"，"销售人员"和"日期"拖入"行标签"，"销售收入"拖入"数值"框中，便能得到不同销售地的销售员不同日期的家电销售收入总和情况，如图 11-15 所示。

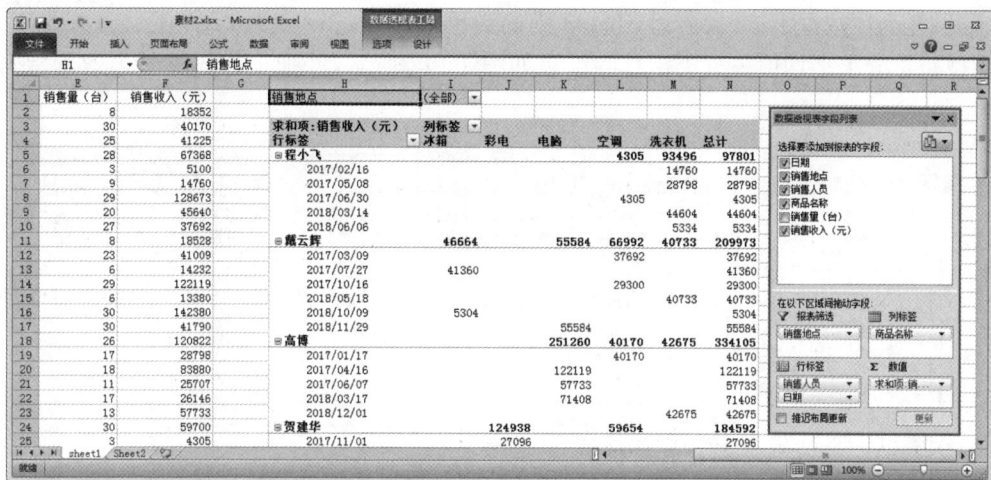

图 11-15　按要求创建的数据透视表

2. 修改数据透视表

（1）修改数据透视表的布局。

对于已创建的数据透视表，如果要改变行标签、列标签或数值标签中的字段，可单击标签编辑框右端的按钮，在弹出的快捷菜单中选择"删除字段"，再重新到字段列表中去拖动需要的字段到相应的标签框中即可。如果一个标签内添加了多个字段，想要改变字段的顺序，只需选中字段向上拖动或向下拖动就可以调整字段的顺序，字段的顺序变了，透视表的外观随之变化。

（2）修改数据透视表的样式。

选择"设计"选项卡下"数据透视表样式"分组中的任意一个样式，将 Excel 内置的数据透视表样式应用于选中的数据透视表。

（3）更改数据透视表数据的汇总方式。

单击"数值"标签框右端的三角按钮，在弹出的快捷菜单中选择"值字段的设置"，弹出如图 11-16 所示的"值字段设置"对话框，在"计算类型"列表中选择需要的计算类型，单击"确定"完成修改。

3. 创建数据透视图

在"插入"选项卡下单击"数据透视表"按钮，在弹出

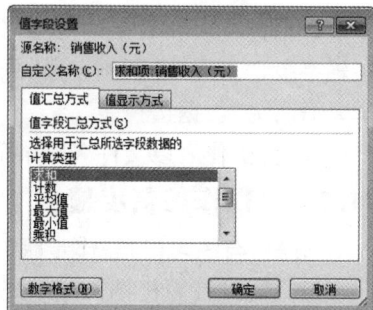

图 11-16　设置字段的汇总方式

的选项中选择"数据透视图"即可，其他操作步骤与创建数据透视表一样，只是在生成透视表的同时多生成了一张以透视表为数据源的图表。

11.3.5 操作与练习

(1)将 qmcj.xlsx 工作簿中的工作表“计算机期末成绩统计表”A2:P17 区域中的数据复制到 Sheet3 中,在 Sheet3 中将数据表按班级升序排序,班级相同时,按性别降序排序。

(2)将 Sheet3 中的数据先按班级进行分类汇总,汇总方式是对各类题型和总分求平均值,结果显示在数据下方;接着将 Sheet3 中的数据按性别进行分类汇总,汇总方式是对各类题型和总分求平均值。分类汇总的结果如图 11-17 所示,并把工作表标签名改为“分类汇总”。

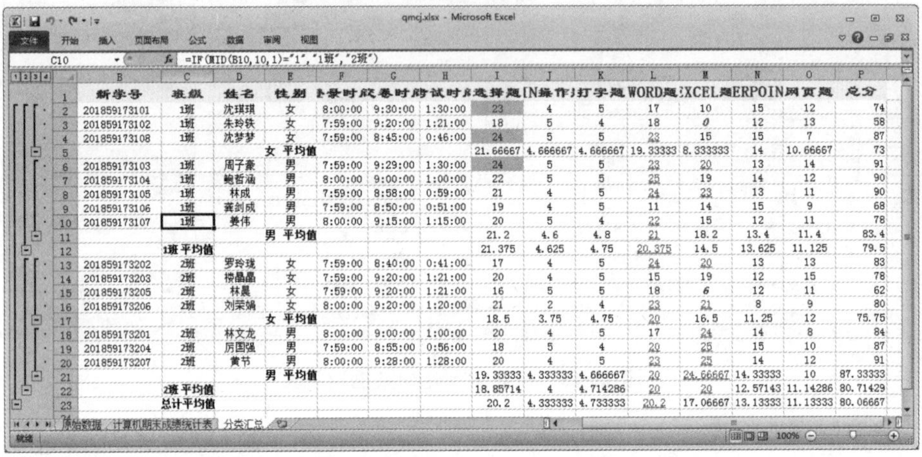

	B	C	D	E	F	G	H	I	J	K	L	M	N	O	P
1	新学号	班级	姓名	性别	录时	交卷时	考试时	选择题	N操作	打字题	WORD题	XCEL题	ERPOIN	网页题	总分
2	201859173101	1班	沈琪琪	女	8:00:00	9:30:00	1:30:00	23	4	5	17	10	15	12	74
3	201859173102	1班	朱玲铁	女	7:59:00	9:20:00	1:21:00	18	5	4	18	0	12	13	58
4	201859173108	1班	沈梦梦	女	7:59:00	8:45:00	0:46:00	24	5	5	23	15	15	7	87
5				女 平均值				21.66667	4.666667	4.666667	19.33333	8.333333	14	10.66667	73
6	201859173103	1班	周子豪	男	7:59:00	9:29:00	1:30:00	24	5	5	23	20	13	14	91
7	201859173104	1班	鲍哲涵	男	8:00:00	9:00:00	1:00:00	22	5	5	25	19	14	12	90
8	201859173105	1班	林成	男	7:59:00	8:58:00	0:59:00	21	4	5	24	23	13	11	90
9	201859173106	1班	龚剑成	男	7:59:00	8:50:00	0:51:00	19	4	5	11	14	15	9	68
10	201859173107	1班	姜伟	男	8:00:00	9:15:00	1:15:00	20	5	4	22	15	12	11	78
11				男 平均值				21.2	4.6	4.8	21	18.2	13.4	11.4	83.4
12		1班 平均值						21.375	4.625	4.75	20.375	14.5	13.625	11.125	79.5
13	201859173202	2班	罗玲珑	女	7:59:00	8:40:00	0:41:00	17	4	5	24	20	13	13	83
14	201859173203	2班	楼晶晶	女	7:59:00	9:20:00	1:21:00	20	4	5	15	19	12	15	78
15	201859173205	2班	林晨	女	7:59:00	9:20:00	1:21:00	16	5	5	18	6	12	11	62
16	201859173206	2班	刘荣娟	女	8:00:00	9:20:00	1:20:00	21	2	4	23	21	8	9	80
17				女 平均值				18.5	3.75	4.75	20	16.5	11.25	12	75.75
18	201859173201	2班	林文龙	男	8:00:00	9:00:00	1:00:00	20	4	5	17	24	14	8	84
19	201859173204	2班	厉国强	男	7:59:00	8:55:00	0:56:00	18	5	4	20	25	15	10	87
20	201859173207	2班	黄节	男	8:00:00	9:28:00	1:28:00	20	4	5	23	25	14	12	91
21				男 平均值				19.33333	4.333333	4.666667	20	24.66667	14.33333	10	87.33333
22		2班 平均值						18.85714	4	4.714286	20	20	12.57143	11.14286	80.71429
23		总计平均值						20.2	4.333333	4.733333	20.2	17.06667	13.13333	11.13333	80.06667

图 11-17 第(1)、(2)题操作结果

(3)将工作表“计算机期末成绩统计表”A2:P17 区域中的数据复制到新工作表中,并把工作表命名为“筛选”,用自动筛选功能,将“筛选”工作表中总分大于等于 90 分且班级是 1 班的记录复制到从 R1 开始的单元格区域中。

(4)在“筛选”工作表中用高级筛选功能,将工作表中总分大于等于 90 分或者性别为“女”的记录复制到从 R8 开始的单元格区域中。

(5)根据工作表“计算机期末成绩统计表”A2:P17 区域中的数据,在新工作表中创建一个数据透视表和数据透视图,分别显示各班级男、女同学计算机的平均分,要求“性别”在轴字段,“班级”在图例字段,总分在数值区,汇总方式为求平均值,并将透视表所在的工作表命名为“数据透视表”。

(6)将工作簿以文件名“qmcj.xlsx”保存到 D:\MYDIR 文件夹中。

11.3.6 操作参考步骤

1.操作与练习(1)操作步骤

(1)选择“计算机期末成绩统计表”A2:P17 区域的数据,右键单击,在弹出的快捷菜单中选择“复制”,在“Sheet3”的 A1 单元格中执行“粘贴”操作。

(2)选择“Sheet3”工作表 A1:P16 区域的数据,单击“数据”选项卡下“排序与筛选”分组中的“排序”按钮,弹出如图 11-18 所示的对话框。

(3)在如图 11-18 所示的对话框中进行设置,“主要关键字”选择“班级”,“排序依据”选择“数值”,“次序”选择“升序”,单击“添加条件”按钮,在“次要关键字”列表中选择“性别”,

"排序依据"选择"数值","次序"选择"降序",最后单击"确定"按钮。

2.操作与练习(2)操作步骤

(1)对 Sheet3 工作表中的数据建立按主关键字"班级"、次关键字"性别"的排序(此操作第 1 题做过,所以不用再进行排序)。

(2)单击数据表中的任一单元格,再单击"数据"选项卡下"分级显示"中的"分类汇总"按钮,出现如图 11-19 所示的"分类汇总"对话框。

(3)在"分类字段"列表框中,选择分类字段"班级"。

(4)在"汇总方式"列表框中,选择汇总计算方式"平均值"。

(5)在"选定汇总项"列表框中,选择需要计算的列(选择题、WIN 题、打字题、WORD题、EXCEL 题、PPT 题、网页题、总分)。

(6)按要求选择后,单击"确定"按钮,完成分类汇总,结果如图 11-20 所示。

(7)重复(2)步。

(8)在"分类字段"列表框中,选择分类字段"性别"。

(9)重复(4)、(5)两步。

(10)去掉图 11-19 中"替换当前分类汇总"前的勾,并单击"确定"完成操作,得到如图11-17 所示的操作结果。

(11)右击工作表标签"Sheet3",在弹出的菜单中选择"重命名",将工作表命名为"分类汇总"。

图 11-18　"排序"对话框

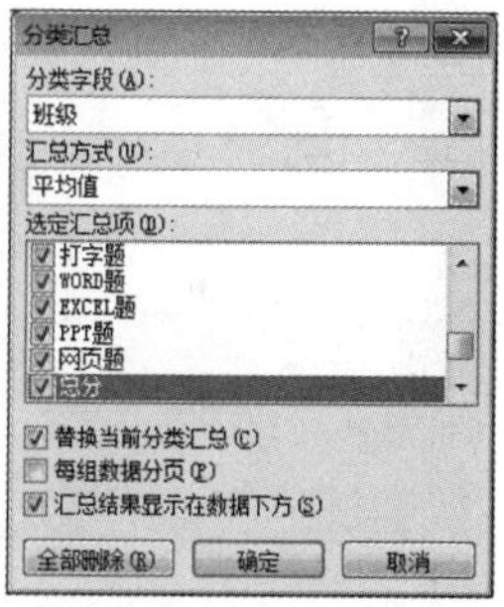

图 11-19　"分类汇总"对话框

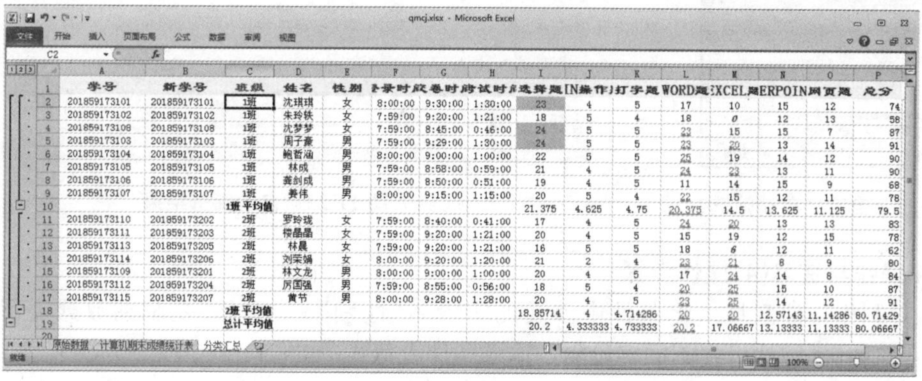

图 11-20　按班级分类汇总的结果

3.操作与练习(3)操作步骤

(1)在 Excel 窗口底部单击"插入工作表"按钮 ,插入一个新的工作表,并把工作表的表名改为"筛选"。

(2)将工作表"计算机期末成绩统计表"A2:P17 区域中的数据复制到"筛选"工作表中。

(3)在"筛选"工作表中选择 A1:P16 区域的数据,单击"数据"选项卡下"排序和筛选"分组中的"筛选"按钮,此时,在每个字段的右边出现一个向下的箭头。

(4)单击"班级"列旁的向下箭头,弹出一个下拉菜单,如图 11-21 所示。在其中去掉勾选"2 班"。

(5)单击"总分"列旁的向下箭头,在弹出的下拉菜单中,选择"数字筛选"下的"大于或等于",弹出如图 11-22 所示的对话框,在其中输入 90,并单击"确定"按钮,完成筛选,筛选结果如图 11-23 所示。

(6)将筛选结果复制到指定的 R1 开始的区域中,并单击"数据"选项卡下"排序和筛选"分组中的"筛选"按钮,将数据恢复到原状。

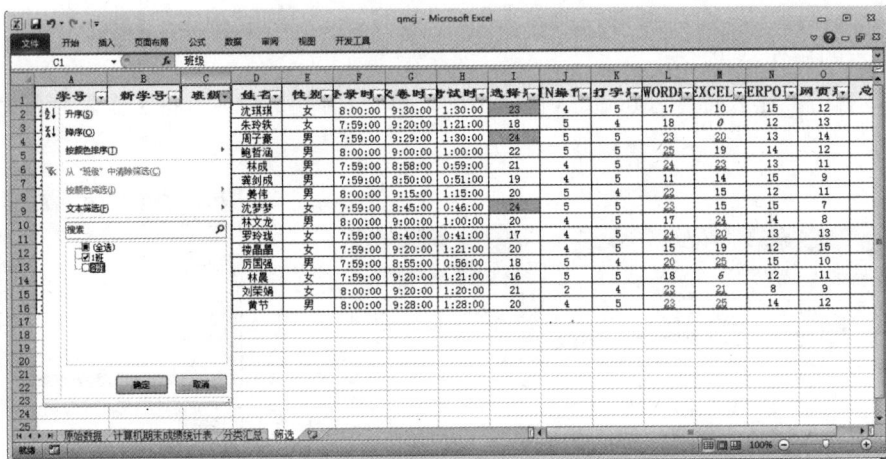

图 11-21　自动筛选的下拉菜单

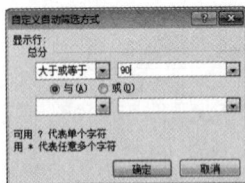

图 11-22　自定义自动筛选方式

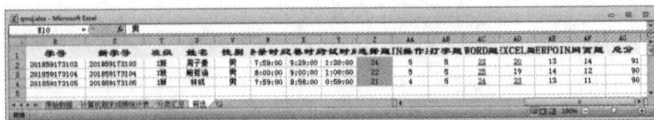

图 11-23　自动筛选结果

4.操作与练习(4)操作步骤

(1)制作条件区域。将条件中涉及的字段名"性别"和"总分"复制到数据表下方从A19 开始的区域,然后在不同字段隔行输入条件表达式,如图 11-24 所示。

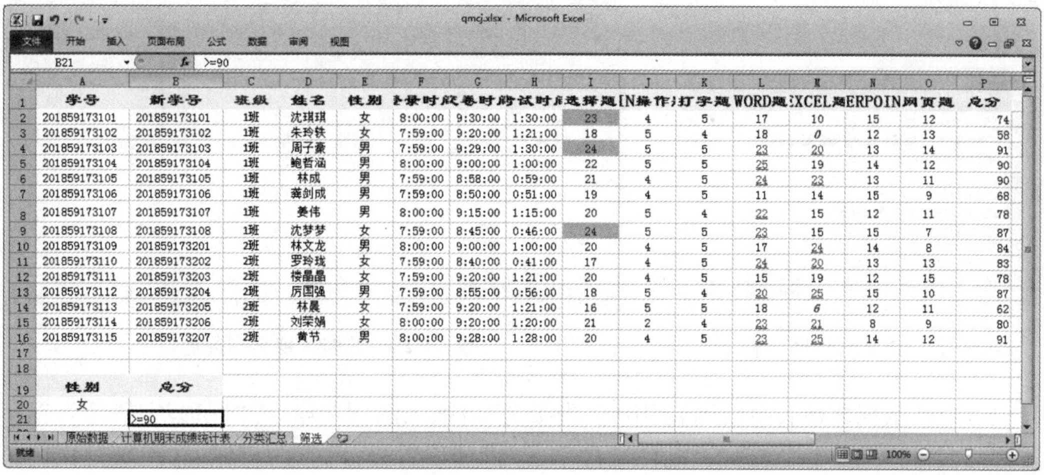

	A	B	C	D	E	F	G	H	I	J	K	L	M	N	O	P
1	学号	新学号	班级	姓名	性别	录时	卷时	试时	选择题	N操作	打字题	WORD题	XCEL题	ERPOIN	网页题	总分
2	201859173101	201859173101	1班	沈琪琪	女	8:00:00	9:30:00	1:30:00	23	4	5	17	10	15	12	74
3	201859173102	201859173102	1班	朱玲铁	女	7:59:00	9:20:00	1:21:00	18	5	4	18	0	12	13	58
4	201859173103	201859173103	1班	周子豪	男	7:59:00	9:29:00	1:30:00	24	5	5	23	20	13	14	91
5	201859173104	201859173104	1班	鲍哲涵	男	8:00:00	9:00:00	1:00:00	22	5	5	25	19	14	12	90
6	201859173105	201859173105	1班	林成	男	7:59:00	8:58:00	0:59:00	21	4	5	24	23	13	11	90
7	201859173106	201859173106	1班	龚剑成	男	7:59:00	8:50:00	0:51:00	19	4	5	11	14	15	9	68
8	201859173107	201859173107	1班	姜伟	男	8:00:00	9:15:00	1:15:00	20	5	4	22	15	12	11	78
9	201859173108	201859173108	1班	沈梦梦	女	7:59:00	8:45:00	0:46:00	24	5	5	23	15	15	7	87
10	201859173109	201859173201	2班	林文龙	男	8:00:00	9:00:00	1:00:00	20	4	5	17	24	14	8	84
11	201859173110	201859173202	2班	罗玲珑	女	7:59:00	8:40:00	0:41:00	17	4	5	24	20	13	13	83
12	201859173111	201859173203	2班	楼晶晶	女	7:59:00	9:20:00	1:21:00	20	4	5	15	19	12	15	78
13	201859173112	201859173204	2班	厉国强	男	7:59:00	8:55:00	0:56:00	18	5	4	20	25	15	10	87
14	201859173113	201859173205	2班	林晨	女	7:59:00	9:20:00	1:21:00	16	5	5	18	6	12	11	62
15	201859173114	201859173206	2班	刘荣娟	女	8:00:00	9:20:00	1:20:00	21	2	4	23	21	8	9	80
16	201859173115	201859173207	2班	黄节	男	8:00:00	9:28:00	1:28:00	20	4	5	23	25	14	12	91
17																
18																
19	性别	总分														
20	女															
21		>=90														

图 11-24　条件区域的制作

(2)单击数据表中的任意一个单元格。

(3)单击“数据”选项卡下“排序和筛选”分组中的“高级”按钮,弹出“高级筛选”对话框。

(4)在对话框中,选中“将筛选结果复制到其他位置”单选按钮,“列表区域”选择“A1:P16”,“条件区域”选择“A19:B21”,并在“复制到”文本框中选择“R8”单元格,如图 11-25 所示,单击“确定”后,筛选结果如图 11-26 所示。

5.操作与练习(5)操作步骤

(1)选中工作表“计算机期末成绩统计表”A2:P17 区域的数据,单击“插入”选项卡“表格”分组中“数据透视表”下的“数据透视图”,弹出如图 11-27 所示的对话框,在“选择放置数据透视表及数据透视图的位置”选择“新工作表”,单击“确定”后,产生一个新的工作表,如图 11-28 所示。

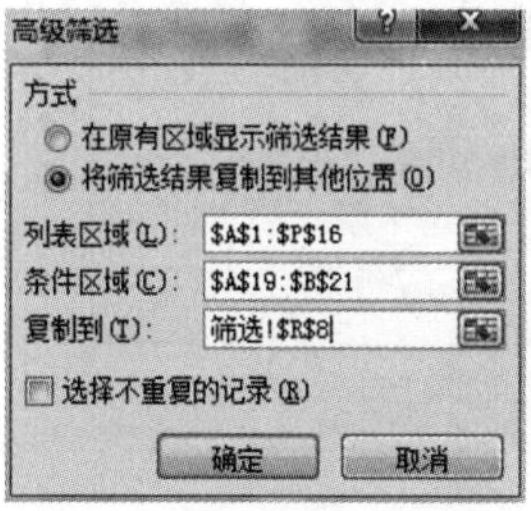

图 11-25　高级筛选

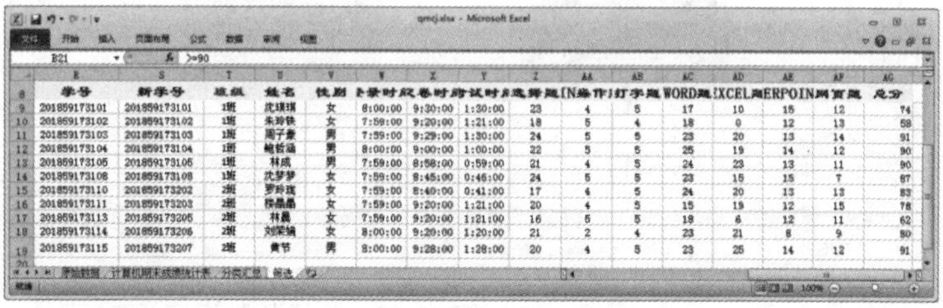

	R	S	T	U	V	W	X	Y	Z	AA	AB	AC	AD	AE	AF	AG
8	学号	新学号	班级	姓名	性别	录时	卷时	试时	选择题	N操作	打字题	WORD题	XCEL题	ERPOIN	网页题	总分
9	201859173101	201859173101	1班	沈琪琪	女	8:00:00	9:30:00	1:30:00	23	4	5	17	10	15	12	74
10	201859173102	201859173102	1班	朱玲铁	女	7:59:00	9:20:00	1:21:00	18	5	4	18	0	12	13	58
11	201859173103	201859173103	1班	周子豪	男	7:59:00	9:29:00	1:30:00	24	5	5	23	20	13	14	91
12	201859173104	201859173104	1班	鲍哲涵	男	8:00:00	9:00:00	1:00:00	22	5	5	25	19	14	12	90
13	201859173105	201859173105	1班	林成	男	7:59:00	8:58:00	0:59:00	21	4	5	24	23	13	11	90
14	201859173108	201859173108	1班	沈梦梦	女	7:59:00	8:45:00	0:46:00	24	5	5	23	15	15	7	87
15	201859173110	201859173202	2班	罗玲珑	女	7:59:00	8:40:00	0:41:00	17	4	5	24	20	13	13	83
16	201859173111	201859173203	2班	楼晶晶	女	7:59:00	9:20:00	1:21:00	20	4	5	15	19	12	15	78
17	201859173113	201859173205	2班	林晨	女	7:59:00	9:20:00	1:21:00	16	5	5	18	6	12	11	62
18	201859173114	201859173206	2班	刘荣娟	女	8:00:00	9:20:00	1:20:00	21	2	4	23	21	8	9	80
19	201859173115	201859173207	2班	黄节	男	8:00:00	9:28:00	1:28:00	20	4	5	23	25	14	12	91

图 11-26　筛选结果

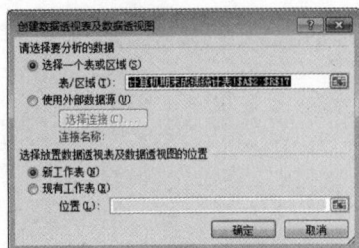

图 11-27　创建数据透视表/图

图 11-28　数据透视表布局窗口

(2)在"数据透视表字段列表"中将"班级"字段拖入图例字段;将"性别"字段拖入轴字段(分类);将"总分"字段拖入数值中,并单击"求和项总分"右端的按钮,在弹出的快捷菜单中选择"值字段的设置",弹出"值字段设置"对话框,在"计算类型"列表中选择计算类型"平均值",单击"确定",完成数据透视表/图的创建,并将此工作表命名为"数据透视表",操作结果如图 11-29 所示。

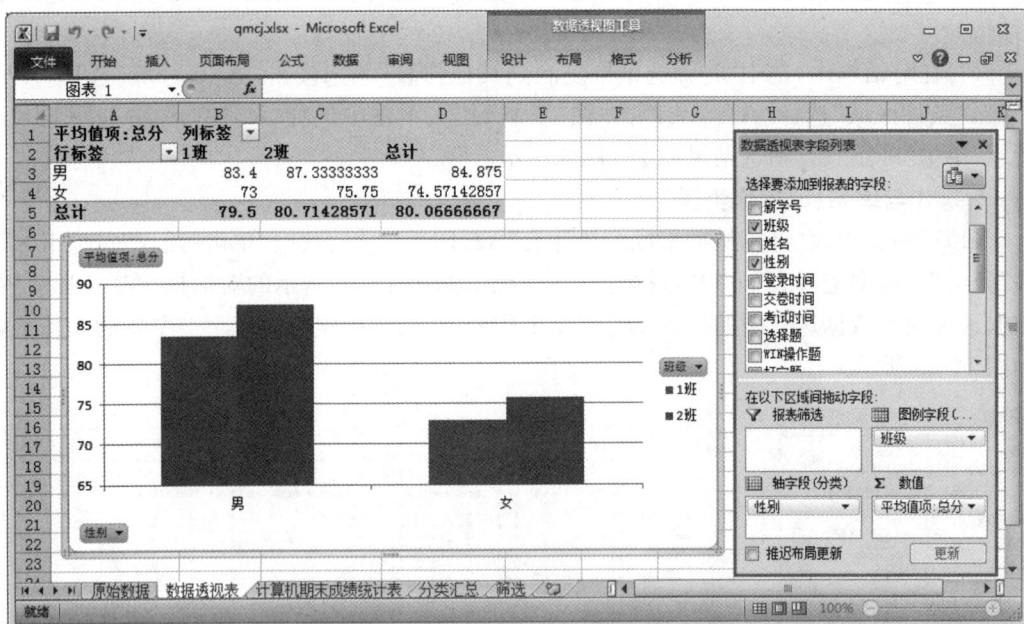

图 11-29　生成的数据透视表/图

6.操作与练习(6)操作步骤

单击标题栏左侧的"保存"按钮即可。

实验 12 图表的应用

12.1 实验目的

（1）熟练掌握创建图表的步骤。

（2）掌握编辑数据图表的方法。

（3）掌握图表格式和图表选项的设置方法。

12.2 实验内容

（1）创建图表。

（2）对图表和图表数据进行编辑。

（3）对图表区和绘图区内容进行格式设置。

12.3 实验操作步骤

12.3.1 创建数据图表

用户在 Excel 2010 中可以轻松地创建具有专业外观的图表。例如，要为如图 12-1 所示“学生成绩表”创建一张柱形图，具体操作如下。

（1）在工作表中选定创建图表所需的数据（选定连续的或不连续的数据区域），如图 12-1 中，选择了“姓名”“语文”“数学”“英语”“计算机”为创建图表的源数据。

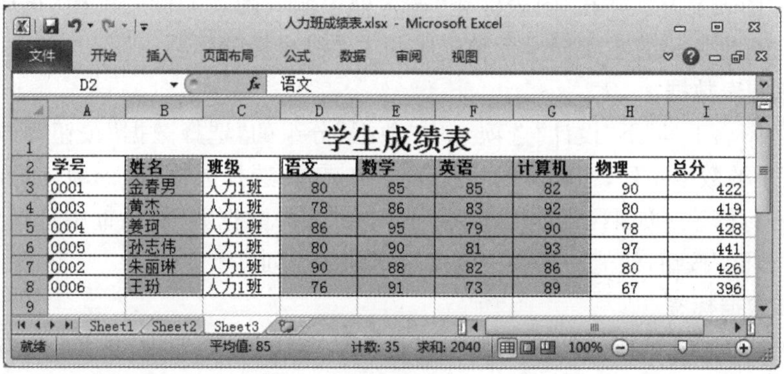

学号	姓名	班级	语文	数学	英语	计算机	物理	总分
0001	金春男	人力1班	80	85	85	82	90	422
0003	黄杰	人力1班	78	86	83	92	80	419
0004	姜珂	人力1班	86	95	79	90	78	428
0005	孙志伟	人力1班	80	90	81	93	97	441
0002	朱丽琳	人力1班	90	88	82	86	80	426
0006	王玢	人力1班	76	91	73	89	67	396

图 12-1 创建图表的初始数据

（2）在“插入”选项卡下的“图表”分组中，单击一种图表类型按钮，在弹出的图表类型列表中选择一种类型，便在当前工作表中建立了一个图表，如图 12-2 所示。

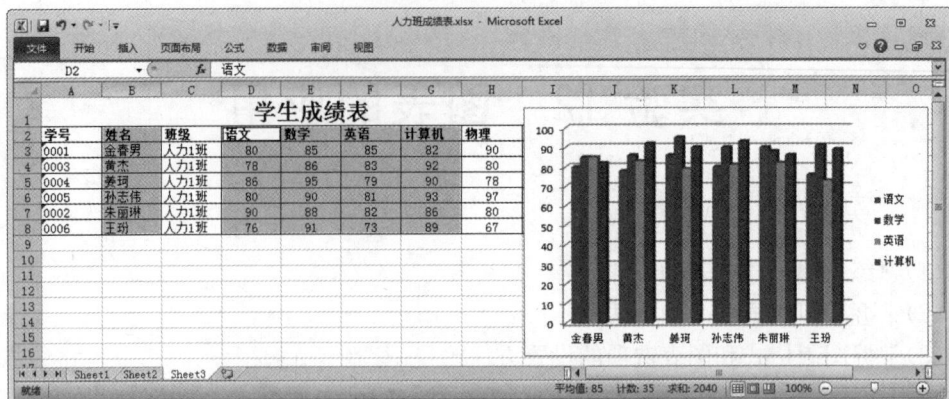

图 12-2　按所选择的数据创建的图表

12.3.2　编辑数据图表

1. 调整图表的位置和大小

移动图表的操作方法是将鼠标指针放在图表中的任一位置,当指针改变为 ✛ 时,按住左键拖动鼠标便能移动图表。同样,也可移动图表中各组成部分的位置,移动的范围始终在图表区域内。

调整图表大小的操作方法是选定图表,将鼠标指针放在控制手柄(图表四条边的中点和四个角出现小圆点的地方)处,指针改变为 ↔、↕、↖ 或 ↗ 时拖动鼠标至所需大小。

2. 添加图表标题

单击"图表工具"下的"布局"选项卡,单击功能区中的"图表标题"按钮,在弹出的快捷菜单中选择"图表上方",并在"图表标题"输入框中输入图表的标题。在"布局"功能区中单击"坐标轴标题",设置主要横坐标轴标题和主要纵坐标轴标题。

3. 修改图表数据

可通过"图表工具"下"设计"选项卡中"数据"分组的"选择数据"按钮修改数据源,也可右击图表中的数据系列,在弹出的快捷菜单中选择"选择数据"命令项,打开"选择数据源"对话框进行修改。如果要删除数据系列,则在"选择数据源"对话框中选择要删除的字段名,单击"删除"按钮,便能从图表中删除选定的数据列。

4. 添加数据标签

如果要添加数据标签,可通过"图表工具"下"布局"选项卡中"标签"分组的"数据标签"按钮进行添加。也可以右击图表中的数据系列,在弹出的快捷菜单中选择"添加数据标签",便能为选定的数据系列添加数据标签。再次选定数据系列并右击,选择快捷菜单中的"删除"命令,便能删除添加的数据标签。选定数据标签,在快捷菜单中单击"设置数据标签格式",可以对选定的数据设置格式。

5. 更改图表类型

更改图表类型不需要重新插入图表,可通过"图表工具"下"设计"选项卡中"类型"分组的"更改图表类型"按钮进行更改。也可以通过右击图表空白处,在弹出的快捷菜单中选择"更改图表类型"命令项,打开"更改类型"对话框,选择需要的图表类型。

12.3.3　图表的格式设置

1. 设置图表区格式

图表区格式的设置包括对图表背景、图表标题、坐标轴和图例的文字等格式的设置。具体设置方法：双击图表区，打开"设置图表区格式"对话框，选择不同的选项，分别对图表的背景、标题、坐标轴和图例的文字格式进行设置，最后单击"确定"按钮完成设置。也可以直接在图表区中任意空白处右击，在快捷菜单中选择"设置图表区格式"命令，打开"设置图表区格式"对话框进行设置，如图 12-3 所示。

2. 设置绘图区格式

绘图区的格式设置只限于边框和背景，具体设置方法是双击绘图区（或右击绘图区，在快捷菜单中选择"设置绘图区格式"命令），打开"设置绘图区格式"对话框，如图 12-4 所示。用户在"填充"栏中可以设置绘图区的背景，在"边框颜色"和"边框样式"栏中可以设置绘图区的边框式样。

图 12-3　"设置图表区格式"对话框　　　　图 12-4　"设置绘图区格式"对话框

3. 其他图表元素的格式设置

对于其他图表元素（如坐标轴、图例、源数据、趋势线、网格线等）格式的设置，只要将鼠标指针在图表中要设置格式的某个元素上右击，便能弹出与该元素相关的快捷菜单，按要求选择菜单中的命令项即可。

12.3.4　操作与练习

（1）在空白工作表中输入表 12-1 中的数据，并以 ywyk.xlsx 为文件名保存在 D 盘的 MyDIR 文件夹中。

表 12-1　学生语文月考成绩表

姓名	语文 1	语文 2	语文 3	语文 4
沈琪琪	67	87	75	96
朱玲轶	90	95	85	98
周子豪	77	78	73	87
鲍哲涵	56	78	75	90
林成	89	76	90	89
龚剑成	97	96	97	90

（2）取表格中"姓名""语文 1""语文 2""语文 3"四列数据，在当前工作表中创建嵌入式的二维簇状柱形图图表，图表标题为"语文月考成绩统计图表"，分类轴标题为"姓名"，数值轴标题为"成绩"，并将图表位置调整到 G1：M17 区域中，如图 12-5 所示。

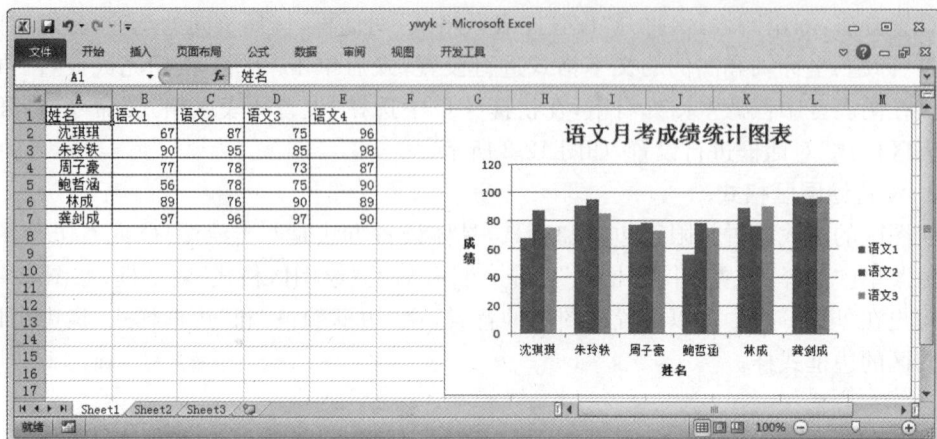

图 12-5　二维簇状柱形图图表

（3）对图 12-5 所创建的嵌入图表进行如下编辑操作：

①将分类轴上的姓名和图例中的文字设置为黑体、10 号字。

②将图表标题设置为微软雅黑、加粗 20 号字，将分类轴和数值轴标题设置为黑体、加粗 14 号字。

③将图表的边框设置为圆角、红色、线宽 3 磅。

④将数值轴刻度的最大值设为 100，最小值设为 0，主要刻度单位设置为 20，次要刻度单位设置为 5。

⑤将图表中"语文 3"的数据系列删除。

⑥将"语文 4"的数据系列添加到图表中，如图 12-6 所示。

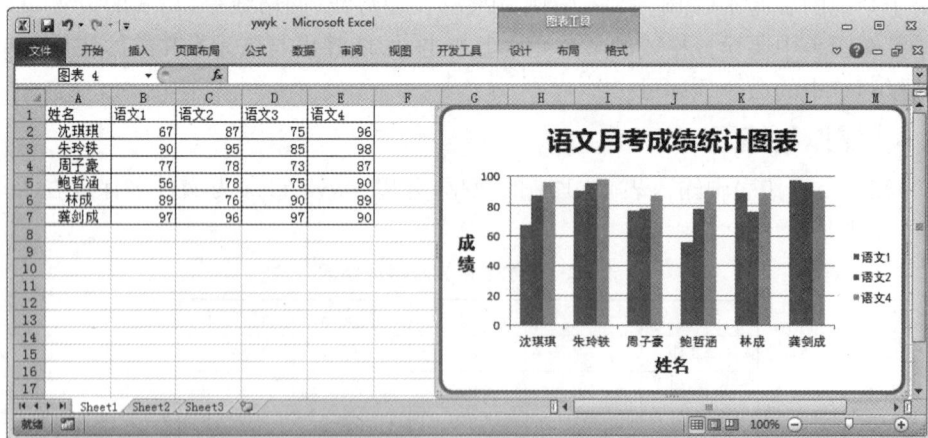

图 12-6　图表编辑操作结果

⑦为图表中"语文 1"的数据系列添加以值显示的数据标签，并添加多项式趋势线，如

图 12-7 所示。

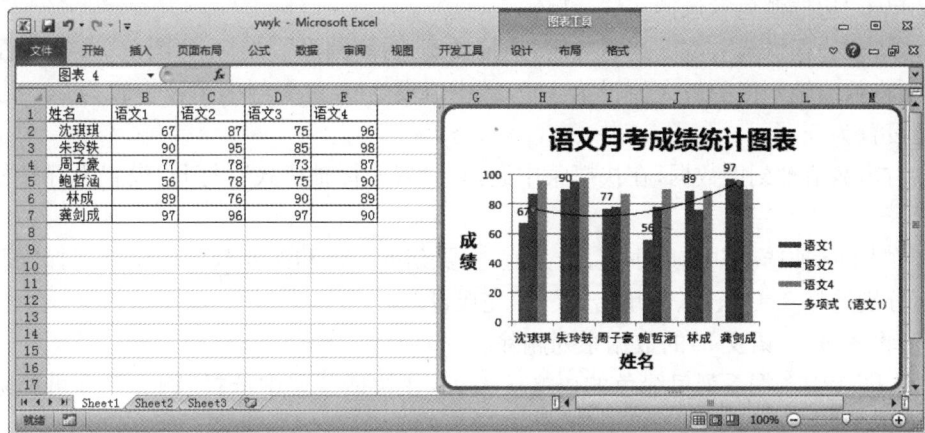

图 12-7　数据标签及趋势线

12.3.5　操作参考步骤

1.操作与练习(1)操作步骤

略。

2.操作与练习(2)操作步骤

(1)用鼠标选择表格中"姓名""语文 1""语文 2""语文 3"四列数据。

(2)单击"插入"选项卡,并在"图表"分组中单击"图表"按钮,选择"二维簇状柱形图"图表类型,便用选定数据在工作表中创建了一个数据图表。

(3)单击"图表工具"下的"布局"选项卡,单击其功能区中的"图表标题"按钮,在弹出的快捷菜单中选择"图表上方",并在"图表标题"输入框中输入图表的标题"语文月考成绩统计图表"。

(4)在"布局"功能区中单击"坐标轴标题",设置主要横坐标轴标题为"姓名"、主要纵坐标轴标题为"成绩"。

(5)通过移动图表和拖动图表边框便能将其调整到 G1:M17 区域中。

3.操作与练习(3)操作步骤

(1)将分类轴上的姓名和图例中的文字设置为黑体、10 号字。

①右击分类轴上的姓名,在弹出的快捷菜中选择"字体",打开"字体"对话框。

②选中"黑体""10"号字,单击"确定"完成设置。

③右击"图例"中的文字,重复①、②完成对图例中文字格式的设置。

(2)将图表标题设置为微软雅黑、加粗 20 号字,将分类轴和数值轴标题设置为黑体、加粗 14 号字。

①右击图表标题,选择"字体",在"字体"对话框中进行设置。

②用同样的方法完成对坐标轴标题格式的设置。

(3)将图表的边框设置为圆角、红色、线宽 3 磅。

①右击图表区空白处,在弹出的快捷菜中选择"设置图表区格式",打开"设置图表区

格式"对话框。

②单击"边框颜色",选择实线、红色。

③单击"边框样式",宽度选择 3 磅,连接类型选择"圆形",并勾选"圆角"选项按钮。

(4)将数值轴刻度的最大值设为 100,最小值设为 0,主要刻度单位设置为 20,次要刻度单位设置为 5。

①右击数值轴刻度数据,在快捷菜中选择"设置坐标轴格式",打开"设置坐标轴格式"对话框。

②在"坐标轴选项"中,最小值、最大值、主要刻度单位和次要刻度单位都选择"固定",刻度值分别选择 0、100、20、5,单击"关闭"完成设置。

(5)将图表中"语文 3"的数据系列删除。

右击图表中数据系列里绿色的语文 3 系列,在快捷菜单中选择"删除",即可删除"语文 3"数据系列。

(6)将"语文 4"的数据系列添加到图表中。

①单击"图表工具"的"设计"选项卡"数据"分组中"选择数据"按钮,弹出如图 12-8 所示的对话框。

②在"选择数据源"对话框中,单击"添加"按钮,弹出如图 12-9 所示的对话框。在"系列名称"框中输入"语文 4"或单击表中 E1 单元格;单击"系列值"框中的数据选择按钮 ▣,在工作表中选定语文 4 成绩(即 E2:E7),单击"确定",返回对话框,再单击"确定",完成添加。

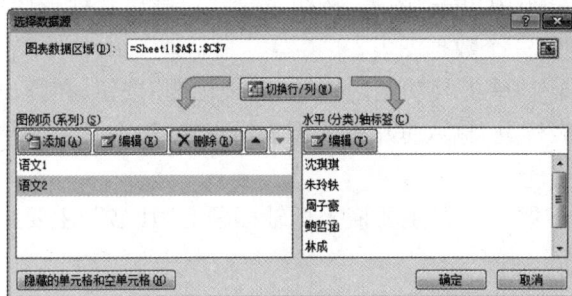

图 12-8 "选择数据源"对话框   图 12-9 "编辑数据系列"对话框

(7)添加数据标记及趋势线。

①右击图表中的"语文 1"系列,在弹出的快捷菜单中选择"添加数据标签"命令,便在"语文"图表上方添加了数据标签。

②右击图表中的"语文 1"系列,选择"添加趋势线",打开"设置趋势线"对话框,在"趋势线选项"中选中"多项式",单击"关闭"按钮完成设置。

实验 13　Excel 2010 综合练习

13.1　实验目的

通过综合性练习熟练掌握 Excel 2010 中的常用操作。

13.2　实验内容

(1)Excel 2010 基本操作。

(2)公式和函数的应用。

(3)条件格式的应用。

(4)高级筛选的应用。

(5)数据透视表的应用。

13.3　实验操作步骤

13.3.1　操作与练习

在一个空白的工作表中输入如图 13-1 所示的数据，并以 zhlx.xlsx 为文件名保存在 D 盘的 MYDIR 文件夹中。

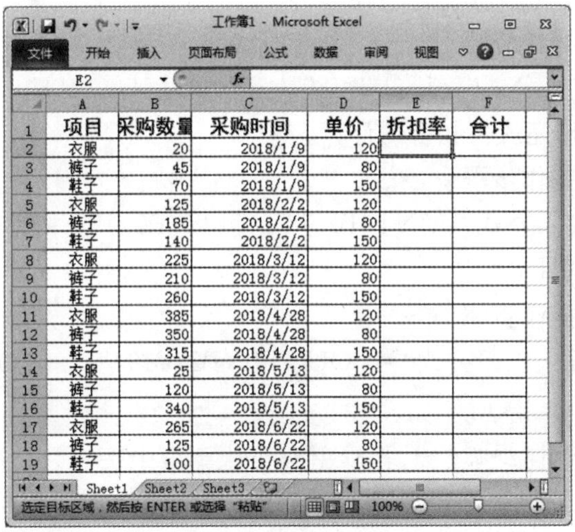

项目	采购数量	采购时间	单价	折扣率	合计
衣服	20	2018/1/9	120		
裤子	45	2018/1/9	80		
鞋子	70	2018/1/9	150		
衣服	125	2018/2/2	120		
裤子	185	2018/2/2	80		
鞋子	140	2018/2/2	150		
衣服	225	2018/3/12	120		
裤子	210	2018/3/12	80		
鞋子	260	2018/3/12	150		
衣服	385	2018/4/28	120		
裤子	350	2018/4/28	80		
鞋子	315	2018/4/28	150		
衣服	25	2018/5/13	120		
裤子	120	2018/5/13	80		
鞋子	340	2018/5/13	150		
衣服	265	2018/6/22	120		
裤子	125	2018/6/22	80		
鞋子	100	2018/6/22	150		

图 13-1　服装采购表

操作要求如下：

(1)将 Sheet1 中表的标题行格式设为黑体、15 号字。

(2)使用 IF 函数，对 Sheet1 中的商品折扣率进行自动填充。要求：采购数量小于 80 的商品折扣率为 0，大于等于 80 小于 150 的商品折扣率为 0.08，大于等于 150 的商品折扣率为 0.1。

(3)利用公式,计算 Sheet1 中的"合计"(结果用 INT 函数取整保存)。

计算公式:单价×采购数量×(1-折扣率)。

(4)在 Sheet1 中,用函数统计出采购数量大于 300 的记录数,保存在 H1 单元格中,并且把采购数量大于 300 的数据以红色加粗显示。

(5)对 Sheet1 中的"采购表"进行高级筛选,要求满足以下三点条件。

①筛选条件为采购数量>=200 并且单价>=120。

②条件区域放置于 A21 开始区域中。

③将筛选结果保存在 Sheet1 中从 I1 开始的单元格区域中。

(6)根据 Sheet1 中的采购表,建一个显示每个采购时间点所采购的所有项目数量汇总情况的数据透视表。要求满足以下四点条件。

①行标签设置为"采购时间"。

②数值设置为"采购数量",汇总方式为"求和"。

③列标签设置为"项目"。

④将数据透视表保存在 Sheet1 中从 P1 开始的单元格区域中。

13.3.2 操作参考步骤

1.操作与练习(1)操作步骤

(1)选择单元格区域 A1:F1。

(2)在"文件"选项卡下"字体"分组中单击字体下拉箭头选择"黑体",字号输入"15",并按回车确认。

2.操作与练习(2)操作步骤

在 E2 单元格中输入公式"=IF(B2<80,0,IF(B2<150,0.08,0.1))",并确定,接着拖动填充柄至 E19 单元格完成折扣率的计算。

3.操作与练习(3)操作步骤

在 F2 单元格中输入公式"=INT(B2 * D2 * (1-E2))",并确定,接着拖动填充柄至 F19 单元格完成合计的计算。

4.操作与练习(4)操作步骤

在 H1 单元格中输入以下公式"=COUNTIF(B2:B19,">300")",并确定,完成计算,操作结果如图 13-2 所示。

5.操作与练习(5)操作步骤

(1)制作条件区域。将条件中涉及的字段名"采购数量"和"单价"复制到数据表下方从 A21 开始的区域,然后同行输入条件表达式,如图 13-3 所示。

(2)单击数据表中的任意一个单元格。

(3)单击"数据"选项卡下"排序和筛选"分组中的"高级"按钮,弹出"高级筛选"对话框。

(4)在"高级筛选"对话框中,选中"将筛选结果复制到其他位置"单选按钮,"列表区域"选择"A1:F19","条件区域"选择"A21:B22",并在"复制到"文本框中选择"I1"单元格,如图 13-4 所示,单击"确定"后,筛选结果如图 13-5 所示。

图 13-2　第(1)~(4)题操作结果

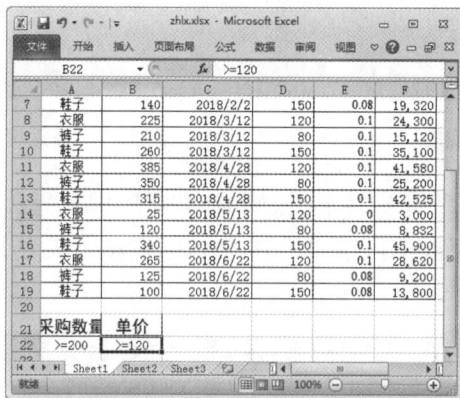

图 13-3　条件区域的制作

图 13-4　高级筛选设置

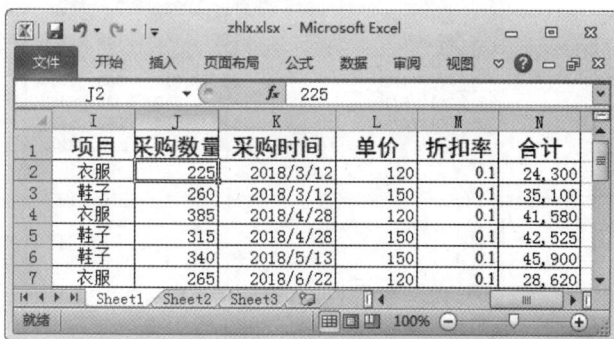

图 13-5　高级筛选结果

6.操作与练习(6)操作步骤

(1)选中 A1:F19 数据区域,单击"插入"选项卡下的"数据透视表"下的"数据透视表",弹出如图 13-6 所示的对话框,数据透视表放置的位置选择"现有工作表",位置选择 P1 单元格,单击"确定"后,产生一个"数据透视表字段列表"对话框,如图 13-7 所示。

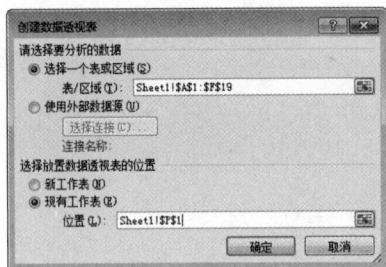

图 13-6　创建数据透视表

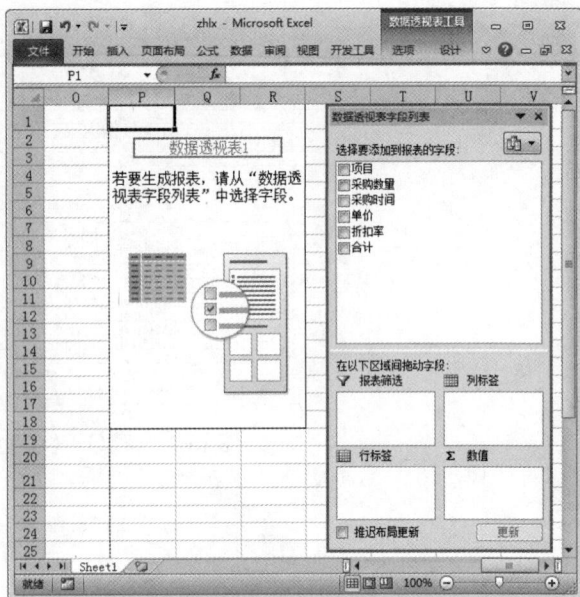

图 13-7　数据透视表布局窗口

　　(2)在"数据透视表字段列表"中将"采购时间"字段拖入"行标签",将"项目"字段拖入"列标签",将"采购数量"字段拖入"数值"中,默认的汇总方式为求和,单击"确定",完成数据透视表的创建,操作结果如图 13-8 所示。

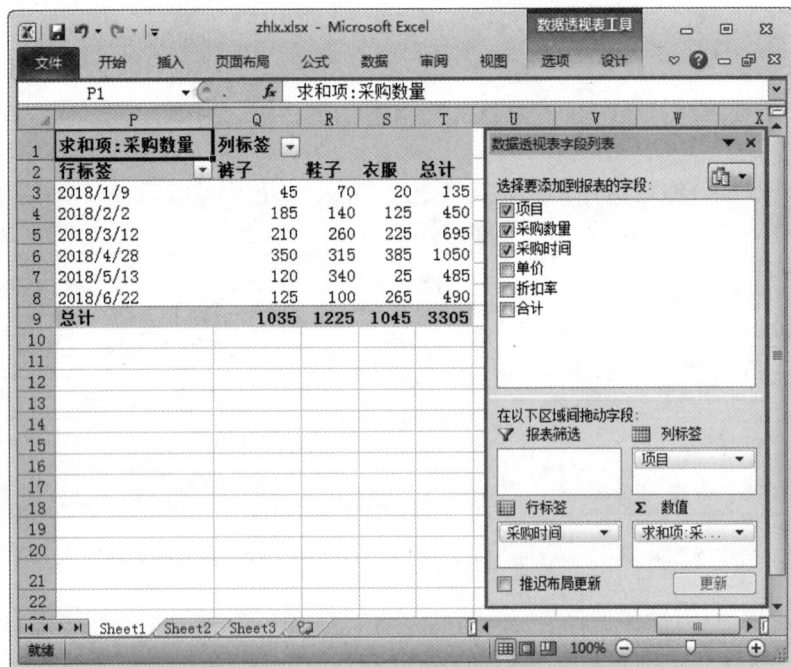

图 13-8　数据透视表

实验 14 PowerPoint 2010 基本操作

14.1 实验目的

(1)掌握演示文稿的建立、编辑与格式化的基本操作。

(2)掌握在幻灯片中插入图片、表格、图表、声音和视频的方法。

(3)掌握更改幻灯片的母版、版式、主题和背景的方法。

14.2 实验内容

(1)演示文稿的建立、编辑与格式化的基本操作。

(2)练习在幻灯片中插入图片、表格、图表、声音和视频。

(3)练习更改幻灯片的主题、母版、版式和背景。

14.3 实验操作步骤

14.3.1 PowerPoint 2010 的启动与退出

1. 启动

单击"开始"菜单,执行"所有程序"→"Microsoft Office"→"Microsoft Office Power-Point 2010"命令,启动 PowerPoint 2010。还可以在 Windows 桌面上双击 Microsoft Pow-erPoint 2010,启动 PowerPoint 2010。双击磁盘上已经存在的演示文稿,系统将启动 Pow-erPoint 2010,同时打开选定的演示文稿。

2. 退出

若想退出 PowerPoint 2010,可以选用以下方法中的一种:单击 PowerPoint 2010 窗口右上角的关闭按钮、按【Alt+F4】组合键、单击"文件"选项卡下的"退出"命令按钮、双击 PowerPoint 2010 标题栏左上角的控制菜单按钮。

14.3.2 新建演示文稿

要新建演示文稿,可以单击"文件"选项卡下的"新建"命令按钮,打开如图 14-1 所示的"新建演示文稿"任务窗格。在该任务窗格中可以选择"空白演示文稿""样本模板""主题""根据现有内容新建"等项目。

14.3.3 编辑幻灯片

1. 在幻灯片中输入文本

新建的空白演示文稿的幻灯

图 14-1 "新建演示文稿"任务窗格

片中,只有占位符而没有其他内容,用户可以在占位符中输入文本,也可以在占位符之外的任何位置输入文本。如果要在占位符之外的其他位置输入文本,可以在幻灯片中插入文本框,需要使用"插入"选项卡"文本"分组中的"文本框"按钮。

2. 幻灯片的选择

在执行编辑幻灯片命令之前,首先要选择命令作用的范围。视图不同,选择幻灯片的方式也不尽相同。在普通视图和备注页视图中,当前显示的幻灯片即是被选中的,我们不必单击它。在幻灯片浏览视图中,单击幻灯片就可以选择整张幻灯片。若要选择不连续的几张幻灯片,按住【Ctrl】键,再用鼠标单击其他要选择的幻灯片;若要选择连续的几张幻灯片,可以先单击第一张幻灯片,再按住【Shift】键,单击最后一张幻灯片。

3. 幻灯片的插入

在 PowerPoint 2010 的普通视图、备注页视图和幻灯片浏览视图中,用户都可以创建一个新的幻灯片。在普通视图中创建的新幻灯片将排列在当前正在编辑的幻灯片后面。在幻灯片浏览视图中增加新的幻灯片时,其位置将在当前光标或当前所选幻灯片的后面。新建幻灯片可以执行"开始"选项卡下的"新建幻灯片"命令。

4. 幻灯片的复制

如果用户当前创建的幻灯片与已存在的幻灯片风格基本一致,采用复制一张新的幻灯片的方法更方便,只需在其原有基础上做一些必要的修改。先选择要复制的幻灯片,然后选择"开始"选项卡下的"复制"命令,移动光标至目标位置,再选择"开始"选项卡下的"粘贴"命令,幻灯片将被复制到光标所在幻灯片的后面。单击"开始"选项卡下的"复制"命令右边的下拉箭头,选择 复制① ,可在当前位置插入前一张幻灯片的副本。在"粘贴"命令的下拉列表中可以选择粘贴的幻灯片是采用目标主题还是保留源格式。

5. 幻灯片的删除

在制作演示文稿中,有些幻灯片编辑错误或不合适时,则需要删除该幻灯片。一般在幻灯片浏览视图中做删除幻灯片操作比较简单。其操作方法如下:在幻灯片浏览视图中,选定要被删除的幻灯片,可按【Delete】键删除该幻灯片。

14.3.4 项目符号与编号

项目符号和编号用于对一些重要条目进行标注或编号,用户可以为选定的文本或占位符添加项目符号或编号,还可以使用图形项目符号。可以在 PowerPoint 2010 的大纲、幻灯片或备注页窗格将编号应用到文本中。

1. 项目符号

添加项目符号的方法:将插入点移动到需要设置项目符号的段落中,单击"开始"选项卡"段落"分组中的"项目符号"命令按钮,打开如图 14-2 所示的"项目符号"任务窗格,选择项目符号,或单击其中的"项目符号和编号"按钮打开"项目符号和编号"对话框,如图 14-3所示。

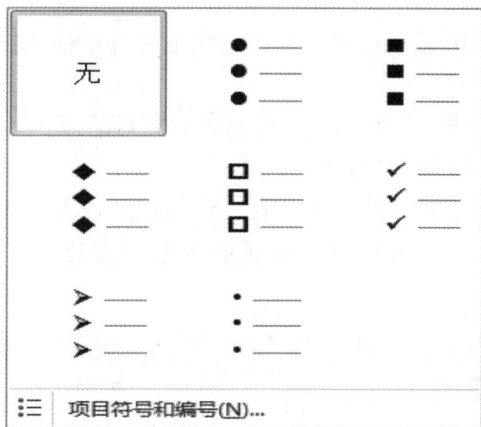

图 14-2　"项目符号"任务窗格

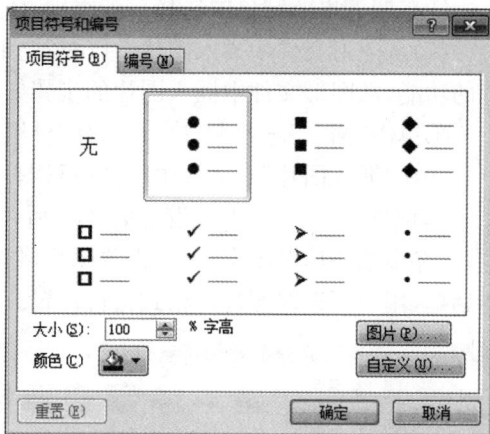

图 14-3　"项目符号和编号"对话框

系统提供了默认的几种项目符号项,如果用户不喜欢原有的项目符号,可以重新设置。方法如下:在"项目符号和编号"对话框中,选择一种项目符号后,单击"自定义"按钮打开"符号"对话框,在其中选择一种符号作为项目符号。

为了达到特殊效果,用户还可以选择图片作为项目符号。方法如下:在"项目符号和编号"对话框中,单击"图片"按钮,打开"图片项目符号"对话框,选择某张图片作为项目符号。

如果用户想删除项目符号,可以采用以下几种方法。

(1)将插入点放到要删除项目符号的段落最前面,按【Backspace】键。

(2)将插入点放到要删除项目符号的段落上,单击"开始"选项卡上的"项目符号"按钮。

(3)在"项目符号"任务窗格中选择"无"。

2. 编号

在 PowerPoint 2010 中向文本添加编号的过程与在 Microsoft Word 2010 中的过程相似。要在列表中快速添加编号,选择文本或占位符,然后单击"开始"选项卡下的"段落"分组中的"项目编号"命令按钮。要从列表的多种编号样式中进行选择,或者更改列表的颜色、大小或起始编号,则在"项目符号和编号"对话框中单击"编号"选项卡,进行与编号相关的选择或设置即可。

14.3.5　添加可视化项目

1. 插入图片

(1)从剪贴画库中插入图片。从剪贴画库中插入图片的步骤如下。

①单击"插入"选项卡,执行"图片"分组下的"剪贴画"命令,打开"剪贴画"任务窗格,如图 14-4 所示。

图 14-4　"剪贴画"任务窗格

123

②在搜索出的结果中选择一个类别,插入图片。

(2)从图形文件中插入图片。PowerPoint 2010 系统提供了从其他图形文件中插入图片的功能,从图形文件中插入图片的步骤如下。

①单击"插入"选项卡,执行"图片"分组下的"图片"命令,打开"插入图片"对话框。

②在"插入图片"对话框中选择一张图片,单击"插入"按钮。

(3)编辑图片。选中要设置的图片后,单击"格式"选项卡,如图 14-5 所示;或右击图片,在弹出的快捷菜单中选择"设置图片格式"命令,打开如图 14-6 所示的"设置图片格式"对话框,用户可以对图片的格式进行设置。

图 14-5　图片"格式"选项卡

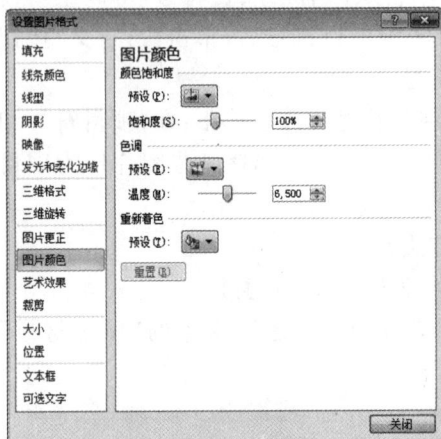

图 14-6　"设置图片格式"对话框

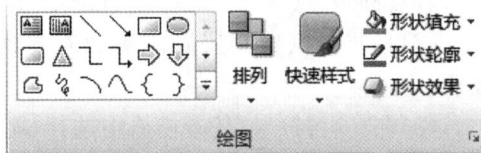

图 14-7　"绘图"任务窗格

2. 绘制图形

要在幻灯片中绘制圆、矩形等一些简单的图形,可以使用 PowerPoint 2010 提供的绘图功能。利用"绘图"任务窗格可在幻灯片中画出各种图形,如线条、箭头、矩形和椭圆等,用户可在"开始"选项卡中打开如图 14-7 所示的"绘图"任务窗格。

14.3.6　主题

主题是一组设计设置,其中包含颜色设置、字体选择和对象效果设置,它们都可用来创建统一的外观。用户可以修改任意主题以适应需要,或在已创建的演示文稿基础上建立新主题。

1. 应用 PowerPoint 2010 提供的主题

要应用 PowerPoint 主题,操作步骤如下。

(1)打开要应用设计的演示文稿,选择要应用主题的幻灯片,可在幻灯片浏览视图下完成此任务。

124

（2）查看"设计"选项卡下的"主题"分组，如图 14-8 所示，查找并选择要使用的主题，查找时只要将鼠标放到某张主题上就会出现该主题的名称。如果所需主题在其中则选择它，如果没有则单击主题右侧的下拉菜单，打开"主题"库，如图 14-9 所示。

（3）单击希望应用的主题，如果在第一步中选择了一张幻灯片，则将主题应用到整个演示文稿；如果选择了几张幻灯片，则仅为这些幻灯片应用该主题。

图 14-8   "设计"选项卡

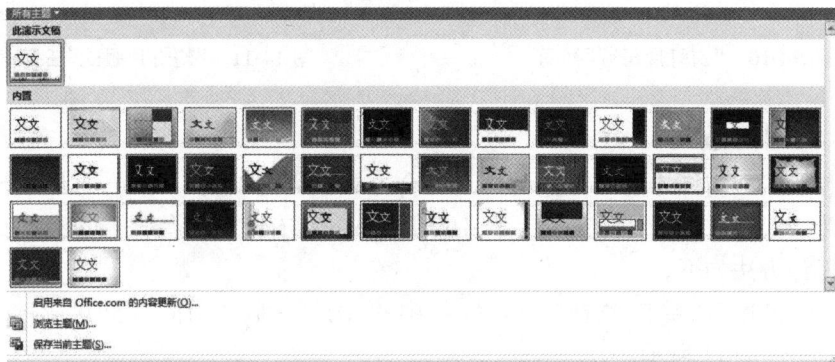

图 14-9   "主题"库

2. 创建自定义主题

如果 PowerPoint 2010 提供的主题不能满足用户的要求，用户也可以自己创建主题。首先按照需求设置幻灯片母版的格式，包括幻灯片版式、背景、主题颜色和主题字体，然后将幻灯片主题保存为新主题。操作步骤如下。

（1）在如图 14-9 所示的"主题"库中选择"保存当前主题"命令，打开"保存当前主题"对话框。

（2）在"文件名"文本框中为新建主题文件键入名称。

（3）单击"保存"，新主题即保存在用户的硬盘中。

14.3.7　母版

幻灯片母版控制幻灯片上所键入的标题和文本的格式与类型。PowerPoint 2010 中的母版有幻灯片母版、备注母版和讲义母版。幻灯片母版包含文本占位符和页脚（如日期、时间和幻灯片编号）占位符。

单击"视图"选项卡下的"幻灯片母版"命令按钮，打开"幻灯片母版"视图，如图 14-10 所示。如果要修改多张幻灯片的外观，不必对一张张幻灯片进行修改，而只需在幻灯片母版上做一次修改即可。PowerPoint 2010 将自动更新已有的幻灯片，并对以后新添加的幻灯片应用这些更改。如果要更改文本格式，可选择占位符中的文本并做更改。母版还包含背景项目，例如放在每张幻灯片上的图形。如果要使个别幻灯片的外观与母版不同，应直接修改该幻灯片而不用修改母版。

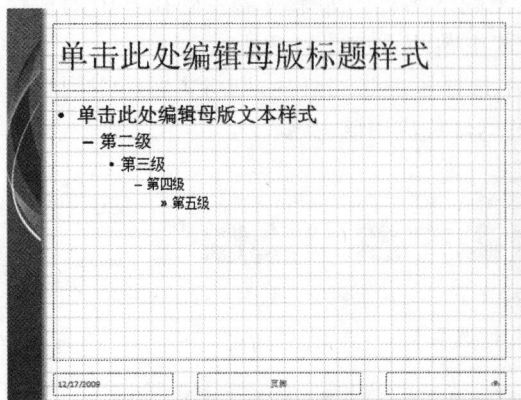

图 14-10　"幻灯片母版"视图

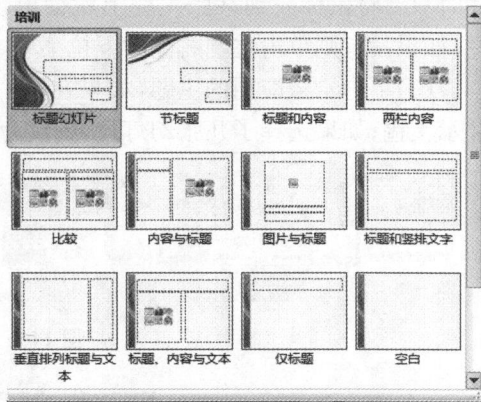

图 14-11　"幻灯片版式"任务窗格

14.3.8　幻灯片版式

　　幻灯片版式即幻灯片里面元素的排列组合方式。创建新幻灯片时,可以从预先设计好的幻灯片版式中进行选择。确定一种幻灯片版式后,有时还可能需要更换。更换幻灯片版式的操作方法如下。

　　(1)单击"开始"选项卡,选择"幻灯片"组中的"幻灯片版式"命令,打开"幻灯片版式"任务窗格,如图 14-11 所示。

　　(2)在 PowerPoint 2010 版本中,幻灯片的版式是与主题联系在一起的,所以在图 14-11 所示的"幻灯片版式"窗格中,基于两个主题的所有幻灯片版式都显示在其中。选择一种幻灯片版式后将其应用到幻灯片上。

14.3.9　幻灯片的背景

　　用户可以为幻灯片设置不同的颜色、图案或者纹理等背景,不仅可以为单张幻灯片设置背景,而且可为母版设置背景,从而快速改变演示文稿中所有幻灯片的背景。

　　1. 改变幻灯片背景色

　　改变幻灯片背景色,操作方法如下。

　　(1)若要改变单张幻灯片的背景,可以在普通视图或者幻灯片浏览视图中显示该幻灯片。如果要改变所有幻灯片的背景,可以进入幻灯片母版中。

　　(2)单击"设计"选项卡,选择"背景"组下的"背景样式"命令,出现如图 14-12 所示的"背景样式"选项框。

　　(3)选择相应的背景样式应用到幻灯片中。

　　2. 改变幻灯片的填充效果

　　改变幻灯片的填充效果,操作方法如下。

　　(1)若要改变单张幻灯片的背景,可以在普通视图或者幻灯片浏览视图中选择该幻灯片。

　　(2)在图 14-12 所示的"背景样式"选择框中选择"设置背景格式"命令,弹出"设置背景格式"对话框,如图 14-13 所示。

(3)在"填充"选项卡中设置相应的填充效果。

图 14-12　"背景样式"选择框

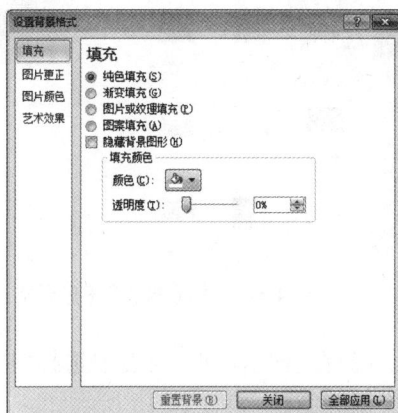

图 14-13　"设置背景格式"对话框

(4)在"渐变填充"单选框中,选择填充颜色的过渡效果,可以设置一种颜色的浓淡效果,或者设置从一种颜色逐渐变化到另一种颜色。在"图片或纹理填充"单选框中,可以选择填充纹理。在"图案填充"单选框中,选择填充图案。

(5)若要将更改应用到当前幻灯片,可单击"关闭"按钮。若要将更改应用到所有的幻灯片和幻灯片母版,可单击"全部应用"按钮。单击"重置背景"按钮可撤销背景设置。

14.3.10　操作与练习

(1)利用 PowerPoint 提供的模板"PowerPoint 2010 简介"创建一个演示文稿,以"PowerPoint 2010 简介"为文件名保存在 D 盘根目录下,退出 PowerPoint 2010。

(2)浏览"PowerPoint 2010 简介.pptx"演示文稿。

(3)将第一张幻灯片的副标题改为你的名字,并给第二张幻灯片加上备注,内容是"这是第二张幻灯片"。

(4)将第二张幻灯片复制到演示文稿的最后;将第五张幻灯片移动到演示文稿的最后;删除演示文稿的倒数第二和第三张幻灯片。

(5)给第十一张幻灯片"完美视频"中三个段落的文字添加项目符号(符号类型任选)。

(6)修改母版,给第三张幻灯片的母版幻灯片添加文字"微软公司",置于右上角,文字颜色为蓝色、大小为 20、加粗,修改后保存为"我的 PowerPoint 2010.pptx"。

14.3.11　操作参考步骤

1. 操作与练习(1)操作步骤

(1)单击"文件"选项卡下的"新建"命令按钮,打开"新建演示文稿"任务窗格,选择"样本模板",打开如图 14-14 所示的"样本模板"任务窗格。

图 14-14　"样本模板"任务窗格

图 14-15　使用"样本模板"创建的演示文稿

(2)在"样本模板"列表中选择"PowerPoint 2010 简介"模板,单击"创建"按钮完成演示文稿的创建,如图 14-15 所示。

(3)单击"文件"选项卡下的"保存"按钮,弹出"另存为"对话框,在对话框中,将光标定位到"文件名"下拉列表框中,输入文件名"PowerPoint 2010 简介",单击"保存"按钮,完成文件的保存。

(4)单击"文件"选项卡下的"退出"命令按钮,退出 PowerPoint 2010。

2. 操作与练习(2)操作步骤

(1)在本地计算机中打开 D 盘,双击"PowerPoint 2010 简介.pptx",打开演示文稿。

(2)PowerPoint 默认打开的视图方式为普通视图,单击幻灯片编辑区的垂直滚动条,逐张浏览幻灯片。

(3)单击 PowerPoint 右下方"视图切换"区中的"幻灯片放映"按钮或按功能键 F5 从头放映幻灯片,按空格键或鼠标单击放映下一张幻灯片。

3. 操作与练习(3)操作步骤

(1)单击视图区的 1 号幻灯片,选择第一张幻灯片。

(2)单击幻灯片的副标题,将其改为你的名字。

(3)选择第二张幻灯片,单击备注区,输入"这是第二张幻灯片"。

4. 操作与练习(4)操作步骤

(1)单击幻灯片右下角的"幻灯片浏览视图"按钮切换到幻灯片浏览视图,单击选择第二张幻灯片(被选中的幻灯片周围有边框),按【Ctrl+C】组合键。

(2)单击最后一张幻灯片后面的位置(出现一条长直线即插入点),将其定位为要复制到的位置,按【Ctrl+V】组合键,观察视图变化情况。

(3)选择第五张幻灯片,按【Ctrl+X】组合键,再单击最后一张幻灯片后面的位置,将其定位为要移动到的位置,按【Ctrl+V】组合键,观察视图变化情况。

(4)按住【Ctrl】键单击倒数第二和第三张幻灯片,选中它们(对于连续的幻灯片可按【Shift】键进行选择),右键单击,在弹出的快捷菜单中选择"删除幻灯片"(或按【Delete】键),观察视图变化情况。

5. 操作与练习(5)操作步骤

(1)单击第十一张幻灯片,选中文字所在的文本框。

（2）单击"段落"分组中"项目符号"按钮右边的小箭头，打开如图 14-2 所示的项目符号窗口，任意选择一种喜欢的符号类型即可，此处选择的是打钩的符号类型，如图 14-16 所示。

6. 操作与练习(6)操作步骤

（1）打开"视图"选项卡，单击"母版视图"分组中的"幻灯片母版"，打开幻灯片母版视图。

（2）在左侧列表窗口中选中第三张母版幻灯片。打开"插入"选项卡，单击"文本"分组中的"文本框"按钮，选择"横排文本框"，在幻灯片的右上角拖动，会出一个适度大小的矩形，输入文字"微软公司"。

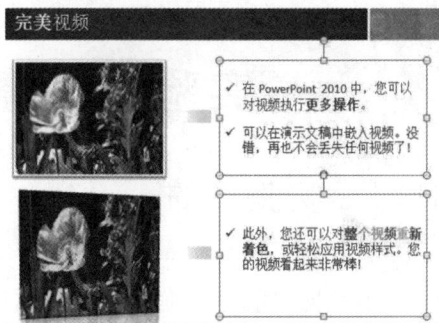

图 14-16　添加项目符号效果

（3）选中以上插入的文本框，打开"开始"选项卡，在"字体"分组中，如图 14-17 所示，点击"加粗"按钮，文字大小设置为 20，字体颜色选择"蓝色"。整体效果如图 14-18 所示。

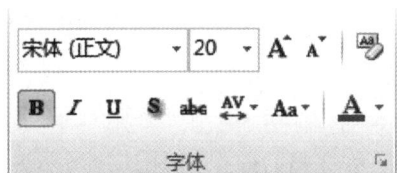

图 14-17　"字体"分组

图 14-18　设置母版后效果

（4）打开"幻灯片母版"选项卡，点击"关闭"分组中的"关闭母版视图"按钮。查看演示文稿第 3、7、14 和第 18 张幻灯片的右上角与其他幻灯片的不同，思考不同的原因。

（5）单击"文件"选项卡下的"另存为"命令按钮，将编辑后的演示文稿以"我的 Power-Point 2010"为文件名保存在 D 盘根目录下，保存类型为"PowerPoint 演示文稿"。

实验 15 静态演示文稿设计

15.1 实验目的

(1)掌握演示文稿的设计规则。

(2)掌握演示文稿的建立、编辑与格式化。

(3)掌握幻灯片不同元素的插入。

(4)掌握幻灯片母版、版式和背景的修改方法。

15.2 实验内容

(1)设计演示文稿的主题、收集资料。

(2)演示文稿的建立、编辑和格式化。

(3)插入多种不同的幻灯片元素。

(4)设置修改幻灯片母版、版式和背景。

15.3 实验操作步骤

本实验介绍一个完整的静态演示文稿的制作过程,对于演示文稿中插入的图片对象,读者可以根据自己的审美角度进行修改或替换。

15.3.1 设计演示文稿

(1)确定主题是介绍嘉兴学院的部分情况,整体演示文稿的效果如图 15-1 所示。

(2)具体的内容:介绍地理位置和校园风貌。

(3)演示文稿的名称为"嘉兴学院简介.pptx"。

(4)设计原则:文字突出重点,多用图片,直观显示和表达内容。

(5)通过网络(或拍摄)收集需要的图片资料。

(6)演示文稿共设计六张幻灯片,所有幻灯片页面大小为"全屏显示 16:9"。

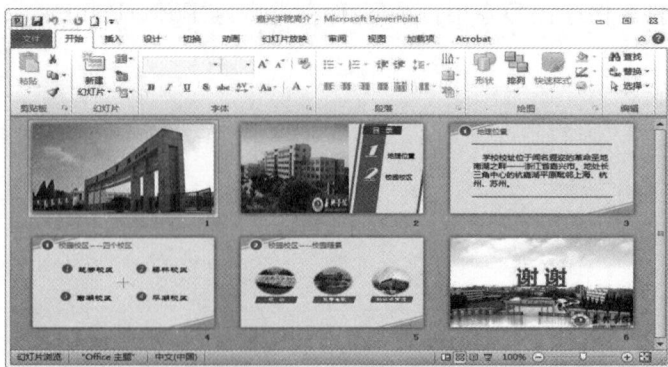

图 15-1 整体效果

15.3.2　建立演示文稿

1. 建立文件

右键单击桌面空白处，在弹出的快捷菜单中选择"新建"→"Microsoft PowerPoint 演示文稿"。修改演示文稿文件名为"嘉兴学院简介"。

2. 新建幻灯片

打开演示文稿"嘉兴学院简介.pptx"。单击"开始"选项卡中的"新建幻灯片"，在弹出的"Office 主题"窗口中选择"空白"版式。单击左边的"幻灯片窗格"，然后按【Enter】键 5 次，新生成 5 张空白幻灯片。

3. 设置背景格式

右键单击第一张幻灯片，选择"设置背景格式"，弹出"设置背景格式"对话框，如图 15-2 所示。填充颜色选择"白色，背景 1，深色 5％"，单击"全部应用"→"关闭"。

4. 页面设置

单击"设计"选项卡，在"页面设置"分组中，单击"页面设置"按钮，打开"页面设置"对话框。在"幻灯片大小"列表中选择"全屏显示 16：9"。

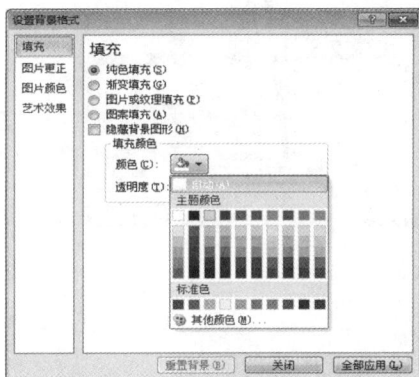

图 15-2　"设置背景格式"对话框

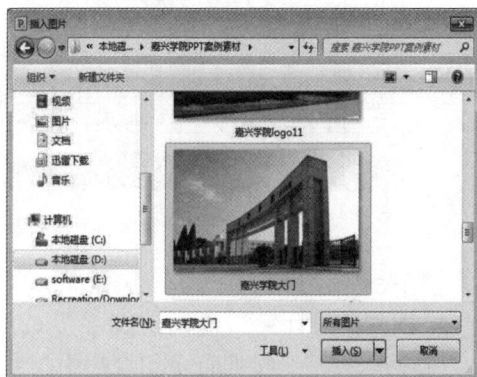

图 15-3　"插入图片"对话框

15.3.3　设计首页幻灯片

设计首页幻灯片作为封面，要求内容简洁、形式大方。具体的设计步骤如下。

1. 插入封面图片

单击"插入"选项卡"图像"分组中的"图片"按钮，弹出"插入图片"对话框，如图 15-3 所示，选择前期收集好的图片文件"嘉兴学院大门.jpg"，单击"插入"按钮。

2. 调整图片

当将图片插入到幻灯片内后，其位置和大小未必满足设定的要求，因此，我们需要用鼠标或

图 15-4　图片与幻灯片重合

键盘方向键调整位置和大小。如图 15-4 所示，用鼠标拖动图片上的锚点（图片边缘 8 个白

色的圆点,绿色圆点是旋转点),调整其大小,达到与幻灯片重合或覆盖。

15.3.4　设计第二张幻灯片

第二张幻灯片上的对象较多,全选幻灯片上的对象,并且打开"选择和可见性"窗格(在"开始"选项卡"绘图"分组中,单击"排列"按钮,选择"选择窗格"),根据内容修改对象名称后,如图 15-5 所示,我们可以看到所有对象和名称。

将整个幻灯片看成两个区域的结合,分别称为左部区域和右部区域。左部区域为一张具有校园信息的图片,右部区域由 5 个图形对象、5 个文本框组成,用户可在"选择和可见性"窗格中查看和修改对象名称。具体的设计步骤如下。

图 15-5　所有对象以及名称

1. 图片的设计

(1)插入图片。按照首页幻灯片中图片的插入步骤,完成图片的插入。

(2)调正位置和大小。与首页幻灯片中图形的调整方法一样,将图片的左边、上边和下边调整到与幻灯片对应的边重合。右键单击该图形对象,选择"设置图片格式"命令(此时也可以直接修改宽度为15 厘米,但高度会根据宽度自动调整),打开"设置图片格式"对话框,如图 15-6 所示。在"大小"窗口中,将"缩放比例"中的"锁定纵横比"取消勾选,然后设置宽度为 15 厘米。

2. 平行四边形对象的设计

(1)插入图形。单击"插入"选项卡中的"插图"分组中的"形状"按钮,在"基本形状"类中选择"平行四边形"形状。在幻灯片右边部分空白区域中,依靠鼠标拖动图形锚点绘制一个平行四边形图形。在"选择和可见性"窗格中将该图形名称改为"平行四边形-数字背景"。

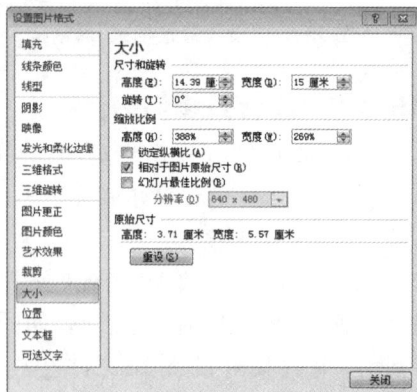

图 15-6　"设置图片格式"对话框

（2）设置图形大小。选中该平行四边形对象，拖动上边或下边的中间锚点，改变图形的高度，达到图形的上下边沿与幻灯片的上下边沿重合。图形的宽度为 4.9 厘米。

（3）调整图形倾斜度。单击该对象，拖动图形左上角的黄色（菱形）锚点，向右拖动到离中间点距离是 1/8 上边长度处，如图 15-7 所示。

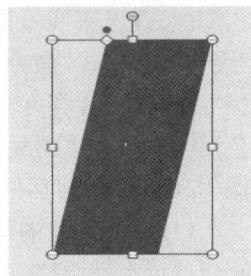

图 15-7　调整图形倾斜度

（4）设置图形填充色。双击该图形，打开"绘图工具"中的"格式"选项卡，在"形状样式"分组中，单击"形状填充"→"其他填充颜色"，打开如图 15-8 所示的"颜色"对话框，设置"红色""绿色""蓝色"的列表值分别为 25、133、156（即 RGB 值为 25、133、156），单击"确定"按钮。结果形成如图 15-7 所示青绿色的平行四边形。

（5）设置图形位置。选中该图形，用键盘方向键向左移动，水平靠近前期插入的图片，直到两个对象的底边位置相距 4～6 毫米。

（6）设置图形边框。同步骤（4），在"形状样式"分组中单击"形状轮廓"→"无轮廓"，如图 15-9 所示。

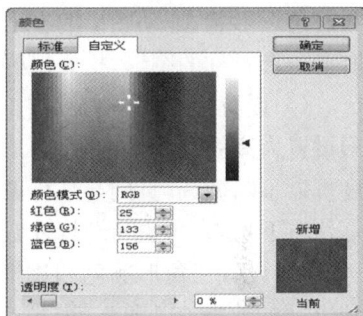

图 15-8　"颜色"对话框

（7）按照步骤（1）到（6）的操作，插入第二个平行四边形形状（名称改为"平行四边形-目录"），设置大小为高 1.4 厘米、宽 5.5 厘米，填充色的 RGB 值为 85、60、67，边框为"无轮廓"。

（8）调整图形倾斜度和位置。单击该对象，拖动图形左上角的黄色锚点，左右拖动，调整底边角度，直到左边与"平行四边形-数字背景"图形的左边平行。利用键盘方向键移动该对象，直到"平行四边形-目录"的左边与"平行四边形-数字背景"的左边重合。在垂直方向上该图形与幻灯片顶边的距离为 3～4 毫米。在"平行四边形-目录"对象内输入文字"目录"，字体为微软雅黑，字号为 30，两个字之间空开 3 个空格，如图 15-10 所示。

图 15-9　插入"平行四边形-数字背景"

3. 直线和三角形形状的设计

（1）插入直线形状。插入直线形状的步骤与前述插入平行四边形的步骤一致，在"线条"形状中选择"直线"，在幻灯片空白处垂直方向拖动鼠标，生成一条直线。

图 15-10　插入"平行四边形-目录"

（2）设置直线大小和颜色。双击该直线，在"格式"选项卡下的"大小"分组中设置高度为 14.4 厘米、宽度为 1.7 厘米（高度与幻灯片高度一致，宽度可以不断地在"格式"选项卡内的"大小"分组中微调，直到与平行四边形斜边平行）。

（3）设置直线宽度和颜色。右键单击该直线，选择"设置形状格式"命令，打开"设置形状格式"对话框，选择"线型"，设置宽度 10 磅。选择"线条颜色"，单击"颜色"列表弹出"主题颜色"窗口，选择"其他颜色"，打开如图 15-8 所示的对话框，设置 RGB 值为 25、133、156。

图 15-11　插入直线

（4）设置直线的位置。选中直线，用键盘方向键对直线进行水平调整，直到直线的底端与图片的右下角重合，如图 15-11 所示。

（5）插入直角三角形形状。同插入直线形状的步骤（1）。选择直角三角形形状，拖动图形的左上角锚点水平向右移动，直到形成与现有三角形对称的图形，松开鼠标。

（6）设置图形大小和位置。同前述图形的设置方法一样，将三角形设置为高 8 厘米、宽 1 厘米（高度约为幻灯片高度的二分之一，宽度可以不断微调，直到与平行四边形斜边平行）。将该图形放置在幻灯片右下角，直角边与幻灯片右下直角边重合。

图 15-12　插入三角形

（7）设置三角形颜色和边框。同设置青绿色平行四边形的颜色和边框的步骤（4）和步骤（6），颜色也一致（即 RGB 值为 25、133、156）。

（8）选择该三角形，按【Ctrl＋D】组合键生成一个新的三角形，将新的三角形填充色设置为白色，并用键盘方向键调整两个三角形至重合。然后，选择白色三角形，按住【Ctrl】键，敲击向右方向键，直到两个三角形错开的距离约与前述直线的线型宽度相等（约 10磅），此时效果如图 15-12 所示。

4. 插入数字内容的文本框

（1）插入文本框。单击"插入"选项卡"文本"分组的"文本框"按钮，选中"横排文本框"，在幻灯片空白处拖动鼠标形成矩形文本框。

（2）设置文字。在文本框中输入数字"1"，设置字体"Broadway"，字号 72，倾斜，加下划线，字体颜色为"白色，背景 1，深色 5％"。

（3）设置文本框位置。拖动该文本框，将它放置于"平行四边形-数字背景"对象之上，水平方向在平行四边形中间，文本框底部在垂直方向离幻灯片顶端约 1/3 幻灯片的高度，如图 15-13 所示。

（4）选中以上"文本框-1"，按【Ctrl】键，沿着"平行四边形-数字背景"的斜边，向下拖动到约离幻灯片顶端 2/3 幻灯片高度处，释放鼠标后释放【Ctrl】键。将新的文本框内容修改为数字"2"，如图 15-14 所示。

5. 插入文本内容的文本框

（1）插入文本框。同前述数字内容文本框的插入步骤（1）。

（2）设置文字。在文本框中输入文字"地理位置"，设置字体为微软雅黑，字号 28。

（3）复制对象。选中"文本框-地理位置"对象，运用复制和粘贴，生成一个新的文本框，内容设置为"校园校区"。

（4）设置文本框位置。在水平方向上，将文字"地理位置"和"校园校区"所在的文本框分别与数字"1"和"2"所在的文本框对齐，垂直方向上与"平行四边形-数字背景"的斜边大约平行，如图 15-15 所示。

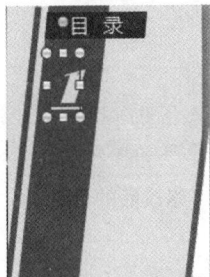

图 15-13　插入"文本框-1"　　图 15-14　插入数字文本框　　图 15-15　插入文字文本框

15.3.5　设计演示文稿母版

从第三张幻灯片开始需要设计统一的风格来显示校园的内容，因此，考虑使用幻灯片母版来设计统一的外观。

1. 修改和设计母版

（1）打开母版视图。在"视图"选项卡内，单击"母版视图"分组中的"幻灯片母版"按钮，打开如图 15-16 所示的幻灯片母版视图。

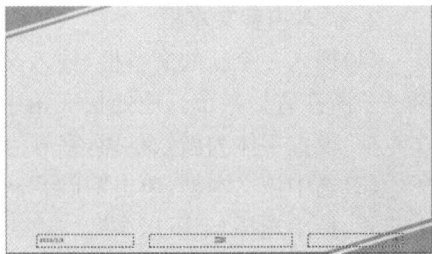

（2）修改母版幻灯片。在左边的幻灯片版式窗格中，将多余的版式删除，剩下"空白""仅标题"版式。

图 15-16　母版视图

（3）选择"仅标题"版式，在幻灯片编辑区中，删除原来的占位符。插入"直角三角形"形状，拖动锚点调整，使得其直角与幻灯片左上角重合。设置宽度为 10 厘米、高度为 3 厘米；设置填充色为"主题颜色"的"白色，背景 1，深色 5%"；设置形状轮廓为"无轮廓"。

（4）插入直线形状。插入和设置步骤如前述直线的步骤。此处，通过拖动直线的两端锚点，使得直线与三角形斜边平行，与斜边的距离约 4 毫米，并且穿过三角形。

图 15-17　插入三角形和直线

（5）设置直线格式。设置线条颜色为"主题颜色"的"白色，背景 1，深色 5%"，线条的线型宽度为 5 磅。

（6）重复步骤（1）到（5）（或复制以上制作的图形），在幻灯片的右下角设计对称的图形，如图 15-17 所示。

（7）插入椭圆形状。插入一个椭圆图形，设置高度和宽度都是 2.3 厘米，填充颜色的

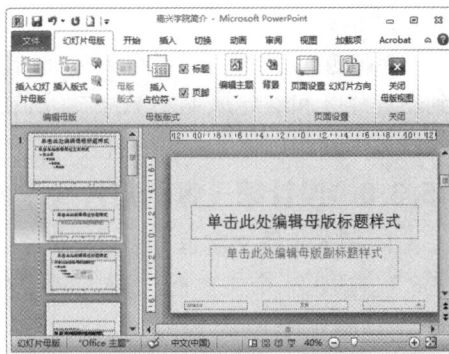

RGB 值为 25、133、156,轮廓线条宽度为 3 磅,轮廓颜色为"白色,背景 1,深色 5％"。

(8)插入数字编号。选中该椭圆形,输入数字"1",将字体设置为"Broadway",字号为 54,颜色为白色。

(9)在左边幻灯片版式窗格中,复制由步骤(3)到步骤(8)设计好的"仅标题"版式,粘贴在该版式下方,并将数字"1"修改为数字"2",如图 15-18 所示。单击"关闭母版视图"按钮,关闭母版视图。

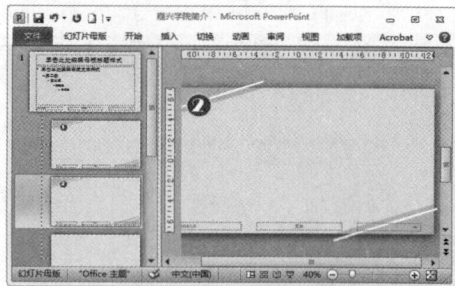

图 15-18　修改后的母版

2. 运用设计的母版

在幻灯片版式窗格中,选中幻灯片 3,单击"开始"选项卡"幻灯片"分组中的"版式"按钮,在弹出的"Office 主题"窗口中选择数字"1"所在的版式,如图 15-19 所示。

按同样的步骤,将数字"1"所在的版式运用到幻灯片 3 和幻灯片 4,将数字"2"所在的幻灯片版式运用到幻灯片 5。

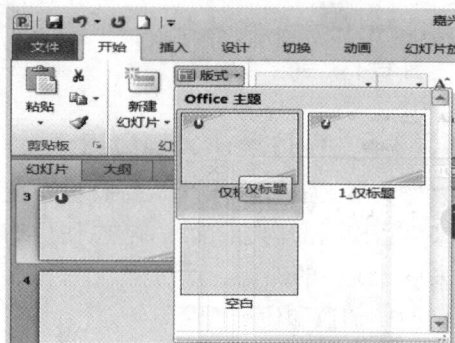

图 15-19　运用设计的母版版式

15.3.6　设计第三张幻灯片

1. 插入标题文字框

(1)插入一个文本框,输入标题文字"地理位置",字体为微软雅黑,字号为 30,颜色为青绿,即颜色的 RGB 值为 25、133、156。

(2)设置标题文字文本框的位置。将该文本框放置于数字"1"右侧,水平方向上与数字对齐。

2. 插入内容文本框

(1)插入一个新的文本框,输入文字内容"学校校址位于闻名遐迩的革命圣地南湖之畔——浙江省嘉兴市。地处长三角中心的杭嘉湖平原,毗邻上海、杭州、苏州。"。选中该文本框,设置字体为微软雅黑,字号为.33,颜色为黑色。

(2)选中该文本框,单击"开始"→"绘图"→"排列"→"对齐",选中"左右居中",重复以上步骤,最后选择"上下居中"。

3. 插入直线

(1)同第二张幻灯片中插入直线的步骤一样,右键单击该直线,在弹出的菜单中选择"设置形状格式",打开如图 15-20 所示的"设置形状格式"对话框。

(2)单击"线条颜色",设置直线的颜色为青绿色(即 RGB 值为 25、133、156)。单击"线型"设置直线宽度为 5 磅,复合类型为"从粗到细"。单击"大小",设置直线的宽度为 19.5 厘米。

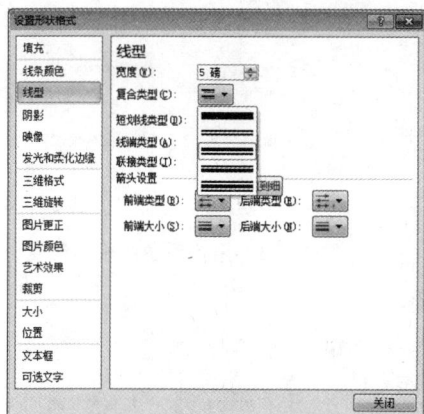

图 15-20　"设置形状格式"对话框

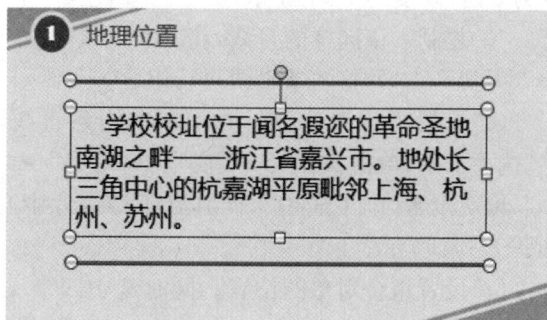

图 15-21　设计的第三张幻灯片

（3）将该直线放置于第二个插入的文本框之上，垂直方向上与文本框居中对齐，距离文本框顶端 5～6 毫米。

（4）复制以上插入的直线，拖动直线的端点，将该直线进行翻转（即复合直线的细线条在上），放置于文本框下面，垂直方向上与文本框居中对齐，与文本框间距为 5～6 毫米。

（5）将内容文本框和两条直线同时选中，单击"开始"→"绘图"→"排列"→"对齐"，选中"纵向分布"，如图 15-21 所示。

15.3.7　设计第四张幻灯片

1. 插入标题文本框

（1）复制第三张幻灯片的标题文本框，粘贴到本张幻灯片中，修改粘贴过来的幻灯片的文字为"校园校区——四个校区"。

（2）将该文本框放置于数字"1"的右侧，水平方向上与数字对齐。

2. 插入四个椭圆形状和四个文本框

（1）插入椭圆。插入一个椭圆形状，设置高度和宽度都是 1.6 厘米，填充色为青绿（即 RGB 值为 25、133、156），轮廓线条宽度为 3 磅，轮廓颜色为"白色，背景 1，深色 5%"。

（2）插入数字。选中椭圆，输入数字"1"，将字体设为华文隶书，字号为 32，颜色为白色。

图 15-22　组合对象

（3）插入文本框。插入文本框，输入文字"越秀校区"，设置字体为华文隶书，字号为 32。将椭圆与文本框水平对齐，间距 7 毫米左右。同时选中两个对象，右键单击任意一个对象，在弹出的快捷菜单中单击"组合"→"组合"，如图 15-22 所示。

（4）复制组合对象。选择步骤（3）中的组合对象，按住【Ctrl】键，拖动鼠标到正下方，离幻灯片底部约 1/3 幻灯片高度处释放，将数字修改"3"，文字修改为"南湖校区"。执行同样的操作，继续产生新的两个组合对象，分别将数字改为"2"和"4"，对应的文字为"梁林校区"和"平湖校区"。四个组合对象的相对摆放位置如图 15-23 所示。注意相应组合在水平方向和垂直方向对齐。

(5)十字架组合。插入一条直线形状,设置直线宽度为3磅,高度为1.67厘米,颜色为"白色,背景1,深色35%"。复制一条同样的直线,将两条直线垂直交叉,中心点为交叉点,并将两条直线进行组合。

(6)设置十字架位置。同时选中两条直线,在"开始"选项卡下,单击"绘图"→"排列"→"对齐"→"左右居中",再次设置"上下居中",使其处于幻灯片中心位置,如图15-24所示。

(7)设置组合对象的位置。同时选中四个文本框组合对象,运用键盘方向键,以十字架(直线组合)为中心进行位置的调整。"越秀校区"组合的位置为离幻灯片顶端约1/3幻灯片高度处。

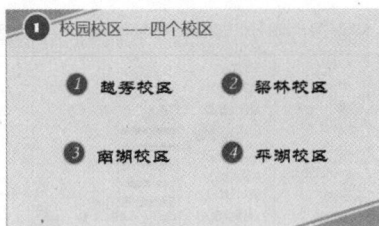

图15-23 组合对象的相对位置

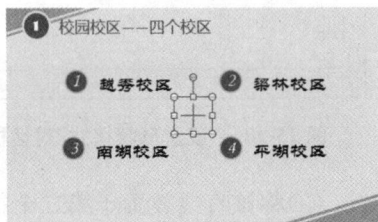

图15-24 十字架位置

15.3.8 设计第五张幻灯片

1. 插入标题文本框

(1)复制第四张幻灯片的标题文本框,粘贴到本张幻灯片中,修改其文本内容为"校园校区——校园随景"。

(2)将该文本框放置于数字"2"的右侧,水平方向上与数字对齐。

2. 插入三张图片和三个平行四边形形状

(1)插入图片。同首页幻灯片插入图片的步骤,选择一张准备好的图片(如校训石图片)。

(2)设置图片。右键单击该图片,选择"设置图片格式"命令,打开"设置图片格式"对话框,如图15-6所示。在"大小"窗口中,将"缩放比例"中的"锁定纵横比"取消勾选,然后设置高度为5厘米、宽度为6厘米,单击"关闭"按钮。双击该图片,在"格式"选项卡内的"图片样式"分组中选择"柔化边缘椭圆"样式,如图15-25所示。

(3)重复以上两个步骤,插入设计好的两张图片,其他设置都和第一张图片一致。

(4)插入三个平行四边形形状。设置高度为1厘米、宽度为6厘米,形状轮廓为"无轮廓",填充色为青绿色(即RGB值为25、133、156)。输入文字分别为"校训""越秀电教"和"梁林体育馆"。字体格式为华文隶书,字号24,字体颜色为白色。

(5)将第一个校训石图片与"校训"平行四边形对象在垂直方向上对齐(用鼠标拖动,中心线互相对齐),如图15-26所示。同时选中这两个对象进行组合操作。

(6)执行同样的操作,将另外的两张图片和平行四

图15-25 "柔化边缘椭圆"效果

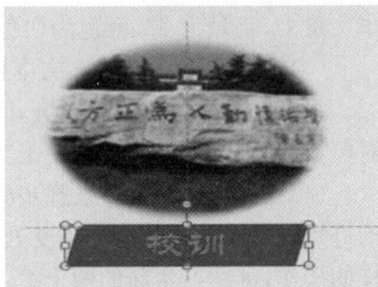

图15-26 对齐椭圆和平行四边形

边形根据相同的内容对齐和组合。

(7)设置组合对象位置。将"越秀电教"组合对象置于幻灯片中心(对齐方法参考第四张幻灯片中"十字架"对象的步骤),将"校训"组合置于"越秀电教"组合的左侧,将"梁林体育馆"组合置于"越秀电教"组合的右侧。三个组合以各自的平行四边形底边为基准水平对齐,如图 15-27 所示,组合对象之间设置适当的间距,以不拥挤为原则(可考虑间距约为组合对象宽度的 1/4 长度)。

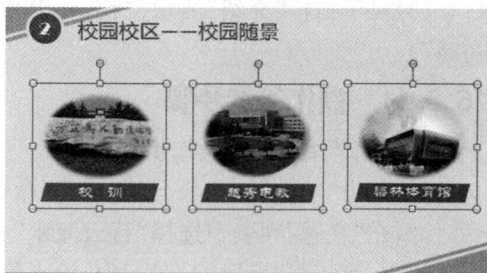

图 15-27　组合对象的相对位置

(8)将前面三个组合对象取消组合。

15.3.9　设计第六张幻灯片

1. 插入封面图片

单击"插入"选项卡中"图像"分组中的"图片"按钮,弹出"插入图片"对话框,如图 15-3 所示,选择前期收集好的图片文件"嘉兴学院正门航拍.jpg",单击"插入"按钮。

2. 调整图片

用鼠标拖动图片上的锚点(图片边缘 8 个白色的圆点,绿色圆点是旋转点),调整其大小,达到与幻灯片重合或覆盖。

3. 插入文本框

插入一个文本框,输入文字"谢谢",设置文字的字体为微软雅黑,字号为 86,颜色为蓝色,添加下划线。选中该文本框,在"开始"选项卡内的"绘图"中点击"排列"按钮,在弹出的窗口中选择"对齐"→"左右居中",然后重复一次对齐操作,选择"上下居中"。最后,用键盘方向键将文本框向上微调约 5 毫米(使得蓝色文字和背景图片中的蓝色不重合),如图 15-28 所示。

图 15-28　文字和背景全貌

至此,该静态演示文稿设计完毕。

15.3.10　操作与练习

(1)采用"行云流水"主题创建一篇用于自我介绍的演示文稿,演示文稿由三张幻灯片组成。第一张幻灯片版式为"标题幻灯片",其中标题幻灯片的标题为"自我介绍";第二张幻灯片采用"垂直排列标题和文本"版式,主要介绍个人基本信息(姓名、性别、年龄、班级等);第三张幻灯片采用"两栏内容"版式,分别介绍自己的优、缺点。以"自我介绍.pptx"为文件名保存在 D 盘根目录中。

(2)对于"自我介绍"演示文稿,将其中的第一张幻灯片的主题设为"华丽",其余幻灯片的主题设为"都市"。

(3)对于"自我介绍"演示文稿,将其中的第三张幻灯片的背景填充效果设置为"雨后初晴"。

15.3.11 操作参考步骤

1. 操作与练习(1)操作步骤

(1)单击"文件"选项卡下的"新建"命令按钮,打开"新建演示文稿"任务窗格。

(2)在"主题"列表中选择"行云流水"主题,单击"创建"按钮。

(3)在第一张"标题幻灯片"中,输入幻灯片的标题"自我介绍"。

(4)在"开始"选项卡中单击"新建幻灯片"按钮的下部,然后从弹出的版式列表中选择"垂直排列标题和文本"版式,在幻灯片中输入个人基本信息(姓名、性别、年龄、班级等)。

(5)在"开始"选项卡中单击"新建幻灯片"按钮的下部,然后从弹出的版式列表中选择"两栏内容"版式,在幻灯片中输入自己的优缺点。

(6)单击"文件"选项卡下的"保存"命令按钮,将演示文稿以"自我介绍"为文件名保存在 D 盘根目录中,保存类型为"PowerPoint 演示文稿"。

2. 操作与练习(2)操作步骤

(1)单击"设计"选项卡,在幻灯片功能区切换到"设计"功能区。

(2)选择第一张幻灯片,在"主题"功能区中找到"华丽"主题,查找时只要将鼠标移动到某张主题上就会出现该主题的名称。

(3)鼠标右击"华丽"主题,在弹出的快捷菜单中选择"应用于选定幻灯片",将该主题应用于第一张幻灯片。注意此时不要直接单击"华丽"主题,或在出现的下拉菜单中选择"应用于所有幻灯片",否则会将"华丽"主题应用到所有幻灯片上。

(4)选择除第一张幻灯片外的其他幻灯片,找到"都市"主题,鼠标右击"都市"主题,在弹出的快捷菜单中选择"应用于选定幻灯片",将"都市"主题应用于除第一张幻灯片外的所有幻灯片上。

3. 操作与练习(3)操作步骤

(1)选中第三张幻灯片,在"设计"选项卡下的"背景"分组中,单击"背景样式",在弹出的下拉列表中选择"设置背景格式",打开"设置背景格式"对话框,如图 15-2 所示。

(2)在"填充"选项卡中选择"渐变填充"单选按钮,在"预设颜色"的下拉列表中选择"雨后初晴",单击"关闭"按钮将"雨后初晴"背景应用到第三张幻灯片上。

实验 16　演示文稿动画设计

16.1　实验目的

(1)掌握常用的幻灯片动画设计方法。
(2)了解合理设计和运用动画效果的方法。
(3)掌握幻灯片的切换方法。
(4)掌握幻灯片的放映方法。
(5)掌握文字的超链接设置方法。

16.2　实验内容

(1)设置所有幻灯片的切换效果。
(2)设置不同对象的动画效果。
(3)设置文字超链接。
(4)设置幻灯片放映。

16.3　实验操作步骤

本实验介绍一个完整的演示文稿的动画设计过程,以实验 15 中制作的静态演示文稿"嘉兴学院简介.pptx"为设计对象。读者也可以根据喜好自行修改动画的设置。

16.3.1　首页动画的设计

1. 设计所有幻灯片切换动画

(1)设定切换效果。在普通视图的左边幻灯片窗格中,按【Ctrl+A】组合键全选所有幻灯片。

(2)打开"切换"选项卡,在"切换到此幻灯片"分组中单击"擦除"按钮,如图 16-1 所示。单击"效果选项"按钮,在弹出的窗口中选择"自右侧"。

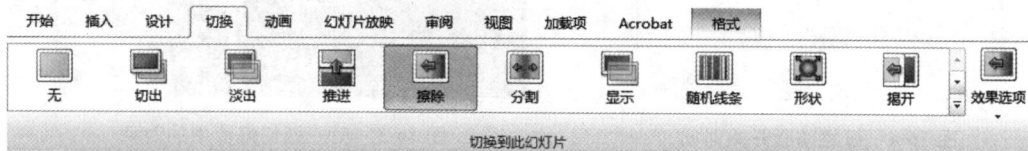

图 16-1　"切换到此幻灯片"分组

2. 设计首页图片的动画

(1)添加进入效果。选定学校大门图片,打开"动画"选项卡,在"高级动画"分组中单击"添加动画"按钮,在弹出的窗口中选择"淡出",如图 16-2 所示。

图 16-2　"淡出"效果

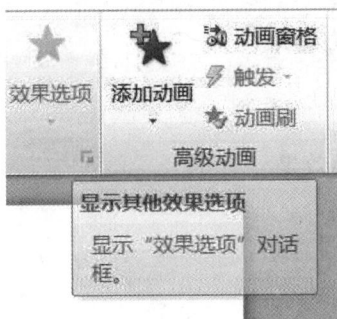

图 16-3　"效果选项"按钮

（2）设置动画开始时间。单击"效果选项"按钮右下侧的下拉按钮，如图 16-3 所示，打开"淡出"对话框。单击"计时"标签，在"开始"一栏的下拉列表中选择"与上一动画同时"，其余默认，如图 16-4 所示。

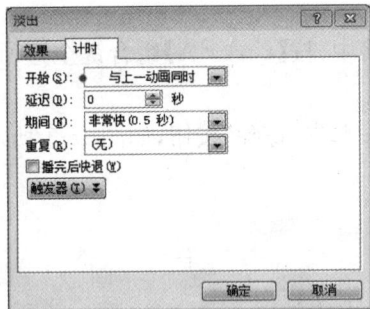

图 16-4　设置动画开始时间

图 16-5　第二张幻灯片中的对象

16.3.2　第二张幻灯片的动画设计

第二张幻灯片如图 16-5 所示，首先打开"选择和可见性"窗格，便于根据对象的名字来阐述对象的动作以及精准选择需要设计动画的对象。

打开"选择和可见性"窗格的方法：在"开始"选项卡下的"绘图"分组中单击"排列"按钮，在弹出的菜单中单击"选择窗格"按钮，如图 16-6 所示，打开如图 16-7 所示的"选择和可见性"窗格，在该窗格中，双击每个对象的名称，根据内容进行相应的修改。

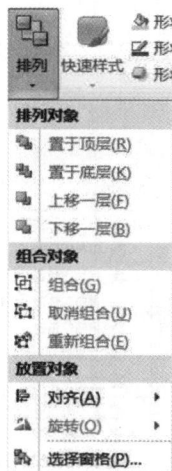

图 16-6　"选择窗格"按钮　　　　　**图 16-7　"选择和可见性"窗格**

1. 为图片添加动画

（1）选中对象。在"选择和可见性"窗格中选"Picture-校园"对象（或直接在幻灯片中选中左边的校园图片）。

（2）添加动画。选择"动画"选项卡内"动画"分组中绿色的"擦除"按钮，单击"效果选项"按钮，选择"自左侧"。

2. 为直接连接符、平行四边形、三角形添加动画

（1）选中对象。在"选择和可见性"窗格中，单击对象右边的"眼睛"按钮，可以实现隐藏和显示对象的功能。如图 16-8 所示，隐藏当前不需要的对象。按住【Ctrl】键，用鼠标左键单击四个对象，将显示的四个对象（直"接连接符-蓝色""直角三角形-白色""直角三角形-蓝色"和"平行四边形-数字背景"）全部选中。

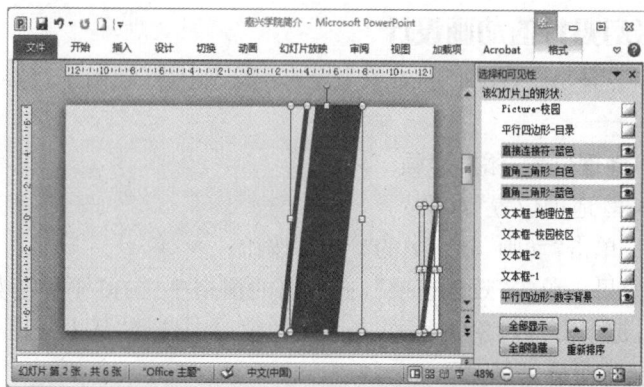

图 16-8　隐藏多余对象

（2）添加动画。选择"动画"选项卡内"动画"分组中绿色的"擦除"按钮，单击"效果选项"按钮，选择"自左侧"。

（3）设置动画效果为"与上一动画同时"。

3. 为数字添加动画

(1)选中对象。与前述步骤类似,在"选择和可见性"窗格中,依次选中"文本框-1"和"文本框-2"两个对象。

(2)添加动画。与前述步骤类似,在"动画"分组中单击绿色"随机线条"按钮。

(3)动画设置。打开"文本框-1"中"效果选项"的"计时"标签,在"开始"一栏的下拉列表中选择"上一动画之后",将"文本框-2"的"开始"列表设置为"与上一动画同时"。

4. 为带文字的文本框添加动画

(1)选中对象。在"选择和可见性"窗格中,按住【Ctrl】键,用鼠标左键单击两个对象:"文本框-校园校区"和"文本框-地理位置"(实现同时选中)。

(2)添加动画。在"动画"分组中单击绿色"飞入"按钮。

(3)设置动画效果。同时选中两个对象,单击"动画"分组中的"效果选项"按钮,如图 16-3 所示。在弹出的对话框中,将"效果"标签内的"方向"设置为"自右侧",在"计时"标签内设置"开始"列表为"与上一动画同时"。

5. 为文字"目录"文本框添加动画

(1)选中对象。在幻灯片中直接选中文字"目录"所在的文本框。

(2)添加动画。在"动画"分组中单击绿色"劈裂"按钮。

(3)设置动画效果。单击"动画"分组中的"效果选项"按钮,如图 16-3 所示。在弹出的对话框中,将"效果"标签内的"方向"设置为"左右向中央收缩",在"劈裂"对话框中的"计时"标签内,设置"开始"列表为"上一动画之后"。

(4)所有动画的顺序如图 16-9 所示。

图 16-9 动画顺序

16.3.3 第三张幻灯片的动画设计

第三张幻灯片中需要设置动画的对象主要有两个文本框和两个直接连接符,如图 16-10 所示。

1. 为"文本框-地理位置"添加动画

(1)选择"文本框-地理位置"对象。

(2)添加动画。单击"动画"分组中的"浮入"按钮。

(3)设置动画效果。单击"效果选项",在弹出的窗格中选择"下浮",如图 16-11 所示。在"动画窗格"中右键单击该对象的动画,在弹出的窗口中选择"从上一项开始"。

2. 为直线连接符对象添加动画

(1)添加动画。选中"直线连接符上",添加动画效果为"擦除",方向为"自左侧"。对"直线连接符下"添加相同的"擦除"动画,但方向为"自右侧"。

(2)设置动画时间。在"动画窗格"中,右键单击"直线连接符上",选择"从上一项之后开始",如图 16-12 所示。以同样的步骤为"直线连接符下"设置为"从上一项开始"。

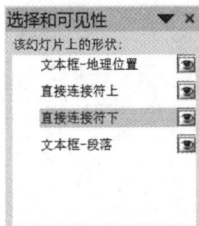

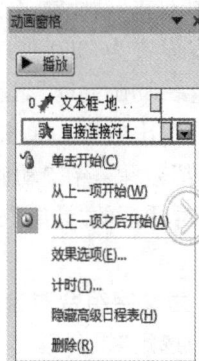

图 16-10   四个对象   图 16-11   "下浮"效果   图 16-12   播放时间顺序

3. 为"文本框-段落"对象添加动画

(1)选定文本框,添加进入动画为"淡出"。在"动画窗格"中右键单击"文本框-段落",选择"从上一项之后开始"。

(2)添加强调效果。单击"添加动画"按钮,在打开的窗口中选择"强调"动画窗格内的"画笔颜色"按钮。

(3)单击"效果选项"按钮,打开"主题颜色"对话框,选择画笔颜色为绿色。

16.3.4   第四张幻灯片的动画设计

第四张幻灯片中的组合对象较多,动画的设置对象都为组合对象,如图 16-13 所示,共有一个文本框和五个组合对象。

1. 为"文本框-标题"对象添加动画

和上一张幻灯片中的"文本框-地理位置"对象操作完全相同。

2. 为组合对象添加动画

(1)选定对象。在"选择和可见性"窗格中用【Ctrl】键选择"组合越秀"和"组合南湖"对象。

(2)设置动画。添加进入动画为"飞入","效果选项"为"自左侧"。在"动画窗格"中,右键单击"组合越秀"对象,选择"从上一项之后开始"。以同样的步骤将"组合南湖"对象设置为"从上一项开始"。

图 16-13   动画对象

(3)同样设置"组合梁林"和"组合平湖"的动画为"飞入",效果为"自右侧";动画播放的时间顺序都为"从上一项开始"。

3. 为十字线添加动画

(1)选定对象。单击"组合-十字线"对象,单击"添加动画"按钮,在弹出的窗口中选择"更多进入效果…",打开"添加进入效果"对话框,选择"回旋"效果,如图 16-14 所示。在"动画窗格"中,右键单击"组合-十字线"对象,选择"从上一项之后开始"。单击"动画"分组中的"效果选项"按钮,如图 16-3 所示。在弹出的对话框中,选择"计时"标签,将"期间"列表设置为"快速(1 秒)"。

(2)添加强调动画。单击"添加动画"按钮,选择"强调"动画组的"陀螺旋"。在"动画

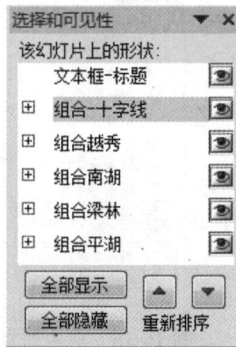

145

窗格"中双击该对象名字,在打开的"陀螺旋"对话框中,将"数量"列表设置为"360°逆时针",在"计时"标签中设置"开始"列表为"与上一动画同时",设置"重复"列表为"3"。

(3)退出效果。单击"添加动画"按钮,选择"退出"动画组中的"旋转"效果。在"动画窗格"中,双击该对象名字,在打开的"旋转"对话框的"计时"标签中,设置"开始"列表为"上一动画之后"。

4. 为文字组合对象添加退出动画

(1)选定"组合越秀"和"组合南湖"对象。单击"添加动画"按钮,选择"退出"动画组中的"浮出"效果。单击"效果选项"按钮,选择"下浮"。

(2)对"组合梁林"和"组合平湖"对象进行以上同样的动画设置,方向设定为"上浮"。

图 16-14 "回旋"效果

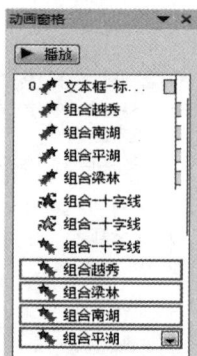

(3)在"动画窗格"中,同时选定以上四个组合的退出动画项(按住【Shift】键,用鼠标点击第一项和第四项),如图 16-15 所示,用右键单击四项中的任意一项,在弹出的快捷菜单中选择"从上一项开始"。

以上动画设置完毕后,我们可以看到如图 16-16 所示的动画内容。

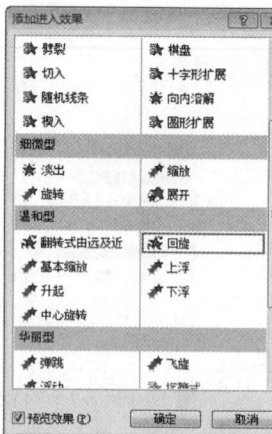

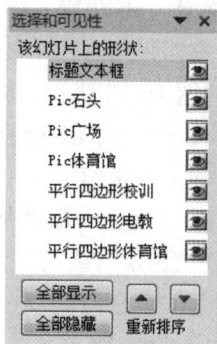

图 16-15 选中对象　　　　图 16-16 动画内容　　　　图 16-17 幻灯片对象

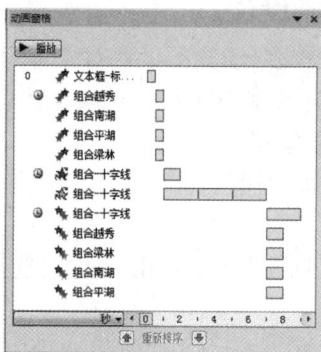

16.3.5 第五张幻灯片的动画设计

第五张幻灯片的对象有七个,对象的名字根据幻灯片内的内容已在"选择和可见性"窗格中做相应的修改,如图 16-17 所示。

1. 为"标题文本框"对象添加动画

添加步骤与第四张中标题文字的动画设置步骤相同。

2. 为图片添加动画

(1)选定对象。同时选中三幅图片(Pic 石头、Pic 广场和 Pic 体育馆三个对象)。

(2)添加进入动画。打开"动画"选项卡,单击"添加动画"按钮,选择进入效果中的"轮子"。

3. 对文字添加动画

（1）选定对象。选中三个平行四边形（"平行四边形校训""平行四边形电教"和"平行四边形体育馆"三个对象）。

（2）添加动画。在"添加进入效果"对话框中选择"细微型"中的"展开"效果。

4. 设置动画的顺序和时间

（1）选定对象。在"动画窗格"中，选定以上三张图片和三个平行四边形对象，如图 16-18 所示。

（2）设置动画顺序和时间。右键单击其中任意一个对象，在弹出的窗口中选择"从上一项开始"。

（3）取消步骤（2）中的多选状态，右键单击"Pic 石头"对象（不同的操作或许会使对象的顺序有所不同，但必须选择"标题文本框"对象下面的第一个对象），在弹出的窗口中选择"从上一项之后开始"。

图 16-18　动画窗格状态

16.3.6　第六张幻灯片的动画设计

第六张幻灯片中，需要设计动画的对象只有一个文本框对象。其操作步骤如下：选中该文本框对象，单击"动画"选项卡内的"添加动画"按钮，在弹出的"进入"动画效果中选择"缩放"。

16.3.7　设计第二张幻灯片的超链接

添加"地理位置"文本框的超链接，其操作步骤如下。

（1）选中对象。选中"地理位置"文本框边框。

（2）添加超链接。右键单击文本框边框，在弹出的菜单中选择"超链接…"命令，弹出"插入超链接"对话框，如图 16-19 所示。

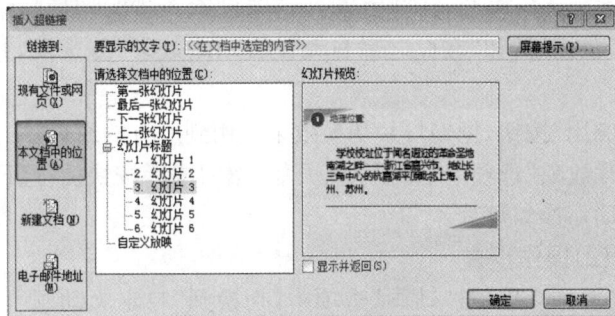

图 16-19　"插入超链接"对话框

（3）选择超链接目标对象。在弹出的"插入超链接"对话框中，点击左边"链接到"窗格中的"本文档中的位置"，选择"幻灯片 3"，点击右下角的"确定"按钮。

（4）按步骤（1）到（3）设置"校园校区"文本框超链接的目标对象为"幻灯片 4"。

至此，我们将整个演示文稿需要设计动画的对象都完成了动画的设计，现在可以完整地播放整个演示文稿，查看效果。如果有需要调整的，可以自行修改和调整。

16.3.8 操作与练习

(1)针对上一个实验建立的"自我介绍.pptx"演示文稿设置幻灯片切换方式。要求:效果为"向上擦除",持续时间为 3 秒;幻灯片的换页方式为单击鼠标或过 2 秒自动播放;在切换时,伴随"风铃"声;应用到所有的幻灯片,观看放映效果。

(2)针对第二张幻灯片,按顺序(即播放时按照①→⑥的顺序播放)设置以下自定义动画效果。

①将标题内容"个人简历"的进入效果设置成"棋盘"。

②将文本内容"姓名"的进入效果设置成"中心旋转",并且在标题内容出现 2 秒后自动开始,而不需要鼠标单击。

③将文本内容"性别"的进入效果设置成"玩具风车",使在放映时从右侧飞入,并伴随着打字机的声音。

④将文本内容"年龄"的强调效果设置成"陀螺旋"。

⑤将文本内容"班级"的动作路径设置成"向左"。

⑥将文本内容"爱好"的退出效果设置成"菱形"。

(3)对第一张和第三张幻灯片进行循环播放。

(4)在第一张幻灯片中,写一个文本"优缺点",单击后,转到第三张幻灯片。

(5)在第三张幻灯片中添加一个自定义动作按钮,要求当单击该按钮时结束放映。

16.3.9 操作参考步骤

1. 操作与练习(1)操作步骤

(1)在 D 盘中双击"自我介绍.pptx",打开该演示文稿。

(2)单击"切换"选项卡,打开"幻灯片切换"功能区,如图 16-1 所示。

(3)在效果列表中选择"擦除"切换动画,在"效果选项"中选择"自底部"效果;在"声音"下拉列表中选择"风铃"声音,在"持续时间"中设置 3 秒的切换持续时间;在"换片方式"区域,选中"单击鼠标时"和"在此之后自动设置动画效果"复选框,并设置自动播放时间为 2 秒。

(4)单击"全部应用"按钮,把幻灯片切换效果应用到所有的幻灯片上。

(5)单击"幻灯片放映"选项卡下的"从头开始"按钮或者按快捷键【F5】,播放期间可以用鼠标点击屏幕手动切换幻灯片。

2. 操作与练习(2)操作步骤

(1)选择第二张幻灯片,单击"动画"选项卡,切换到"自定义动画"功能区。选中标题内容"个人简历",在如图 16-20 所示的"动画窗格"中查找"棋盘"动画效果,如未找到,则单击"动画窗格"右侧的下拉列表,单击"更多进入效果…",打开如图 16-21 所示的"更改进入效果"对话框。在基本型中选择"棋盘"动画效果。

图 16-20　"动画窗格"

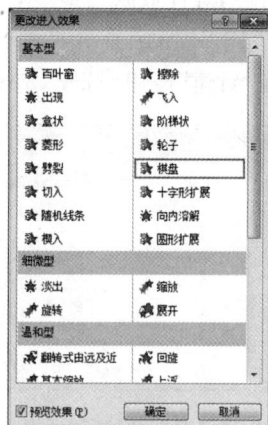

图 16-21　"更改进入效果"对话框

（2）选中文本内容"姓名"，设置"中心旋转"的进入动画效果，操作方法同步骤（1）。在"动画选项卡"中，单击"高级动画"组中的"动画窗格"按钮，打开"动画窗格"。单击动画对象右侧的下拉菜单，在弹出的菜单中选择"计时"命令，打开如图 16-22 所示的"中心旋转"对话框，在"计时"选项卡的"开始"下拉列表中选择"上一动画之后"，在"延迟"微调框中输入 2，单击"确定"按钮。

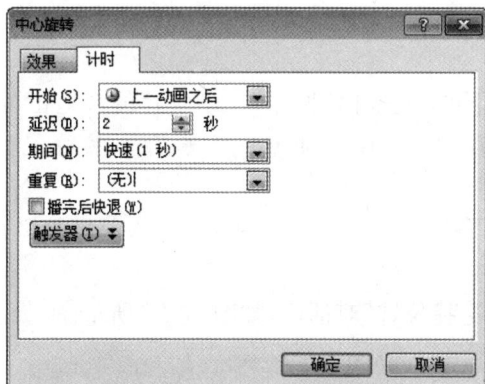

图 16-22　"中心旋转"对话框

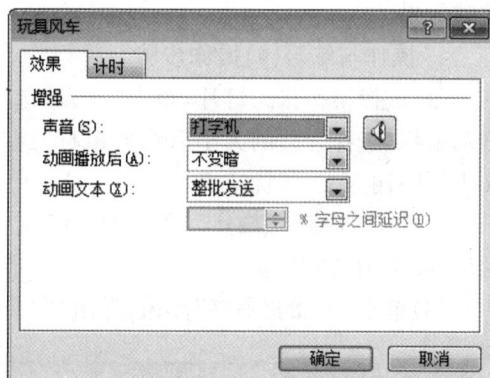

图 16-23　"玩具风车"对话框

（3）选中文本内容"性别"，设置"玩具风车"的进入动画效果。在动画效果列表中选择"性别"，单击列表右边的下拉按钮，在弹出的菜单中选择"效果选项"，打开如图 16-23 所示的"玩具风车"对话框，设置声音为"打字机"，单击"确定"按钮。

（4）添加强调效果。选中"年龄"，单击"高级动画"组中的"添加动画"按钮，在弹出的动画列表中选择强调类型中的"陀螺旋"动画。

（5）添加设置动作路径。选中"班级"，单击"高级动画"组中的"添加动画"按钮，在弹出的动画列表中选择退出类型中的"向左"动画。

(6)设置退出效果。选中"爱好",在"更多退出效果…"中选择"菱形"退出效果。

3. 操作与练习(3)操作步骤

(1)单击"幻灯片放映"选项卡下的"自定义幻灯片放映"命令按钮,打开"自定义放映"对话框,如图 16-24 所示。

(2)单击"新建"按钮,打开"定义自定义放映"对话框,如图 16-25 所示。

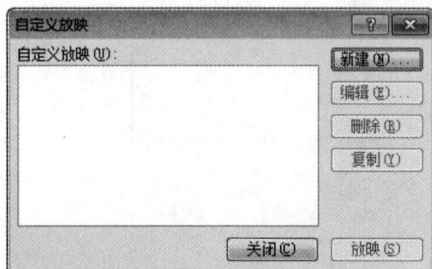

图 16-24 "自定义放映"对话框

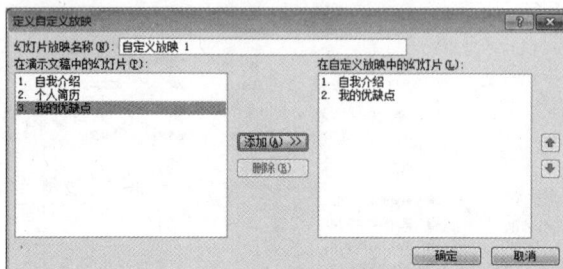

图 16-25 "定义自定义放映"对话框

(3)把"在演示文稿中的幻灯片"中的"自我介绍"和"我的优缺点"依次添加到"在自定义放映中的幻灯片",按"确定"按钮,完成自定义放映的设置。

(4)单击"幻灯片放映"选项卡下的"设置幻灯片放映"按钮,打开"设置放映方式"对话框,在"放映选项"区域中选中"循环放映,按 ESC 键终止",在"幻灯片"区域中选择"自定义放映",在下拉列表中选择刚刚建立的自定义放映,按"确定"按钮完成设置。

(5)单击"幻灯片放映"选项卡下的"从头开始"按钮或者按快捷键【F5】,观看幻灯片的放映效果。

4. 操作与练习(4)操作步骤

(1)选择第一张幻灯片,单击"插入"选项卡下的"文本框"按钮,在幻灯片的合适位置拖动鼠标,选择合适的大小后释放鼠标,这样就在幻灯片中添加了一个文本框,然后在该文本框中输入文字"优缺点"。

(2)选中文字"优缺点",单击"插入"选项卡下的"超链接"按钮,弹出"插入超链接"对话框,如图 16-26 所示。

(3)单击右边的"书签"按钮,弹出"在文档中选择位置"对话框,如图 16-27 所示。

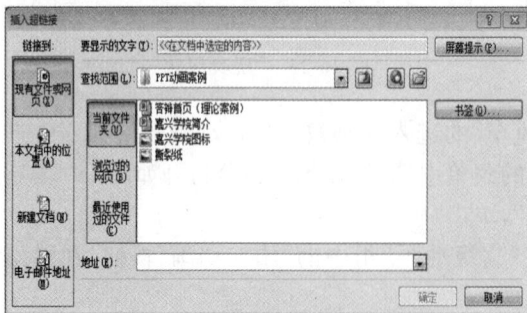

图 16-26 "插入超链接"对话框

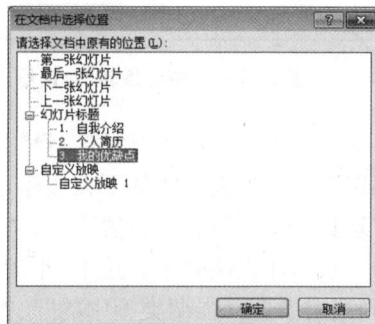

图 16-27 "在文档中选择位置"对话框

（4）选择"3. 我的优缺点"，单击"确定"按钮，返回到"插入超链接"对话框，再单击"确定"按钮完成设置。

（5）单击"幻灯片放映"选项卡下的"从头开始"按钮或者按快捷键【F5】，放映幻灯片。当放映到第一张幻灯片时，单击文本框"优缺点"，观看效果。

5. 操作与练习(5)操作步骤

（1）选择第三张幻灯片，单击"插入"选项卡下的"形状"按钮，在弹出的"形状"库中选择"结束"动作按钮，在幻灯片的合适位置拖动鼠标，选择合适的大小后释放鼠标，这样就在幻灯片中添加了一个动作按钮，自动弹出"动作设置"对话框。

（2）在"单击鼠标时的动作"区域选择链接到"结束放映"，按"确定"按钮完成设置。按【F5】键放映，当放映到第三张幻灯片时，单击动作按钮，观看效果。

（3）单击"文件"选项卡下的"保存"命令按钮，保存演示文稿。

实验 17 PowerPoint 2010 综合练习

17.1 实验目的

(1)掌握幻灯片主题的设置方法。
(2)掌握幻灯片母版基础知识。
(3)掌握幻灯片动画设置的基本方法。
(4)掌握幻灯片超链接的设置方法。
(5)掌握幻灯片播放方式的设置方法。

17.2 实验内容

(1)设置幻灯片主题、母版和动画。
(2)设置幻灯片的超链接。
(3)设置幻灯片播放方式。

17.3 实验操作步骤

17.3.1 操作与练习

演示文稿"PPT 综合练习.pptx"共有五张幻灯片,内容如图 17-1~图 17-5 所示。

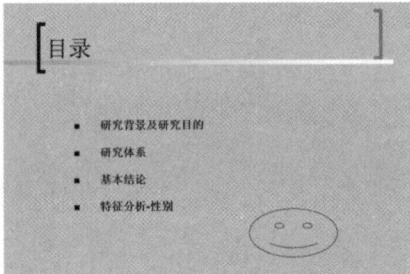

图 17-1 第一张幻灯片内容

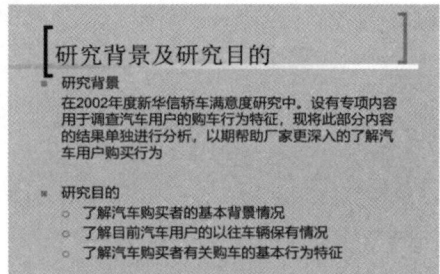

图 17-2 第二张幻灯片内容

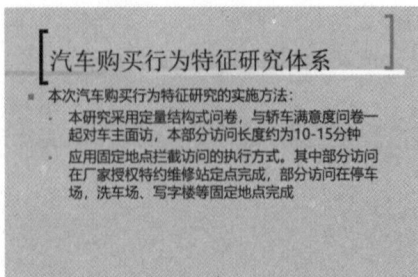

图 17-3 第三张幻灯片内容

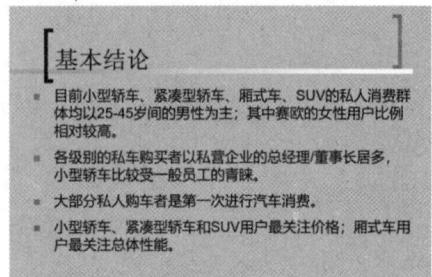

图 17-4 第四张幻灯片内容

操作要求如下。

(1)在第一张幻灯片前插入一张新幻灯片,将幻灯片的版式设置为"标题幻灯片",并输入标题内容"购买汽车行为特征研究"。

(2)将第一张幻灯片的主题设为"波形",其余保持不变。

(3)设置幻灯片母板。对于首页应用标题母板,将标题样式设为"黑体,49 号字"。

(4)在日期区中插入当前日期(格式如"2019年 1 月 2 日星期三"),在页脚中插入文本"购买汽车行为特征研究"并显示幻灯片编号,首页幻灯片的页脚区不显示日期、页脚文字及编号。

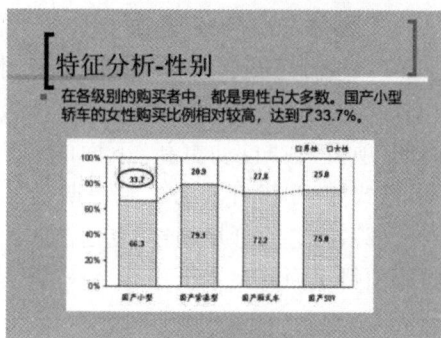

图 17-5　第五张幻灯片内容

(5)在最后一张幻灯片中设置动画,具体如下。

①对正文文本内容设置强调动画效果为"顺时针 720 度中速陀螺旋"。

②对标题内容设置进入动画效果为"向内溶解",持续时间 3 秒。

③对图形对象设置"垂直百叶窗"的进入动画效果。

④调整动画播放顺序,依次为图形对象、正文文本内容、标题。

(6)对第二张幻灯片中的笑脸图案添加超链接,使得单击该对象时能转到倒数第二张幻灯片。

(7)设置幻灯片放映效果为只有前四页幻灯片循环放映。

17.3.2　操作参考步骤

1. 操作与练习(1)～(3)操作步骤

(1)双击打开"PPT 综合练习.pptx"演示文稿,将鼠标插入点定位在普通视图的视图区中第一张幻灯片之前。单击"开始"选项卡中"新建幻灯片"按钮右下角的黑色倒三角形命令按钮,在弹出的下拉菜单中,选择第一种版式,即标题幻灯片版式,如图 17-6 所示。在新插入的标题幻灯片中,输入标题内容"购买汽车行为特征研究"。

(2)在视图区选择第一张幻灯片(即新插入的幻灯片)。单击"设计"选项卡,单击"主题"分组右边的倒黑色三角形"其他"按钮,展开可选主题内容,找到其中的"波形"主题,右键单击"波形"主题图标,在弹出的对话框中选择"应用于选定幻灯片"。

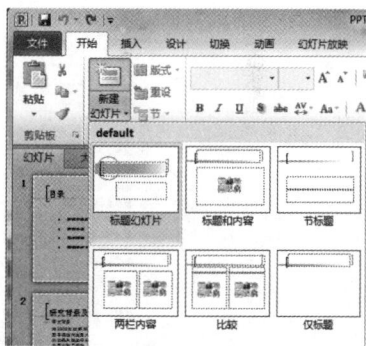

图 17-6　插入点及幻灯片版式

(3)选择第一张幻灯片,单击"视图"选项卡,在"母版视图"分组中单击"幻灯片母版"按钮,出现如图 17-7 所示的幻灯片母版编辑区,选择"单击此处编辑母版标题样式"文字所在的占位符(即文本框);单击"开始"选项卡,在"字体"组中的字体下拉列表中选择"黑体",在字号列表框中输入数字 49,按回车键(即【Enter】键)确认。选择"幻灯片母版"选项卡,单击"关闭"分组中的"关闭母版视图"按钮。

2. 操作与练习(4)操作步骤

(1)选择"插入"选项卡,单击"文本"分组中的"时间和日期"按钮,出现"页眉和页脚"对话框。单击"日期和时间"项目,在"自动更新"下面的列表框中选择一个日期,格式如"2019 年 1 月 2 日星期三"。

(2)勾选"幻灯片编号"复选框。单击"页脚"项目,在页脚项目下面的文本框中输入文字"购买汽车行为特征研究"。

(3)单击"标题幻灯片中不显示"项目,确保以上更改不会影响到标题幻灯片,单击右上角的"全部应用"按钮。

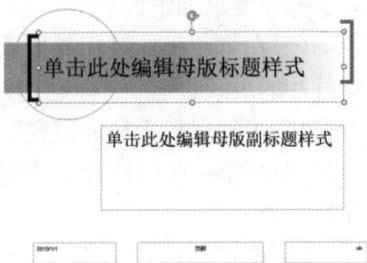

图 17-7 幻灯片母版编辑区

3. 操作与练习(5)操作步骤

(1)在视图区中,选定最后一张幻灯片。在幻灯片编辑区中,选中正文所在的文本框,即"在各级别的购买者中,都是男性……达到了 33.7%。"所在的文本框。

(2)选择"动画"选项卡,在"高级动画"分组中,单击"添加动画"下面的倒立三角形黑色按钮,弹出如图 17-8 所示的"动画效果窗格",单击"强调"组中的"陀螺旋"动画。

(3)单击"高级动画"分组中的"动画窗格",在打开的"动画窗格"中右键单击刚才添加的动画,在弹出的菜单中选择"效果选项",如图 17-9 所示,弹出"陀螺旋"对话框。

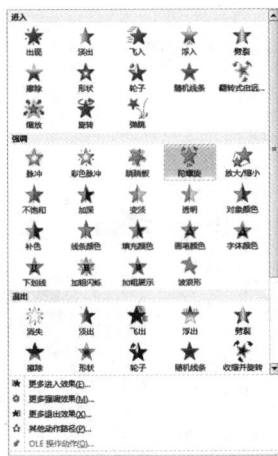

图 17-8 "陀螺旋"动画

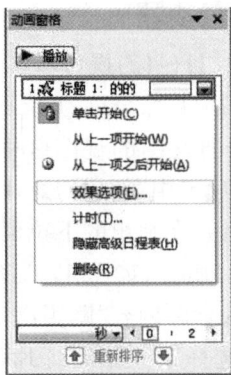

图 17-9 "效果选项"命令

(4)在"陀螺旋"对话框中,在"数量"项目的下拉列表框中选择"旋转两周"。单击"陀螺旋"对话框的"计时"选项卡,在"期间"项目的列表框中选择"中速(2 秒)",单击对话框底部的"确定"按钮。

(5)在幻灯片编辑区中,选中标题文字"特征分析-性别"所在的文本框,在"动画"选项卡下的"高级动画"分组中,单击"添加动画"下的倒立黑色三角形按钮,弹出"动画效果"窗格。选择"更多进入效果…"命令,弹出"添加进入效果"对话框,如图 17-10 所示。在此对话框中选择"基本型"组中的"向内溶解"动画效果。单击底部的"确定"按钮。

(6)在"动画窗格"中,右键单击刚才设置的动画,弹出"向内溶解"对话框,如图 17-11

所示。在"期间"对应的下拉列表中选择"慢速（3 秒）"。

图 17-10　"添加进入效果"对话框　　　　图 17-11　"向内溶解"对话框

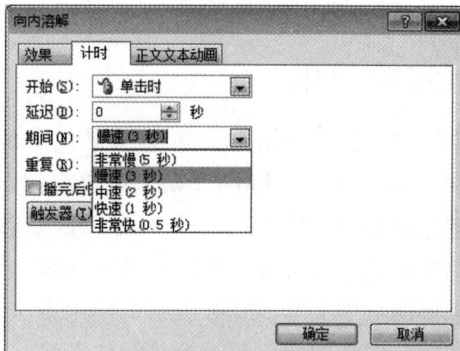

（7）选中最后一张幻灯片中的图片，同以上步骤（5），打开"添加进入效果"对话框，如图 17-10 所示，选择"百叶窗"动画效果。单击底部的"确定"按钮。在"动画窗格"中，单击第三个动画右边的倒立黑色三角形按钮，打开"百叶窗"对话框，在"设置"组中的"方向"项目所对应的下拉列表中，选择"垂直"，单击"百叶窗"对话框底部的"确定"按钮。或直接在"动画"选项卡内的"动画"分组中，单击最右边的"效果选项"按钮，在弹出的列表中选择"垂直"。

（8）在"动画窗格"中，按住鼠标左键选中第三个动画，拖动到第一个动画前，放开鼠标左键，此时将原来第三个动画（图形对象的动画）调整到了第一个动画位置，其他动画依次退后一个播放顺序。

4. 操作与练习(6)、(7)操作步骤

（1）选中第二张幻灯片中的"笑脸"图片，右键单击"笑脸"图片，在弹出的快捷菜单中选择"超链接…"命令，打开"插入超链接"对话框。在对话框中单击"链接到"窗格中的"本文档中的位置"，在"请选择文档中原有的位置"窗格中单击"5. 基本结论"，单击右下角的"确定"按钮。

（2）选择"幻灯片放映"选项卡，单击"设置"分组中的"设置幻灯片放映"，弹出"设置放映方式"对话框，如图 17-12 所示。选择对话框中"放映选项"面板内的"循环播放，按 ESC 键终止"选项。

（3）继续将对话框中"放映幻灯片"面板内的第二个项目设置为"从 1 到 4"，即第一个微调框保持数字 1 不变，在第二个微调框内输入数字 4，单击右下角的"确定"按钮。

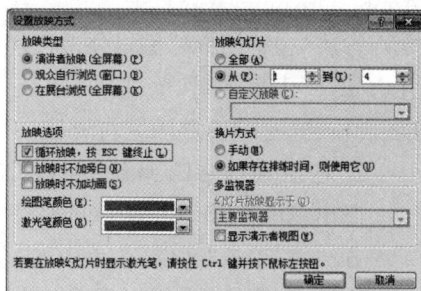

图 17-12　设置幻灯片放映方式

实验 18　站点设计与发布

18.1　实验目的

(1)掌握 Adobe Dreamweaver CS6 的启动与退出。

(2)掌握利用 Adobe Dreamweaver CS6 建立站点的方法。

(3)掌握利用 Adobe Dreamweaver CS6 发布站点的方法。

(4)掌握在 Adobe Dreamweaver CS6 中新建网页和保存网页的方法。

(5)掌握网页中文本、图像、表格的使用方法。

(6)掌握在网页中创建超链接的操作方法。

18.2　实验内容

(1)Adobe Dreamweaver CS6 的启动与退出。

(2)建立网站,在网站中添加所需要的网页。

(3)根据要求设计各网页。

(4)发布网站,浏览测试。

18.3　实验操作步骤

18.3.1　Adobe Dreamweaver CS6 的启动与退出

1. 启动 Adobe Dreamweaver CS6

启动 Adobe Dreamweaver CS6 有以下三种方法。

方法一:单击"开始"菜单,选择"所有程序"子菜单中的"Adobe Dreamweaver CS6"命令,即可启动 Adobe Dreamweaver CS6。

方法二:如果用户要经常使用 Adobe Dreamweaver CS6,可以在桌面上创建 Adobe Dreamweaver CS6 的快捷方式。双击 Adobe Dreamweaver CS6 快捷方式图标,即可启动 Adobe Dreamweaver CS6。

方法三:若用户要编辑修改已经存在的网页,则右击该文件,在弹出的快捷菜单的"打开方式"子菜单中单击"Adobe Dreamweaver CS6"命令按钮,即可启动 Adobe Dreamweaver CS6 并随之打开该文件。

2. 退出 Adobe Dreamweaver CS6

退出 Adobe Dreamweaver CS6 有以下四种方法。

方法一:单击"文件"菜单中的"退出"命令按钮。

方法二:直接按【Alt＋F4】组合键。

方法三:单击 Adobe Dreamweaver CS6 窗口右上角的"关闭"按钮。

方法四:单击窗口左上角的控制按钮,打开 Adobe Dreamweaver CS6 控制菜单,从中选择"关闭"命令或直接双击窗口左上角的 Adobe Dreamweaver CS6 标记。

18.3.2　建立网站并在网站中添加网页

建立网站的基本步骤是先建立网站,在网站中添加需要的网页,然后再逐步设计主页和其他页面。下面以新建由五个网页组成的我的小站"D:\webs\MySite"来加以说明。

1. 新建网站

这里将新建网站"D:\webs\MySite",并添加 images 子文件夹,具体操作步骤如下。

(1)启动 Adobe Dreamweaver CS6,单击"站点"菜单中的"新建站点"命令按钮,弹出"站点设置对象"对话框,如图 18-1 所示。

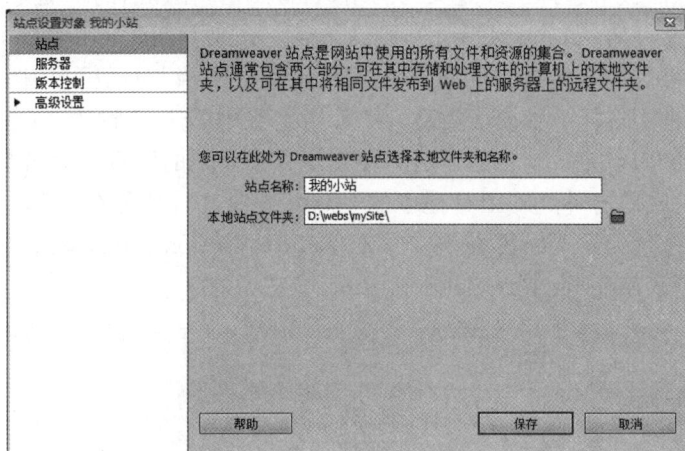

图 18-1　"站点设置对象"对话框

(2)在"站点名称"右边的文本框中填入站点名称"我的小站",在"本地站点文件夹"中填入"D:\webs\mySite"(也可以指定其他位置)后,单击"保存"按钮,就创建了一个新的站点。但是此时网站只是一个空的文件夹,如图 18-2 所示。

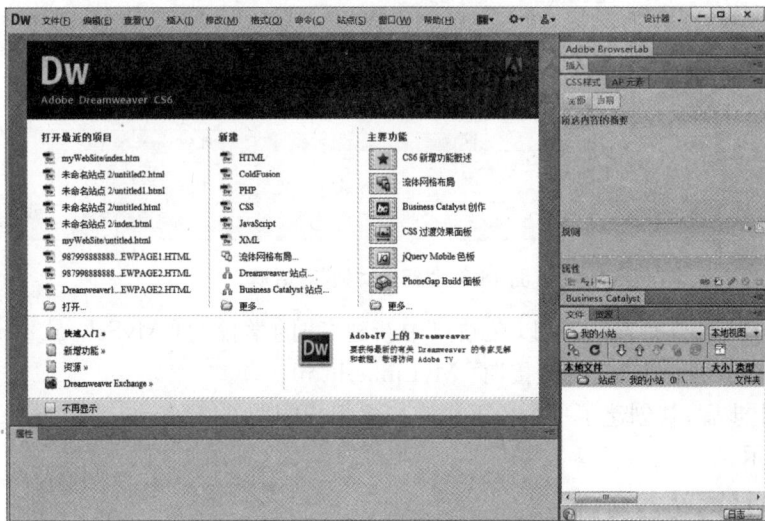

图 18-2　创建了一个新的站点后的效果

(3)在"文件"面板中选择已经定义的网站,右键点击,在弹出的快捷菜单中选择"新建文件夹"命令,在文件夹名称框中输入文件夹名字(如 images),则在站点中添加了子文件夹 images。

2. 在网站中添加网页

这里将在新建的空白网站"D:\webs\MySite"中添加主页 index.html,"个人简介"页 Introduction.html,"我的学校"页 MySchool.html,"我的相册"页 MyAlbums.html 和"我的链接"页 MyLinks.html 五个空白页面。具体操作步骤如下。

(1)在"文件"面板中选择已经定义的网站,右键点击,在弹出的快捷菜单中选择"新建文件"命令,输入文件名(如 index.html),则在站点中添加了主页 index.html。

(2)单击"文件"菜单,选择"新建"命令,弹出"新建文档"对话框,如图 18-3 所示。在"新建文档"对话框中选择一种模板类型,在"页面类型"中选择一种语言(静态页选择 HT-ML),选择相应的布局后单击"创建"按钮,便创建了一个新的网页。单击"文件"菜单中的"保存"命令按钮,或单击"标准"工具栏中的"保存"按钮,弹出"另存为"对话框,如图 18-4 所示。选择保存位置为站点根目录,输入文件名 Introduction.html,单击"保存"按钮,则在站点中添加了"个人简介"页 Introduction.html。

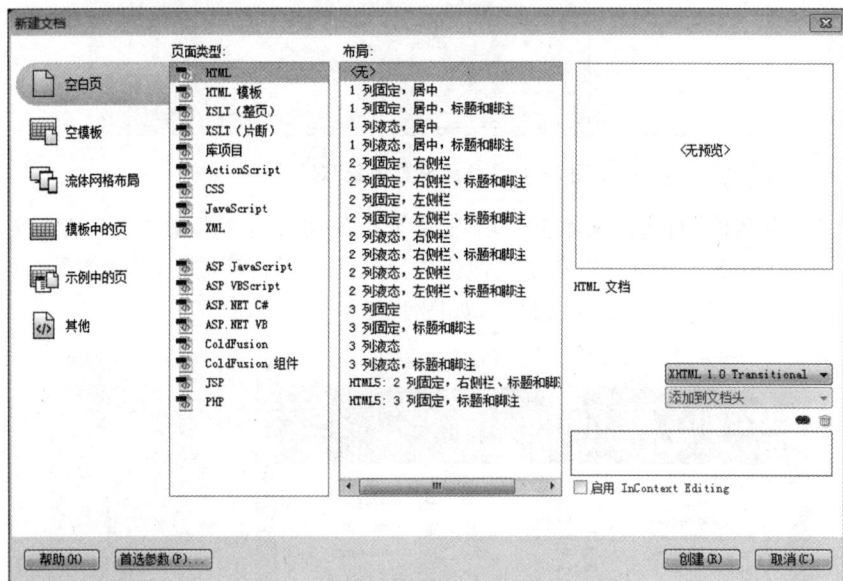

图 18-3 "新建文档"对话框

(3)参照步骤(2)的方法,可以在站点中新建"我的学校"页 MySchool.html、"我的相册"页 MyAlbums.html、"我的链接"页 MyLinks.html。

完成以上步骤,就创建了一个由五个空白页组成的网站"D:\webs\MySite",完成效果如图 18-5 所示。

18.3.3 设计网站各页面

详细设计网站中的页面是创建网站的关键步骤,网页布局是否合理、图片文字搭配是否得当直接关系到网站的表现力好坏,其中主页的设计则更加重要。下面通过主页 index.

html 的设计过程来学习网页设计的基本技能。

图 18-4　"另存为"对话框

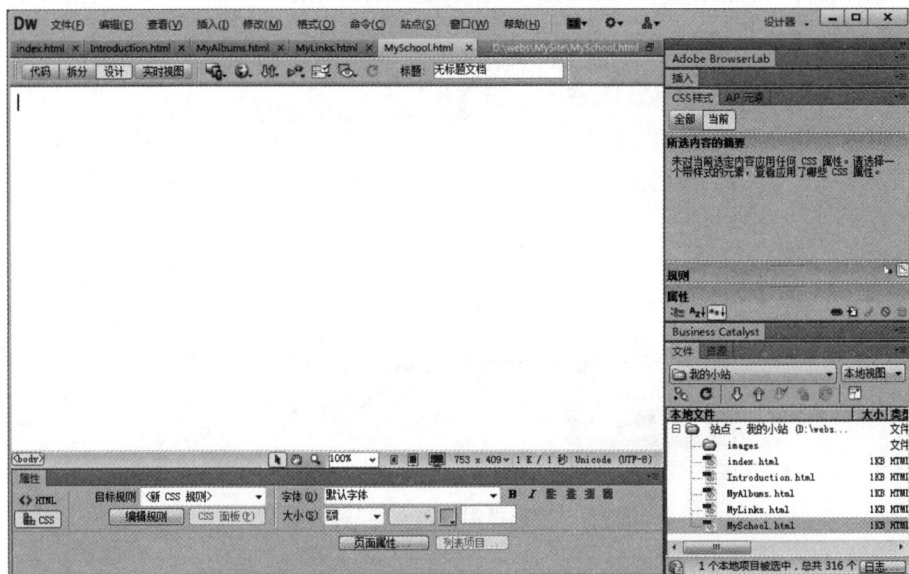

图 18-5　完成了网站架构的网站

1. 设计主页 index.html

主页 index.html 主要包括顶部的网站导航、中部的信息和底部的版权联系信息三部分,效果参见图 18-15 所示。具体操作步骤如下。

(1)修改标题。双击"文件"面板中的 index.html 文件,打开主页。单击"属性"面板中的"页面属性"按钮,打开"页面属性"对话框,选择分类下的"标题/编码"项,将网页的标题修改为"个人小站首页",如图 18-6 所示。

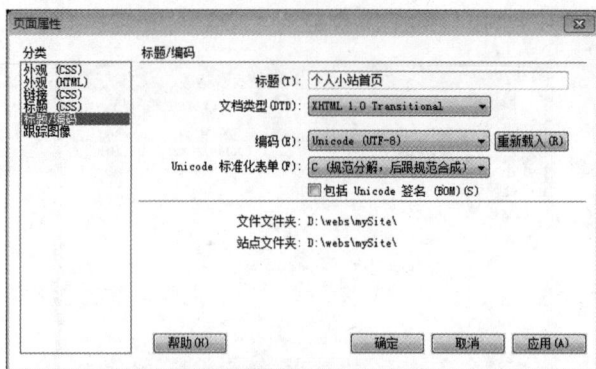

图 18-6 "页面属性"对话框

（2）添加网站 logo 图片。切换到"设计"视图模式，单击"插入"菜单中的"图像"命令按钮，弹出"选择图像源文件"对话框，如图 18-7 所示。选择 images 下的 log.png 文件后单击"确定"，弹出"图像标签辅助功能属性"对话框，如图 18-8 所示。在"替换文本"文本框中填入"log"，"详细说明"中填入"index.html"后单击"确定"按钮，则添加了 logo 图片到主页中。

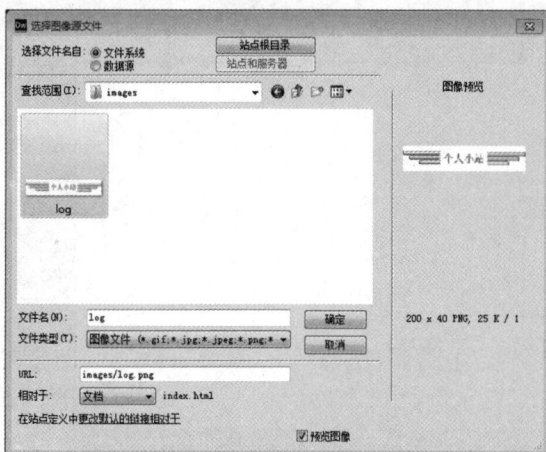

图 18-7 "选择图像源文件"对话框

图 18-8 "图像标签辅助功能属性"对话框

（3）设置图片链接。单击图片，在"属性"面板中的"链接"文本框中填入"index.html"，"目标"列表框中选择"_self"，则为 logo 图片添加了默认链接，如图 18-9 所示。

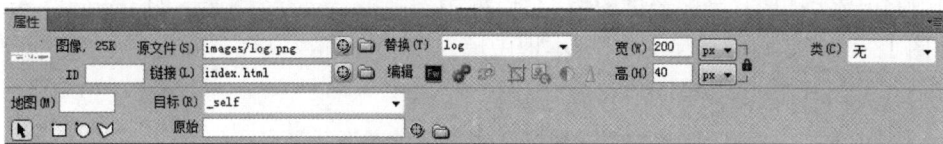

图 18-9　图像属性面板

(4)添加导航栏。在图片右边输入文字"个人简介",选中文字,单击"插入"菜单中的"超级链接"命令按钮,弹出"超级链接"对话框,如图 18-10 所示。在"链接"文本框中填入"Introduction.html","目标"列表框中选择"_self",单击"确定"按钮。采用同样的方法添加其他页面导航按钮。

图 18-10　"超级链接"对话框

(5)设计首页正文。单击"插入"面板中常用组中的"水平线"命令按钮,插入水平线,按【Enter】键后,输入以下文字:

我的网站

我要一个奇迹

我的每一天都是奇迹的发光源

我要创造一个辉煌的明天!

将"我的网站"字体设置为宋体,字号为 16。将其他文字字体设置为隶书,字号为 15。

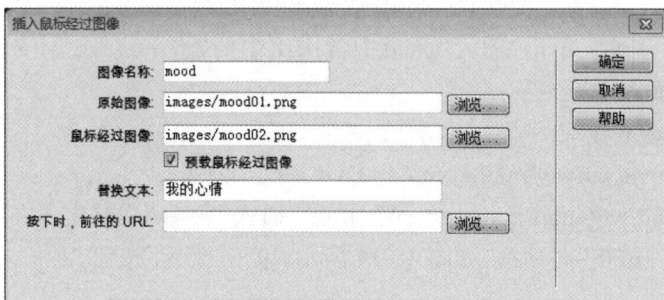

图 18-11　"插入鼠标经过图像"对话框

(6)插入心情图片。输入"我的心情",单击"插入"菜单"图像对象"子菜单中的"鼠标经过图像"命令按钮,则弹出"插入鼠标经过图像"对话框,如图 18-11 所示。在"图像名称"文本框中填入"mood";单击"原始图像"右边的"浏览"按钮,在弹出的"原始图像"对话框中选择 images 文件夹下的 mood01.png 图片,如图 18-12 所示;单击"鼠标经过图像"右边的

"浏览"按钮,在弹出的"鼠标经过图像"对话框中选择 images 文件夹下的 mood02. png 图片,如图 18-13 所示;在"替换文本"文本框中填入"我的心情",单击"确定"按钮,则添加了一个鼠标经过会改变的心情图片。

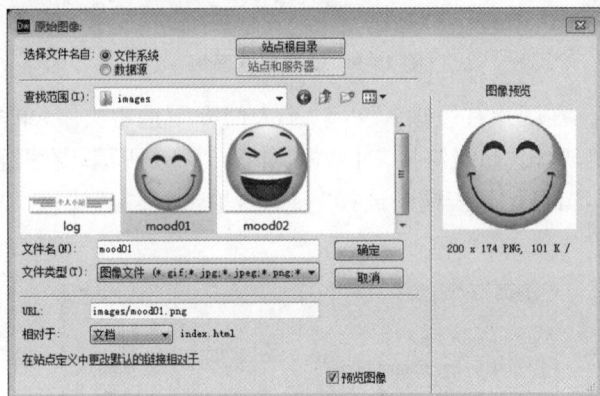

图 18-12　"原始图像"对话框

图 18-13　"鼠标经过图像"对话框

(7)设计网页底部。单击"插入"面板中常用组中的"水平线"命令按钮,插入水平线,按【Enter】键后,输入以下文字:

Copyright© 嘉兴学院

我的邮件:chengyanw@mail.zjxu.edu.cn

选中"chengyanw@mail.zjxu.edu.cn",单击"插入"菜单中的"电子邮件链接"命令按钮,弹出"电子邮件链接"对话框,如图 18-14 所示,单击"确定"按钮。

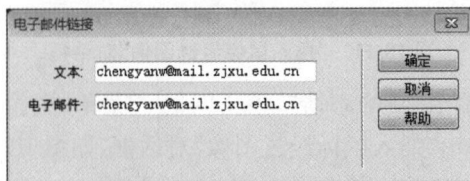

图 18-14　"电子邮件链接"对话框

现在主页设计完成,效果如图 18-15 所示。

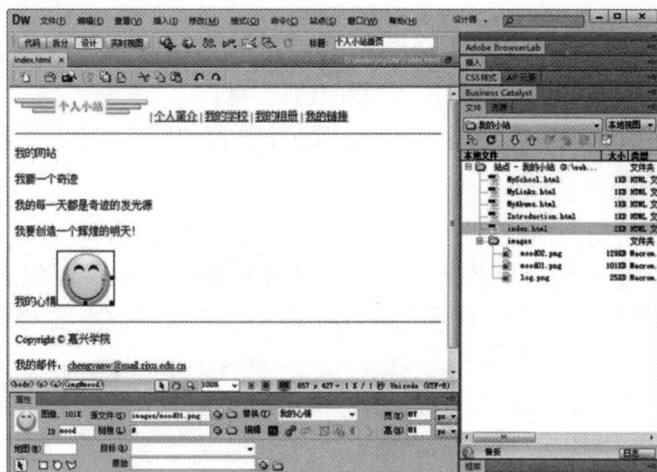

图 18-15 网站主页设计效果

2. 设计其他网页

设计其他网页,包括设计"个人简介"页 Introduction.html、"我的学校"页 MySchool.html、"我的相册"页 MyAlbums.html 和"我的链接"页 MyLinks.html,具体操作步骤如下。

(1)打开 Introduction.html,将网页的标题修改为"个人简介",参照图 18-16 所示添加一个表格,根据自己的信息自行设计页面的内容。

(2)打开 MySchool.html,将网页的标题修改为"我的学校",参照图 18-17 所示自行设计页面的内容。

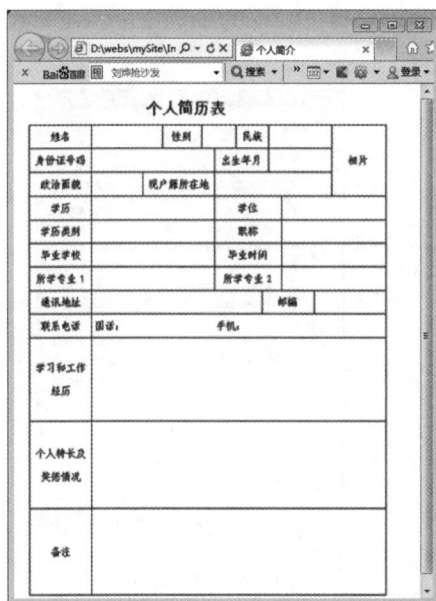

图 18-16 "个人简介"页面参考图

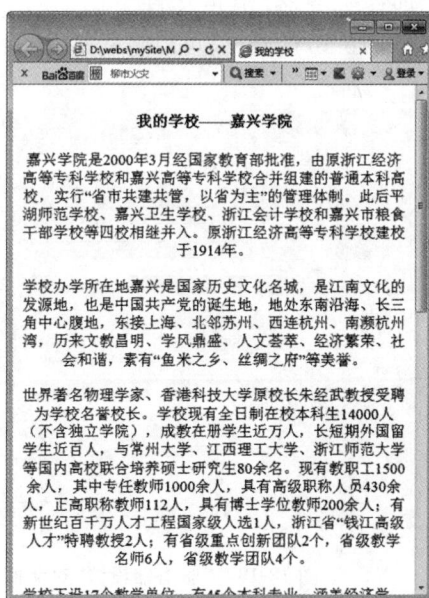

图 18-17 "我的学校"页面参考图

(3)打开 MyAlbums.html,将网页的标题修改为"我的相册",参考网络上的电子相册自行设计页面内容。

(4)打开 MyLinks.html,将网页的标题修改为"我的链接",参考导航网站(如 http://hao.360.cn/),将自己常用的网站添加到"我的链接"页。

(5)保存所有页面,就设计完成了一个包括五个页面的个人站点。

18.3.4　发布站点

网站做好之后要发布到网络上,才能被人从网络上搜索看到。发布网站一般需要域名空间来存放网站文件,空间服务商会提供 FTP 服务器地址、用户名和密码。如果没有域名空间,也可以采用"本地/网络"的形式进行测试。发布"我的小站"的操作步骤如下。

(1)双击"文件"面板中的"我的小站",打开"站点设置对象"对话框,如图 18-18 所示。选择"服务器",单击"添加新服务器"按钮,弹出"服务器设置"对话框,如图 18-19 所示。如果有 FTP 服务器,输入 FTP 服务器地址、用户名和密码,单击"确定"按钮,添加远程服务器(也可以选择"本地/网络"的连接方法,在本地测试)。

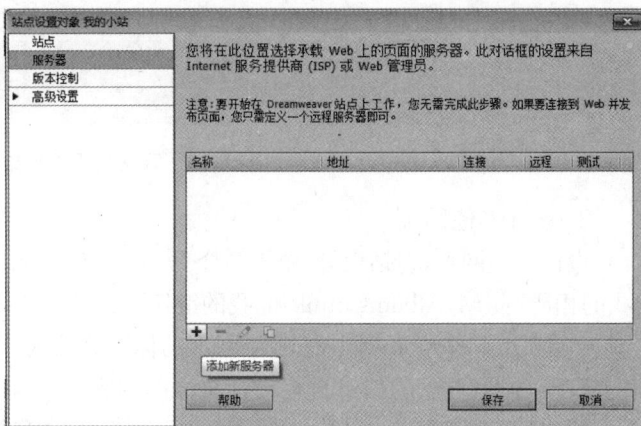

图 18-18　"站点设置对象"对话框

(2)单击"文件"面板中的"向'远程服务器'上传文件"按钮,如图 18-20 所示,就可以将网站发布到服务器上。

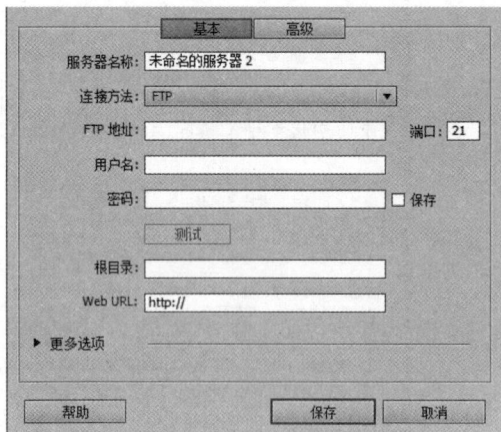

图 18-19　"服务器设置"对话框

图 18-20　发布网站操作

18.3.5　操作与练习

要设计一个个人求职站点,具体要求如下。

(1)包括主页 index.html、"我的简历"jianli.html、"联系我"lianxi.html 和"求职信"qi-uzhi.html 四个页面。

(2)在主页设计一张图片,在图片上添加到其他各页面的超级链接,完成后的效果如图 18-21 所示。

(3)"我的简历"页面完成后的效果如图 18-22 所示,具体内容可以根据自己的情况进行修改。

(4)"联系我"页面参考图 18-23 所示效果进行设计,要求包含一个邮件链接。

(5)"求职信"页面参考图 18-24 所示效果进行设计,注意求职信的格式设计。

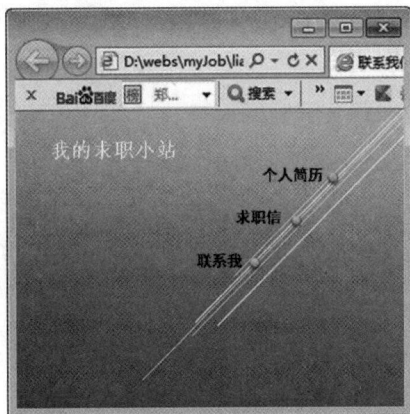

图 18-21　主页 index.html

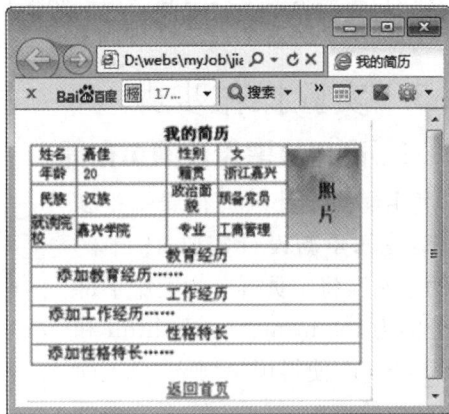

图 18-22　我的简历 jianli.html

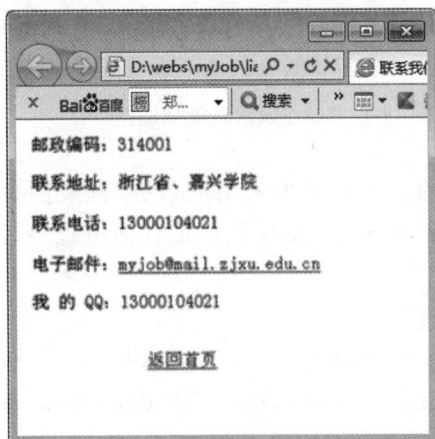

图 18-23　"联系我"lianxi.html

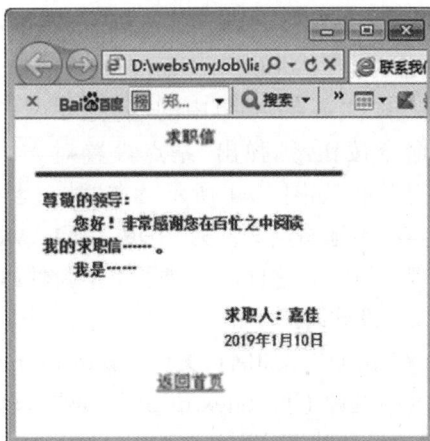

图 18-24　"求职信"qiuzhi.html

操作与练习操作步骤

略。

实验 19 网页布局设计

19.1 实验目的

(1)掌握利用 Adobe Dreamweaver CS6 的表格进行网页布局设计的方法。

(2)掌握利用 Adobe Dreamweaver CS6 的框架技术进行网页布局设计的方法。

19.2 实验内容

(1)利用框架对个人站点网站重新进行设计。

(2)利用表格对个人站点网站重新进行设计。

19.3 实验操作步骤

19.3.1 利用框架设计网页布局

利用框架设计网页布局就是利用框架技术重新设计实验 18 中的"我的小站",将主页拆分为上中下部分,分别为 top.html、middle.html 和 bottom.html,使得用户浏览"个人简介"和"我的学校"等页面时都能看到导航栏和底部版权联系信息。具体操作步骤如下:

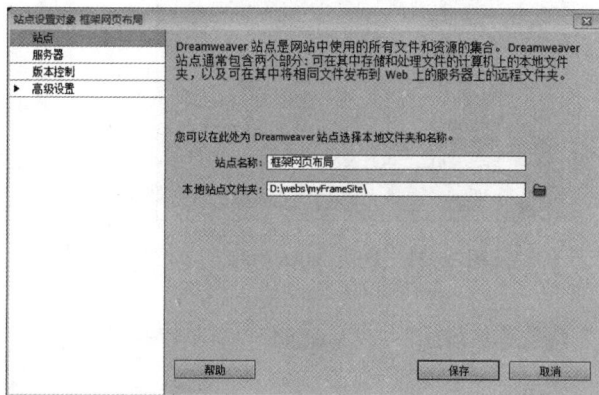

图 19-1 "站点设置对象"对话框

1. 新建站点

启动 Adobe Dreamweaver CS6,单击"站点"菜单中的"新建站点"命令按钮,则弹出"站点设置对象"对话框,如图 19-1 所示。在"站点名称"右边的文本框中填入站点名称"框架网页布局",在"本地站点文件夹"中填入"D:\webs\myFrameSite"(也可以指定其他位置)后,单击"保存"按钮,这样就创建了一个新的站点。

2. 设计网页

在站点中添加网页文件 top.html、middle.html、bottom.html,如图 19-2 所示。参照实验 18 中设计主页 index.html 的操作步骤设计 top.html、middle.html、bottom.html。各个页面的设计效果分别如图 19-3、图 19-4 和图 19-5 所示。

图 19-2　添加各页面后的效果

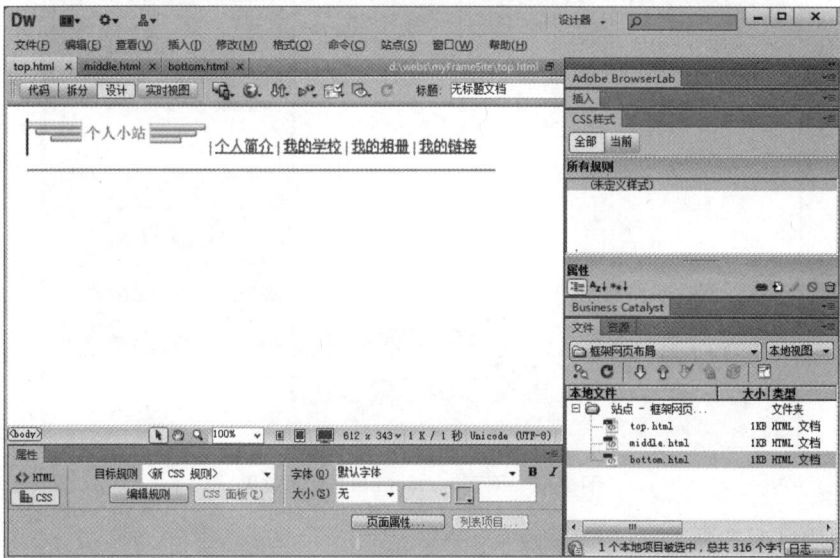

图 19-3　网页 top.html 设计效果

3. 添加其他网页

参照实验 18，在网站中添加网页"个人简介"Introduction.html，添加网页"我的学校"MySchool.html，添加网页"我的相册"MyAlbums.html，添加网页"我的链接"MyLinks.html。自己设计各个页面并保存（也可以直接将实验 18 中的相应页面复制过来）。

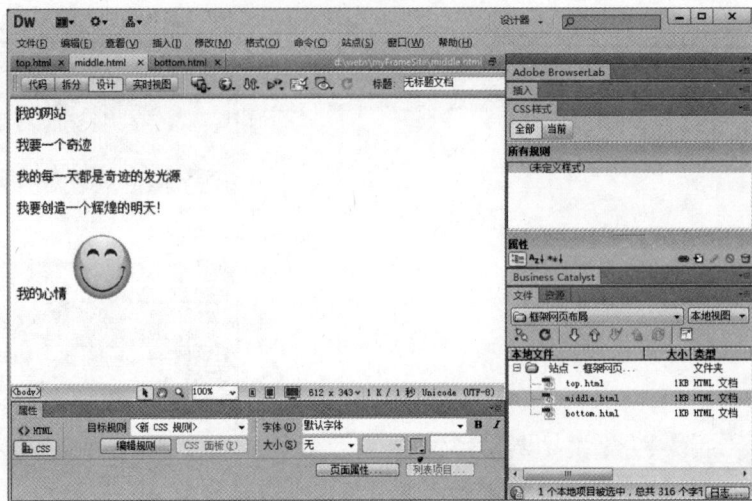

图 19-4   网页 middle.html 设计效果

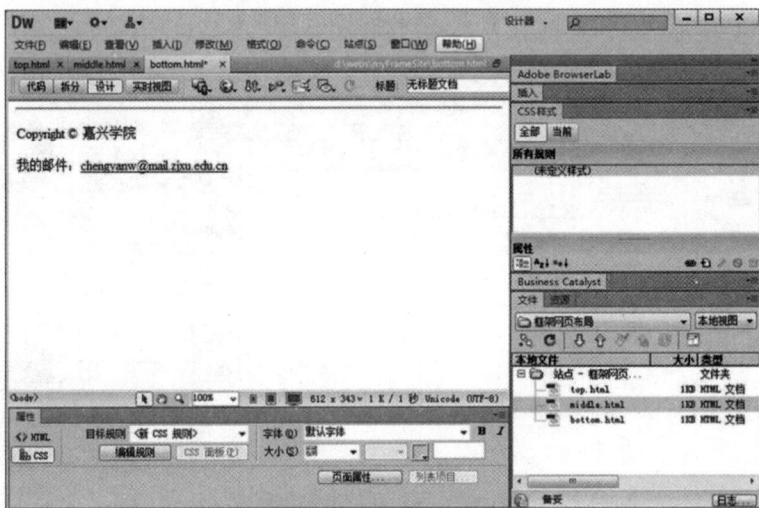

图 19-5   网页 bottom.html 设计效果

4. 创建框架主页

选中"窗口"中的"框架"命令,显示"框架"面板。打开主页 top.html,单击"修改"菜单的"框架集"子菜单的"拆分上框架"命令按钮,出现如图 19-6 所示的效果。将光标定位到下框架中,单击"修改"菜单的"框架集"子菜单的"拆分上框架"命令按钮,出现如图 19-7 所示的效果,这是典型的上中下网页布局形式。

5. 设置框架属性

在"框架"面板中选中框架,在"属性"面板中修改框架属性,如图 19-8 所示,将上中下框架名称分别修改为 mytop、mymiddle、mybottom,将源文件分别设为 top.html、middle.html、bottom.html。

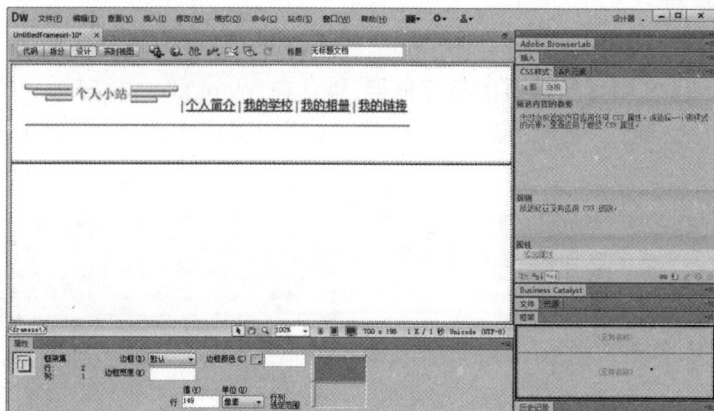

图 19-6　拆分框架效果 1

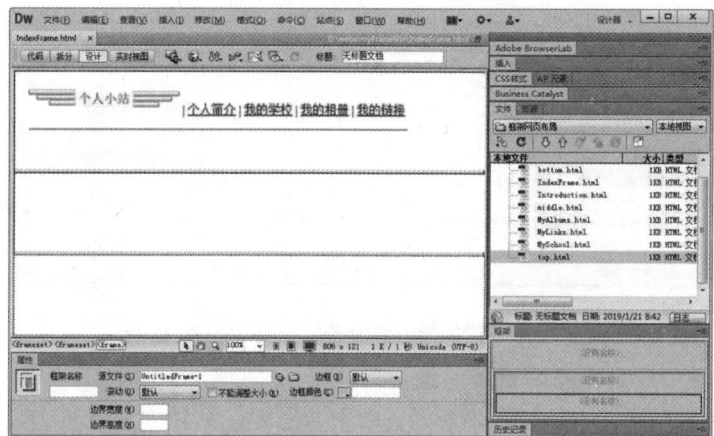

图 19-7　拆分框架效果 2

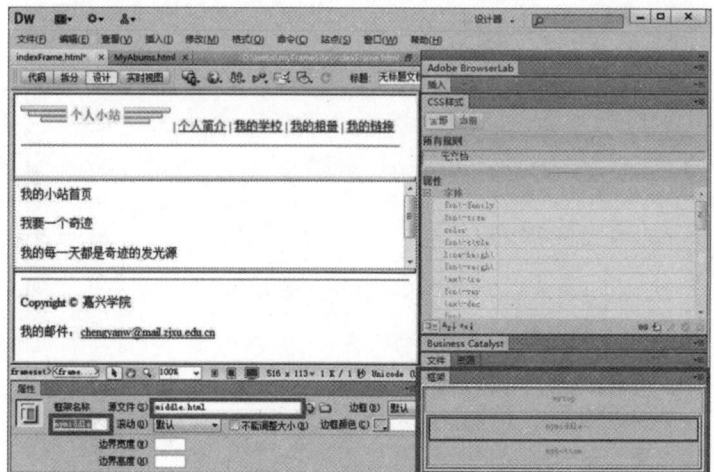

图 19-8　框架属性设置

6. 保存框架集

单击"保存"按钮,将框架集保存为 indexFrame.html。

7. 修改 top.html 中导航链接的目标框架,默认在 mymiddle 中打开

选中超级链接,选中"修改"菜单中"链接目标"子菜单中的"mymiddle"项,如图 19-9 所示。

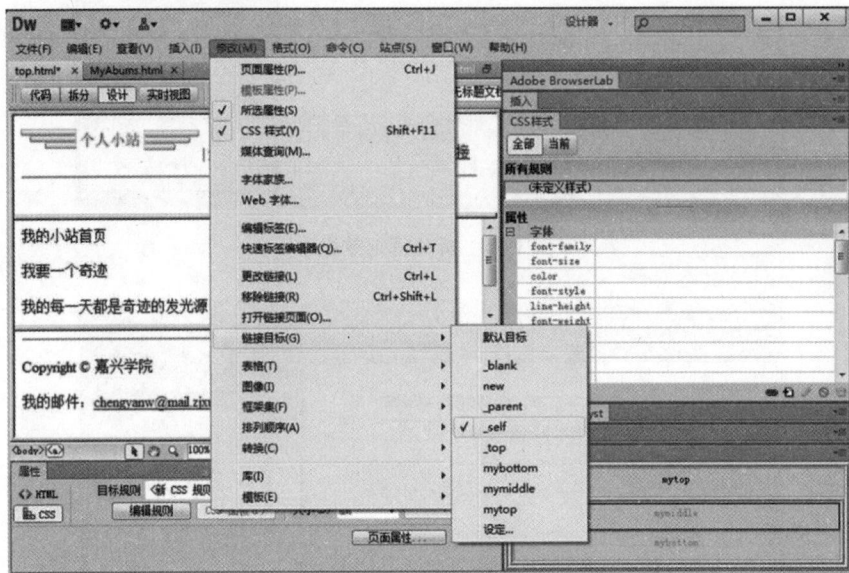

图 19-9 修改导航链接的目标框架

8. 在浏览器中或是发布后查看网站

页面效果如图 19-10 所示,网站主页上中下分别是三个独立的网页,有各自的滚动条。

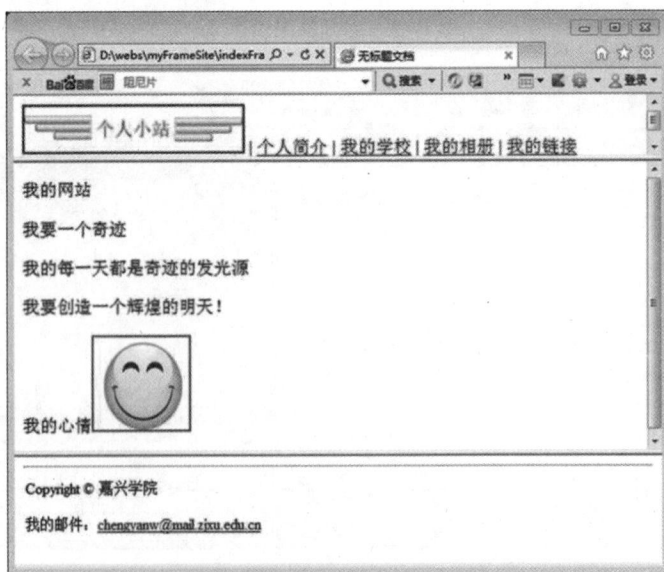

图 19-10 框架网页浏览效果

19.3.2 利用表格设计网页布局

利用表格设计网页布局就是利用表格进行网页布局设计。以对实验 18 中的"我的小站"网站进行修改为例进行介绍,具体操作步骤如下。

（1）新建站点。启动 Adobe Dreamweaver CS6,单击"站点"菜单中的"新建站点"命令按钮,则弹出"站点设置对象"对话框,如图 19-1 所示。在"站点名称"右边的文本框中填入站点名称"表格网页布局",在"本地站点文件夹"中填入"D:\webs\myTableSite"(也可以指定其他位置)后,单击"保存"按钮,就创建了一个新的站点。

（2）在站点中添加主页文件 index.html 并打开,单击"插入"菜单中的"表格"命令按钮,弹出"表格"对话框,如图 19-11 所示。将行数设为 3,列数设为 1,表格宽度为 100%,边框粗细为 0 像素,单击"确定"按钮,则添加了一个三行一列的表格。

（3）调整单元格高度,将 19.3.1 中的 top.html、middle.html、bottom.html 依次复制到表格的三行中,这样就完成了主页的设计,效果如图 19-12 所示。

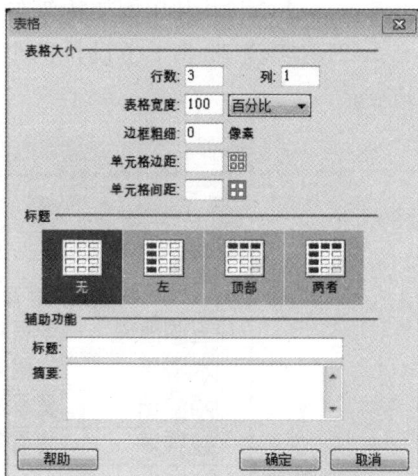

图 19-11 "表格"对话框

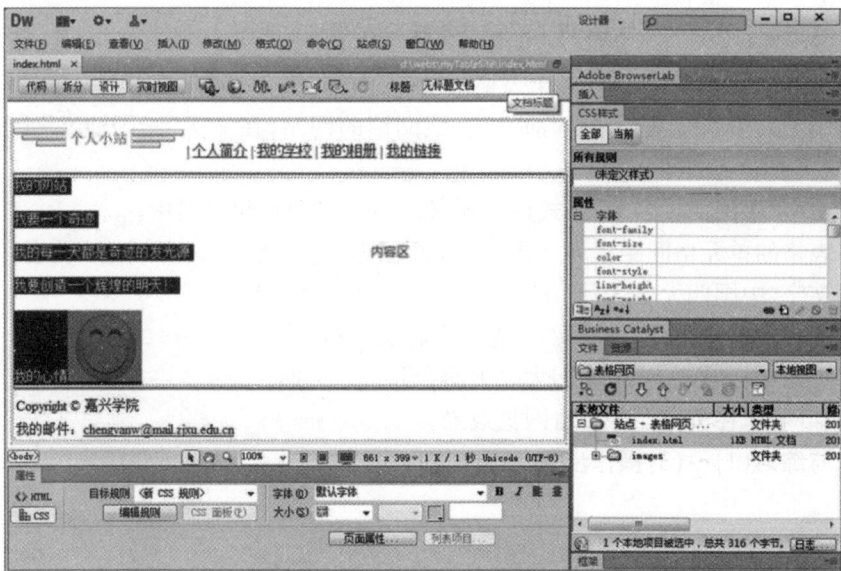

图 19-12 表格网页布局首页设计图

（4）将主页的内容区替换为"个人简介"页面内容,并将网页另存为 Introduction.html。
（5）将主页的内容区替换为"我的学校"页面内容,并将网页另存为 MySchool.html。
（6）将主页的内容区替换为"我的相册"页面内容,并将网页另存为 MyAlbums.html。
（7）将主页的内容区替换为"我的链接"页面内容,并将网页另存为 MyLinks.html。

(8)利用表格布局的网站完成,用户可发布网站或浏览效果。

19.3.3 操作与练习

(1)在实验 18.3.5 中设计的个人求职站点添加一个导航页 top.html 和一个版权声明页 bottom.html,并利用框架重新布局、发布和测试站点。

(2)将实验 18.3.4 中设计的个人求职站点按表格的形式重新设计,并发布和测试站点。

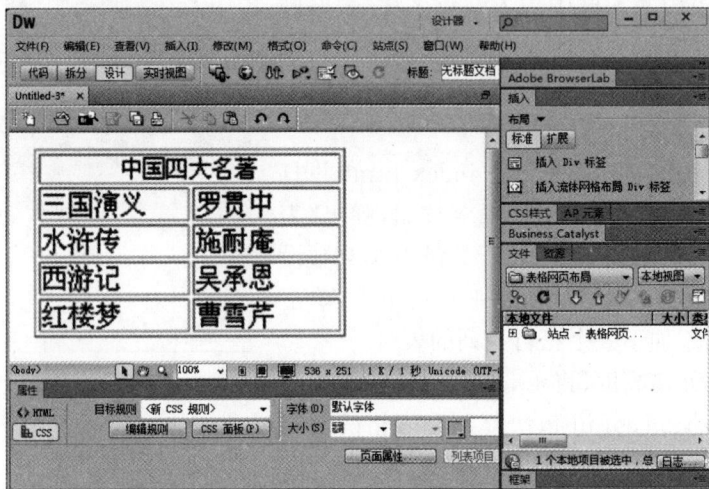

图 19-13 操作与练习(3)要求效果图

(3)按照图 19-13 所示设计一个表格,并填入内容,然后完成下列操作。

①利用搜索引擎搜索到《三国演义》在线阅读的网站,在文字"三国演义"上建立超级链接,并链接搜索到的网站。

②将文字"中国四大名著"格式设为隶书、24 磅、红色加粗并居中。

③将表格的单元格间距设为 0 像素,边框粗细设为 2 像素,边框颜色设为蓝色。

④将文字"中国四大名著"所在单元格的背景色设为黄色。

⑤将网页的上边距设为 30 像素,左边距设为 20 像素。

⑥将页面的标题改为"中国四大名著简介"。

⑦保存网页,在浏览器中查看网页效果。

操作与练习(1)~(3)操作步骤
略。

实验 20 Adobe Dreamweaver 综合练习

20.1 实验目的

通过综合性练习掌握 Adobe Dreamweaver CS6 网页设计的常用操作。

20.2 实验内容

(1) Adobe Dreamweaver CS6 站点建立。

(2) Adobe Dreamweaver CS6 网页基本操作。

(3) Adobe Dreamweaver CS6 超级链接操作。

(4) Adobe Dreamweaver CS6 表格操作。

20.3 实验操作步骤

20.3.1 操作与练习

1. 站点和网页建立

在 D:\webs\Exp18 中新建站点"中国四大名著"。在站点中添加两个网页文件:newpage1.html 和 newpage2.html。

在 newpage1.html 中添加一个表格,表格的格式及内容如下。

中国四大名著	
三国演义	滚滚长江东逝水,浪花淘尽英雄。是非成败转头空。青山依旧在,几度夕阳红。白发渔樵江渚上,惯看秋月春风。一壶浊酒喜相逢。古今多少事,都付笑谈中。
水浒传	试看书林隐处,几多俊逸儒流。虚名薄利不关愁,裁冰及剪雪,谈笑看吴钩。评议前王并后帝,分真伪占据中州,七雄扰扰乱春秋。兴亡如脆柳,身世类虚舟。见成名无数,图名无数,更有那逃名无数。霎时新月下长川,江湖变桑田古路。讶求鱼橼木,拟穷猿择木,恐伤弓远之曲木。不如且覆掌中杯,再听取新声曲度。
西游记	混沌未分天地乱,茫茫渺渺无人见。自从盘古破鸿蒙,开辟从兹清浊辨。覆载群生仰至仁,发明万物皆成善。欲知造化会元功,须看《西游释厄传》。
红楼梦	满纸荒唐言,一把辛酸泪。都云作者痴,谁解其中味?

在 newpage2.html 添加一个表格,表格的格式及内容如下。

三国演义	
作者简介	罗贯中(1330 年—1400 年),名本,号湖海散人,明代通俗小说家。他的籍贯一说是太原(今山西太原),一说是钱塘(今浙江杭州),不可确考。据传说,罗贯中曾充任过元末农民起义军张士诚的幕客。除《三国志通俗演义》外,他还创作有《隋唐志传》等通俗小说和《赵太祖龙虎风云会》等戏剧。另外,有相当一部分人认为《水浒传》后三十回也是其所作。

续表

三国演义	
内容简介	《三国演义》描写的是从东汉末年到西晋初年之间近一百年的历史风云。全书反映了三国时代的政治军事斗争,各类社会矛盾的渗透与转化,概括了这一时代的历史巨变,塑造了一批咤叱风云的英雄人物。在对三国历史的把握上,作者表现出明显的拥刘反曹倾向,以刘备集团作为描写的中心,对刘备集团的主要人物加以歌颂,对曹操则极力揭露鞭挞。今天我们对于作者的这种拥刘反曹的倾向应有辨证的认识。尊刘反曹是民间传说的主要倾向,在罗贯中时代隐含着人民对汉族复兴的希望。

分别保存网页内容。

2. 网页编辑

(1)在 newpage1.html 中,将网页属性的标题改为"中国四大名著"。

(2)在 newpage1.html 中,在文字"三国演义"上建立超级链接,使单击链接会在新窗口中打开 newpage2.html。

(3)在 newpage1.html 中,将表格的单元格间距设为 2 像素,边框粗细设为 3 像素。

(4)在 newpage1.html 中,将文字"中国四大名著"所在单元格的背景色设为 RGB(0、0、255)。

(5)将 newpage1.html 网页属性外观(CSS)的左边距设为 50 像素,上边距设为 20 像素。

(6)在 newpage2.html 中,将网页属性的标题改为"三国演义简单介绍"。

(7)在 newpage2.html 中,把网页中的表格设为右对齐显示。

(8)将 newpage2.html 网页属性外观(CSS)的文本颜色设为 RGB(0、0、255),背景颜色设为 RGB(255、255、0)。

(9)在 newpage2.html 中,在表格最后插入一行,并把该行的单元格合并。

20.3.2 操作参考步骤

1. 站点和网页建立

新建站点和网页操作步骤如下。

(1)启动 Adobe Dreamweaver CS6,单击"站点"菜单中的"新建站点"命令按钮,则弹出"站点设置对象"对话框,如图 20-1 所示。

(2)在"站点名称"右边的文本框中填入站点名称"中国四大名著",在"本地站点文件夹"中填入"D:\webs\Exp18"后,单击"保存"按钮。

(3)在"文件"面板中选择"中国四大名著"网站,右键点击,在弹出的快捷菜单中选择"新建文件"命令,输入文件名 newpage1.html,则在站点中添加了网页 newpage1.html。按照要求在 newpage1.html 中添加表格及表格内容。单击"文件"菜单中的"保存"命令按钮以保存网页。

(4)参考步骤(3),添加网页 newpage2.html 并保存。

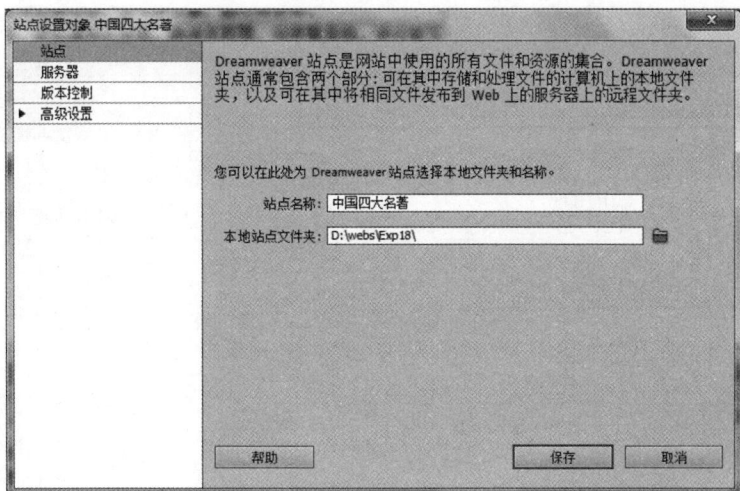

图 20-1　"站点设置对象"对话框

2. 网页编辑

(1)操作与练习(1)操作步骤如下。

打开网页 newpage1.html,单击"属性"面板中的"页面属性"按钮,打开"页面属性"对话框,选择分类下的"标题/编码"项,将网页的标题修改为"中国四大名著",单击"确定"按钮,如图 20-2 所示。

(2)操作与练习(2)操作步骤如下。

选中文字"三国演义",单击"插入"菜单中的"超级链接"命令按钮,弹出"超级链接"对话框,如图 20-3 所示。在"链接"文本框中填入"newpage2.html","目标"列表框中选择"_blank",单击"确定"按钮。

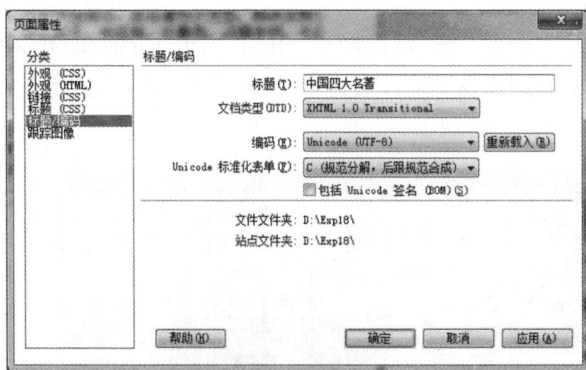

图 20-2　"页面属性"对话框——标题/编码

图 20-3　"超级链接"对话框

(3)操作与练习(3)操作步骤如下。

①将光标定位到表格的任一单元格内,单击"修改"菜单"表格"子菜单中的"选择表格"命令按钮,选中表格,如图 20-4 所示。

②在表格"属性"面板中的"间距"文本框中填入 2,"边框"文本框中填入 3。

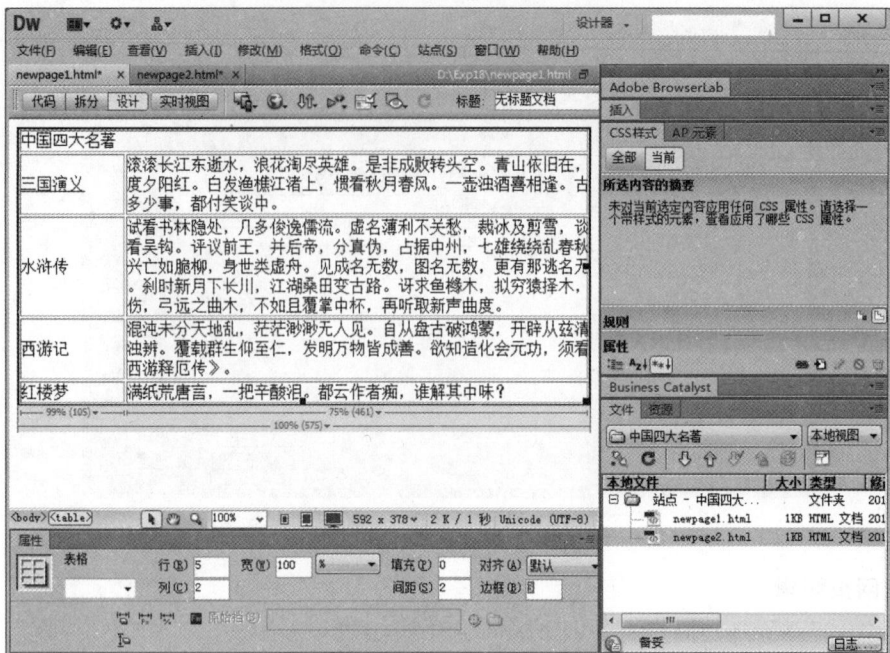

图 20-4　表格属性设置

(4)操作与练习(4)操作步骤如下。

①单击"中国四大名著"所在单元格,单击"属性"面板中的背景颜色按钮 ⬚,弹出"颜色"面板,如图 20-5 所示。

②单击"系统颜色拾取器"按钮 ⬤,弹出"颜色"对话框,如图 20-6 所示。在红、绿、蓝中依次输入 0、0、255,单击"添加到自定义颜色"按钮,最后单击"确定"按钮。

(5)操作与练习(5)操作步骤如下。

打开网页 newpage1.html,单击"属性"面板中的"页面属性"按钮,打开"页面属性"对话框,选择分类下的"外观(CSS)"项,将左边距改为"50",上边距改为"20",单击"确定"按钮,如图 20-7 所示。

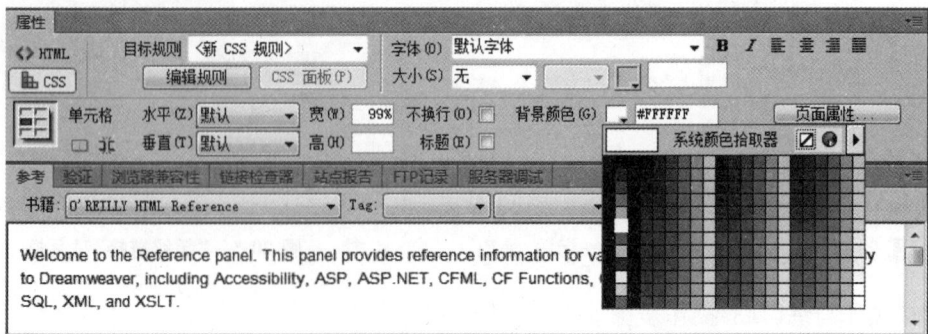

图 20-5　单元格背景设置

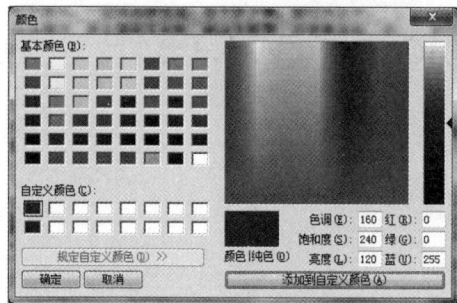

图 20-6　"颜色"对话框

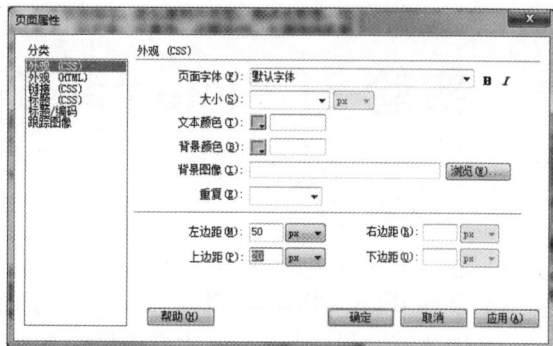

图 20-7　"页面属性"对话框之外观(CSS)

(6)操作与练习(6)操作步骤如下。

参照操作与练习(1)操作步骤。

(7)操作与练习(7)操作步骤如下。

①打开网页 newpage2.html,将光标定位到表格的任一单元格内,单击"修改"菜单"表格"子菜单中的"选择表格"命令按钮,选中表格。

②在表格"属性"面板中的"对齐"下拉列表框中选择"右对齐",如图 20-8 所示。

·(8)操作与练习(8)操作步骤如下。

打开网页 newpage2.html,单击"属性"面板中的"页面属性"按钮,打开"页面属性"对话框,选择分类下的"外观(CSS)"项,如图 20-7 所示。参照操作与练习(4)的操作步骤,利用"系统颜色拾取器"按钮设置文本颜色和背景颜色。

(9)操作与练习(9)操作步骤如下。

①单击表格的最后一行,选择"修改"菜单"表格"子菜单中的"插入行或列…"命令,弹出"插入行或列"对话框,设置如图 20-9 所示,单击"确定"按钮。

②选中表格最后一行,执行"修改"菜单"表格"子菜单中的"合并单元格"命令。

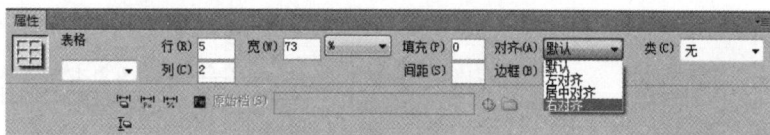

图 20-8　表格对齐方式设置

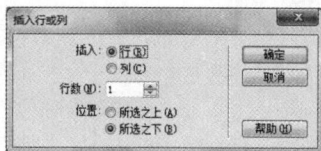

图 20-9　"插入行或列"对话框

实验 21　Internet Explorer 基本操作

21.1　实验目的

(1)熟练掌握 IE 的基本操作方法。

(2)掌握 IE 的常用配置方法。

(3)熟练掌握利用 Internet 检索信息的方法。

(4)掌握保存 Internet 信息的方法。

21.2　实验内容

(1)IE 浏览器的启动与使用。

(2)IE 浏览器的常用配置,包括设置默认主页、设置历史记录保存天数、清空 Internet 临时文件等。

(3)利用 Internet 检索信息并对相关信息进行保存。

(4)收藏夹的使用。

21.3　实验操作步骤

21.3.1　IE 浏览器的启动与使用

打开"开始"菜单,选择"所有程序"子菜单中的"Internet Explorer"命令或者"Internet Explorer(64 位)"命令,便能启动 IE 浏览器。

在打开的 Internet Explorer 窗口中,用户只要在地址栏中输入网址,即可访问相应的网站。如访问百度主页,只须在地址栏中输入"http://www.baidu.com",然后按【Enter】键,IE 便会打开百度的主页,如图 21-1 所示。

图 21-1　利用 IE 访问网页

21.3.2　IE 浏览器的配置

1. 设置默认主页

所谓主页,就是指访问 WWW 站点时的起始页,即用户访问网站时看见的第一个页面。IE 浏览器的默认主页是 Microsoft 公司的页面,用户可以把自己访问最频繁的一个站点设置为主页。这样,每次启动 IE 时,该主页就会被自动打开。

例如:要将百度 http://www.baidu.com 设为默认主页,具体操作步骤如下。

(1)打开 IE 浏览器。

(2)选择"工具"菜单中的"Internet 选项"命令。

(3)在"Internet 选项"对话框的"常规"选项卡中,如图 21-2 所示,在"主页"区域的"地址"文本框中输入要设置的主页的地址"http://www.baidu.com"。

(4)单击"确定"按钮。

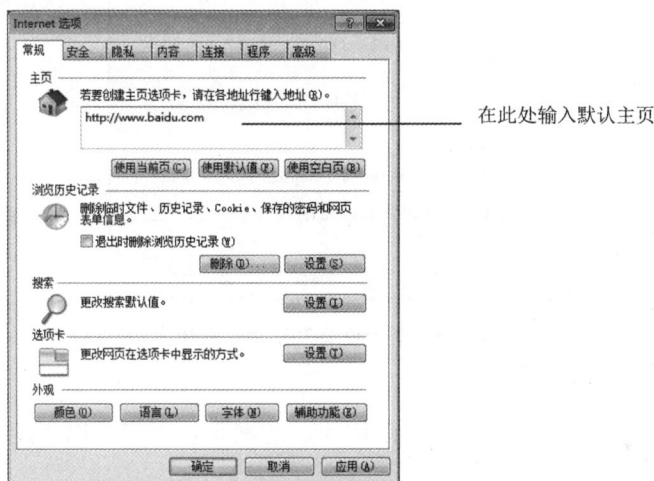

图 21-2　"Internet 选项"对话框

2. 设置 Internet 临时文件

IE 浏览器有一个临时文件夹用来存放浏览 Web 时的 Internet 临时文件,主要是为了提高网页浏览速度。在 IE 地址栏中输入网址并按【Enter】键后,IE 首先会在这个临时文件夹中寻找与该网址对应的网页内容,如果找到就把该网页的内容调出,显示在浏览窗口,然后再连接到网站的服务器读取更新的内容,并显示出来;如果找不到,IE 则直接去连接服务器,下载服务器上的网页内容,把该网页的内容显示在浏览窗口的同时,也保存在 Internet 临时文件夹中。

用户可以根据需要对 Internet 临时文件进行设置,具体操作步骤如下。

(1)打开 IE 浏览器。

(2)选择"工具"菜单中的"Internet 选项"命令。

(3)在"Internet 选项"对话框的"常规"选项卡中,如图 21-2 所示,单击"浏览历史记录"区域中的"设置"按钮。

(4)在出现的"Internet 临时文件和历史记录设置"对话框中,如图 21-3 所示,可以根据需要进行以下操作。

①设置检查所存网页的较新版本方式。

②设置 Internet 临时文件夹的存放位置与大小。

③查看 Internet 临时文件及对象。

(5)单击"确定"按钮。

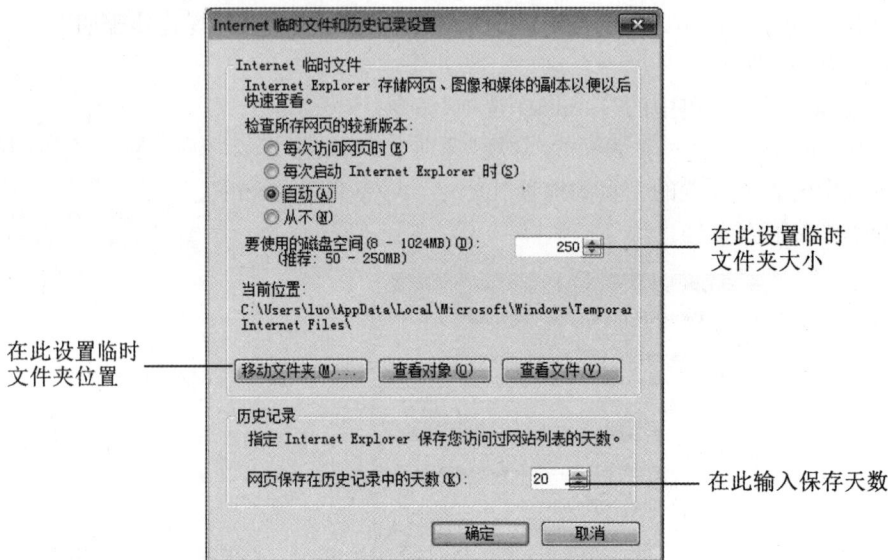

图 21-3 "Internet 临时文件和历史记录设置"对话框

3. 设置历史记录保存天数

通过历史记录,用户可以快速访问已访问过的网页。用户可以指定网页保存在历史记录中的天数。

例如,要将 IE 历史记录保存的天数设为 7 天,具体操作步骤如下。

(1)打开 IE 浏览器。

(2)选择"工具"菜单中的"Internet 选项"命令。

(3)在"Internet 选项"对话框的"常规"选项卡中,单击"浏览历史记录"区域中的"设置"按钮。

(4)在出现的"Internet 临时文件和历史记录设置"对话框中,在"历史记录"区域的"网页保存在历史记录中的天数"微调框中输入天数"7"。

(5)单击"确定"按钮。

4. 清除浏览历史记录等信息

在浏览 Web 时,Internet Explorer 会存储一些用户访问过的网站的信息,以及这些网站经常要求用户提供的信息(如用户名和密码)。Internet Explorer 存储的信息类别有 Internet 临时文件、Cookie、曾经访问的网站的历史记录、曾经在网站或地址栏中输入的信息、保存的 Web 密码。

通常,将这些信息存储在计算机上是很有用的。用户使用它们可以提高 Web 浏览速度,并且不必多次重复输入相同的信息。但是,如果用户正在使用公用计算机,不想在该计算机上留下任何个人信息,就可能需要删除这些信息。

删除所有或其中一些浏览历史记录的具体操作步骤如下。

(1)打开 IE 浏览器。

(2)选择"安全"菜单中的"删除浏览的历史记录"命令。

(3)在如图 21-4 所示的"删除浏览的历史记录"对话框中,选中要删除的每个信息类别旁边的复选框。如果不想删除与"收藏夹"列表中的网站关联的 Cookie 和文件,可以选中"保留收藏夹网站数据"复选框。

(4)单击"删除"按钮。如果有大量的文件和历史记录,此操作可能需要一段时间才能完成。

5. 关闭网页中的多媒体播放

在网速太慢的情况下,关闭网页中的多媒体播放,可以加快网页浏览速度。对于网页中的图片、动画和声音等多媒体信息,用户可以根据需要选择是否播放。

例如,要将当前浏览器设置为不播放动画、不播放声音,具体操作步骤如下。

(1)打开 IE 浏览器。

(2)选择"工具"菜单中的"Internet 选项"命令。

(3)在"Internet 选项"对话框的"高级"选项卡中,如图 21-5 所示,在"设置"列表框中找到"多媒体"组,取消选中复选框"在网页中播放动画"和"在网页中播放声音"。

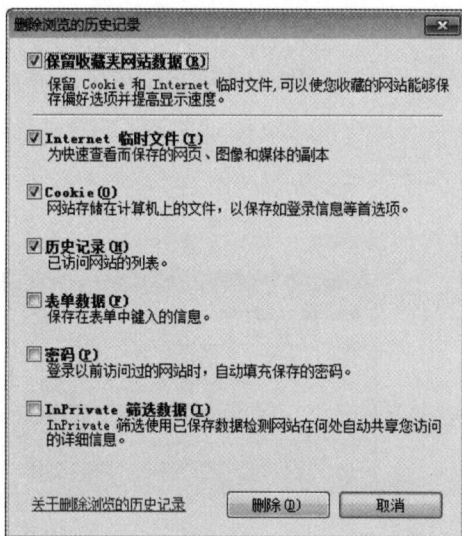

图 21-4　"删除浏览的历史记录"对话框

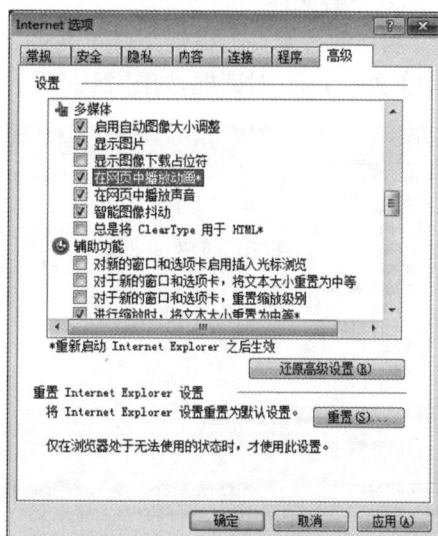

图 21-5　"高级"选项卡

(4)单击"确定"按钮。

这样,当重新启动 Internet Explorer 后,在访问带有声音和动画的网页时 IE 浏览器将不播放声音和动画信息。

21.3.3　信息搜索

用户可以利用搜索引擎来查找自己所需要的信息。例如,想要查找描写兰花品种的 docx 文档。可以打开百度主页,输入关键字(兰花 品种 docx),如图 21-6 所示。单击"百度一下"按钮，结果如图 21-7 所示，单击相关链接即可获取所需的详细信息。

图 21-6　"百度"搜索网站主页

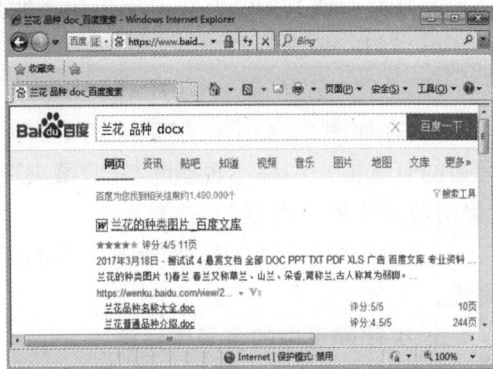

图 21-7　搜索出的相关结果

21.3.4　保存与下载信息

1. 保存网页

如果想要保存一个正在访问的网页，可以单击"页面"菜单中的"另存为"，打开"保存网页"对话框，如图 21-8 所示，根据需要选择所要保存的路径及文件类型即可。

2. 下载文件

用户通过网页上提供文件下载的链接可以下载文件。单击提供文件下载的链接，会出现"文件下载"对话框，如图 21-9 所示，单击"保存"按钮，将文件保存到指定位置即可。

图 21-8　"保存网页"对话框

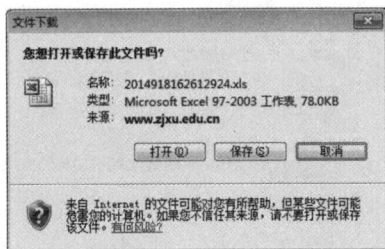

图 21-9　"文件下载"对话框

21.3.5　收藏夹的使用

用户在上网的时候经常会发现一些自己喜欢的 Web 页面，并希望以后能多次访问它们，但有可能这些经常要访问的网址很长，使用起来很不方便。为了解决这样的问题，IE 浏览器专门设计了一种快捷、方便的方法来帮助用户在需要的时候快速进入目的地，这个功能就是收藏夹功能。

1. 把网页添加到收藏夹

要将当前网页 http://www.baidu.com 以"百度"为名添加到收藏夹中,具体操作步骤如下。

(1)打开 IE 浏览器。

(2)单击左上角的"收藏夹"按钮,在"收藏夹"任务窗格中单击"添加到收藏夹"按钮。

(3)在弹出的"添加收藏"对话框中,如图 21-10 所示,在"名称"文本框中输入"百度",创建位置默认为"收藏夹"。

(4)单击"添加"按钮。

2. 整理收藏夹

当收藏的网址很多的时候,用户可以对收藏夹进行整理。打开 IE 浏览器,单击"收藏夹"按钮,在"收藏夹"任务窗格中单击"添加到收藏夹"右边的下拉按钮,在弹出的菜单中选择"整理收藏夹"命令。

在打开的"整理收藏夹"对话框中,如图 21-11 所示,用户可以对收藏夹进行新建文件夹、移动、重命名、删除等操作。

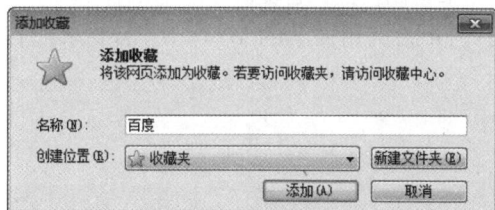

图 21-10　"添加收藏"对话框　　　　　图 21-11　"整理收藏夹"对话框

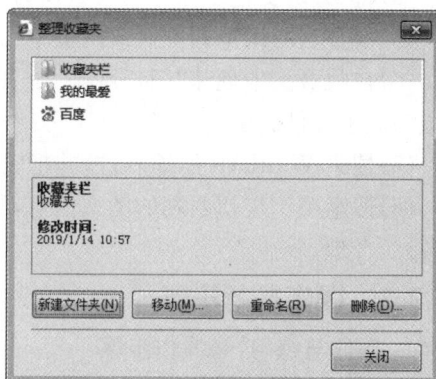

3. 把网页添加到收藏夹栏

一般情况下,用户可以把平时访问较多的一些网址放在收藏夹栏中,通过收藏夹栏中的链接来访问网址更加直接方便。

要将当前网页 http://www.baidu.com 以"百度"为名添加到收藏夹栏中,具体操作步骤如下。

(1)打开 IE 浏览器。

(2)单击"添加到收藏夹栏"按钮,在收藏夹栏中就增加了当前网页的链接"百度一下,你就知道"。

(3)在收藏夹栏中右键单击链接"百度一下,你就知道",在弹出的快捷菜单中选择"重命名"命令,将名称改为"百度",完成后的效果如图 21-12 所示。

图 21-12　通过收藏夹栏访问网页

21.3.6　操作与练习

(1)将新浪主页 http://www.sina.com.cn 设为默认主页。

(2)将 IE 历史记录保存的天数设为 10 天,并清空历史记录。

(3)设置当前浏览器不播放网页中的声音。

(4)在收藏夹中创建"门户网站"子文件夹,并将 http://www.163.com 以"网易"为名收藏到该子文件夹中。

(5)搜索 WinRAR 压缩软件,并把它下载下来,保存至本地硬盘。

(6)搜索关于杭州西湖的图文信息,制成一个介绍杭州西湖的 Word 文档,要求内容适当,排版合理。

21.3.7　操作参考步骤

1. 操作与练习(1)操作步骤

(1)打开 IE 浏览器。

(2)单击"工具"菜单中的"Internet 选项"。

(3)在"Internet 选项"对话框的"常规"选项卡中,在"主页"区域的"地址"文本框中输入要设置的主页面的地址"http://www.sina.com.cn"。

(4)单击"确定"按钮。

2. 操作与练习(2)操作步骤

(1)打开 IE 浏览器。

(2)单击"工具"菜单中的"Internet 选项"。

(3)在"Internet 选项"对话框的"常规"选项卡中,单击"浏览历史记录"区域中的"设置"按钮。

(4)在出现的"Internet 临时文件和历史记录设置"对话框中,在"历史记录"区域的"网页保存在历史记录中的天数"微调框中输入天数"10"。

(5)单击"确定"按钮。

(6)单击"安全"菜单中的"删除浏览的历史记录"。

(7)在"删除浏览的历史记录"对话框中,选中"历史记录"复选框。

(8)单击"删除"按钮。

3. 操作与练习(3)操作步骤

(1)打开 IE 浏览器。

(2)单击"工具"菜单中的"Internet 选项"。

(3)在"Internet 选项"对话框的"高级"选项卡中,在"设置"列表框中找到"多媒体"组,取消选中复选框"在网页中播放声音"。

(4)单击"确定"按钮。

4. 操作与练习(4)操作步骤

(1)打开 IE 浏览器,在地址栏中输入"http://www.163.com",回车。

(2)单击左上角的"收藏夹"按钮,在"收藏夹"任务窗格中单击"添加到收藏夹"按钮。

(3)在弹出的"添加收藏"对话框中,在"名称"文本框中输入"网易",单击"新建文件夹"按钮,文件夹名设为"门户网站"。

(4)单击"添加"按钮。

5. 操作与练习(5)、(6)操作步骤

略。

实验 22 Outlook 2010 基本操作

22.1 实验目的

(1)掌握电子邮箱的申请方法。

(2)掌握以 Web 方式收发邮件的方法。

(3)掌握以 Outlook 2010 方式收发邮件的方法。

22.2 实验内容

(1)电子邮箱的申请。

(2)以 Web 方式收发邮件。

(3)Outlook 2010 的配置。

(4)利用 Outlook 2010 收发邮件。

22.3 实验操作步骤

22.3.1 电子邮箱的申请

想要收发电子邮件,必须先拥有电子邮箱。用户可以在一些大型的门户网站申请免费邮箱。下面以网易的 163 电子邮箱申请为例说明其具体操作步骤。

(1)打开 IE,在地址栏中输入“http://mail.163.com”,按【Enter】键,进入 163 免费邮箱主页,如图 22-1 所示。

(2)单击“注册”按钮,打开如图 22-2 所示的窗口。输入邮件地址、密码、确认密码和验证码,然后单击“立即注册”按钮。

(3)如果注册成功,则会出现注册成功页面,如图 22-3 所示。

图 22-1   163 免费邮箱主页

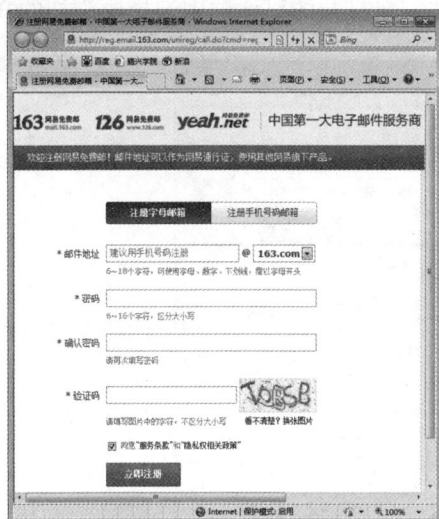

图 22-2 输入用户资料页面

图 22-3 邮箱申请成功页面

22.3.2 以 Web 方式收发邮件

在 163 免费邮箱主页(http://mail.163.com)的登录界面输入用户名和密码,即可进入个人邮箱页面,单击"收件箱",出现如图 22-4 所示页面,在相关邮件上单击即可阅读邮件。

图 22-4 个人邮箱页面

要想给朋友发送邮件,具体操作步骤如下。

(1)单击"写信"按钮,出现写邮件页面,如图 22-5 所示。

(2)在"收件人"地址栏内填入对方的邮件地址。

(3)在"主题"文本框中输入信件的主题。

(4)在正文区中输入邮件内容。

(5)如果需要附加文件,可以单击"添加附件",在打开的对话框中选择要添加的文件。

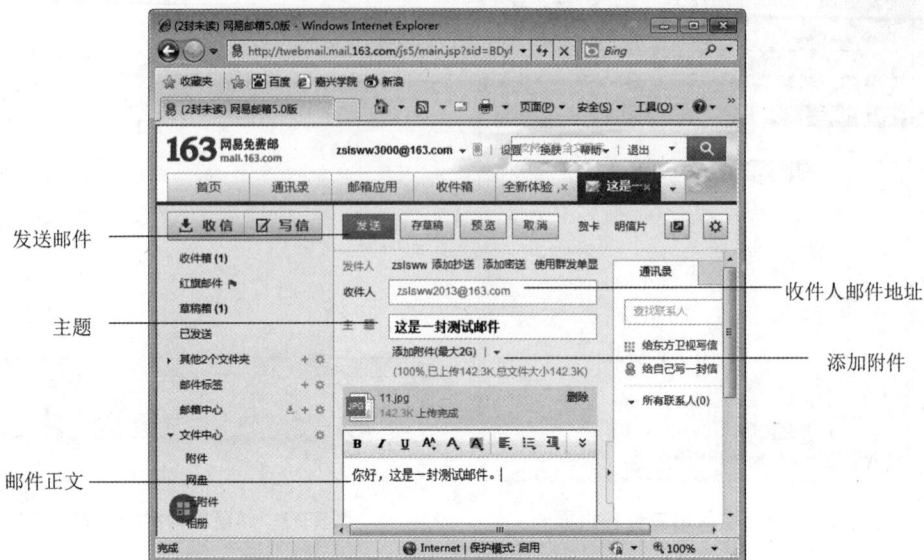

图 22-5 写邮件页面

(6)单击"发送"按钮。

邮件发送成功以后,出现邮件发送成功页面,如图 22-6 所示。

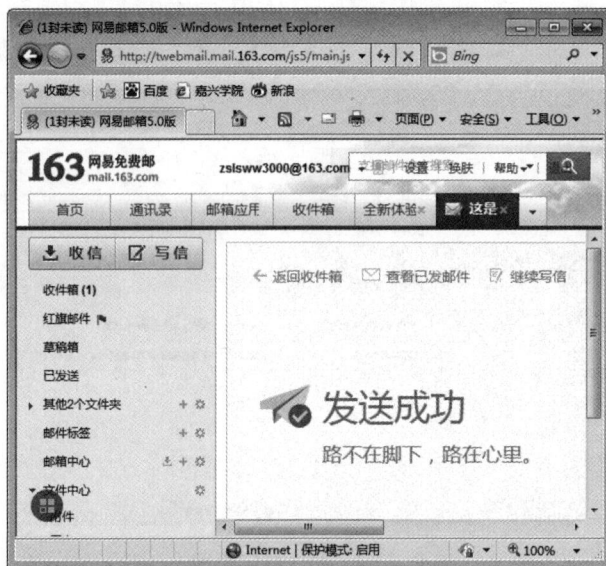

图 22-6 邮件发送成功页面

22.3.3 Outlook 2010 的配置

利用 Outlook 2010 进行收发邮件之前,首先要对 Outlook 2010 进行配置,具体操作步骤如下。

(1)启动 Outlook 2010 后,执行"文件"→"信息"→"添加账户"命令,如图 22-7 所示。

（2）在弹出的如图 22-8 所示的"添加新账户"对话框中选择"电子邮件账户"，单击"下一步"按钮。

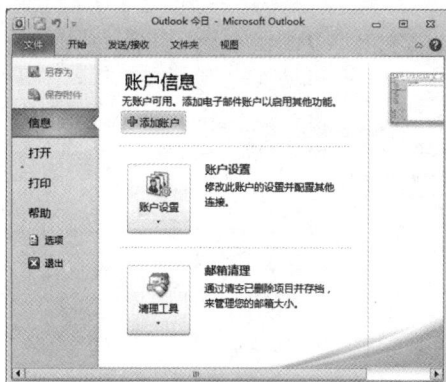

图 22-7　"添加账户"界面

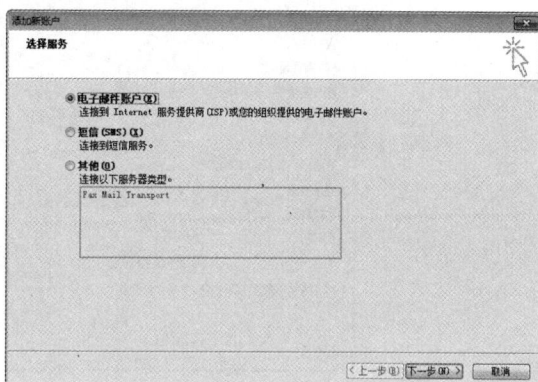

图 22-8　"添加新账户"对话框 1

（3）在如图 22-9 所示的对话框中，选择"手动配置服务器设置或其他服务器类型"，单击"下一步"按钮。

（4）在如图 22-10 所示的对话框中，选中"Internet　电子邮件"，单击"下一步"按钮。

图 22-9　"添加新账户"对话框 2

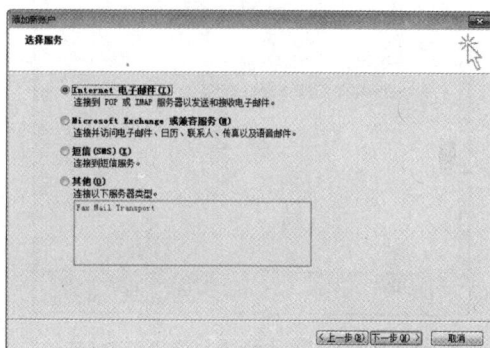

图 22-10　"添加新账户"对话框 3

（5）在如图 22-11 所示的对话框中，按页面提示填写账户信息。账户类型选择"POP3"，接收邮件服务器填"pop.163.com"，发送邮件服务器填"smtp.163.com"，用户名使用系统默认（即不带后缀的@163.com），填写完毕后，单击"其他设置"按钮。

（6）单击"其他设置"按钮后会弹出如图 22-12 所示的"Internet 电子邮件设置"对话框，选择"发送服务器"选项卡，选中"我的发送服务器（SMTP）要求验证"复选框，单击"确定"。

（7）回到刚才的对话框，单击"下一步"按钮，在弹出的"测试账户设置"对话框中，出现如图 22-13 所示的情况，说明设置成功了。

（8）设置成功以后弹出如图 22-14 所示对话框，单击"完成"按钮，一个电子邮件账户就添加完成了。如果还需要添加其他账户，可以单击"添加其他账户"按钮继续添加。

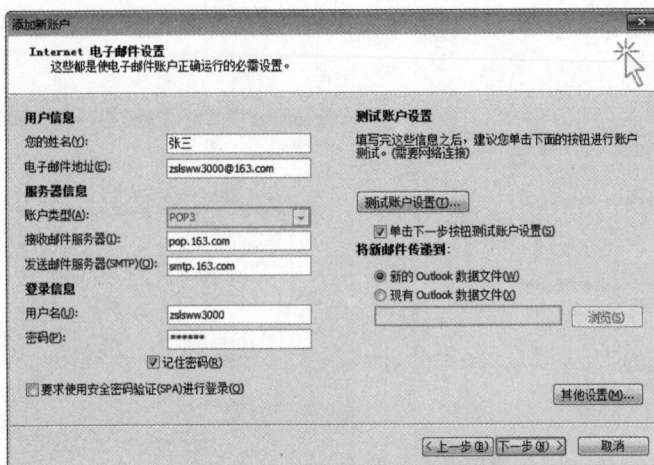

图 22-11 "添加新账户"对话框 4

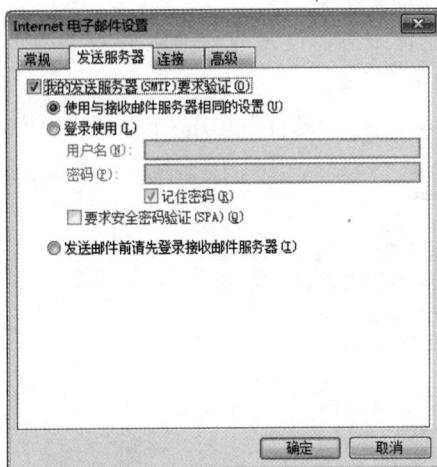

图 22-12 "Internet 电子邮件设置"对话框

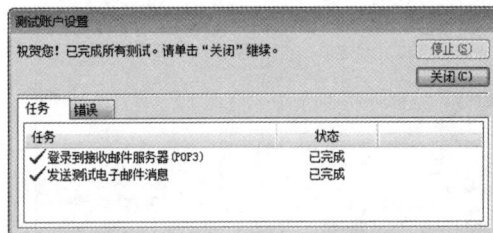

图 22-13 "测试账户设置"对话框

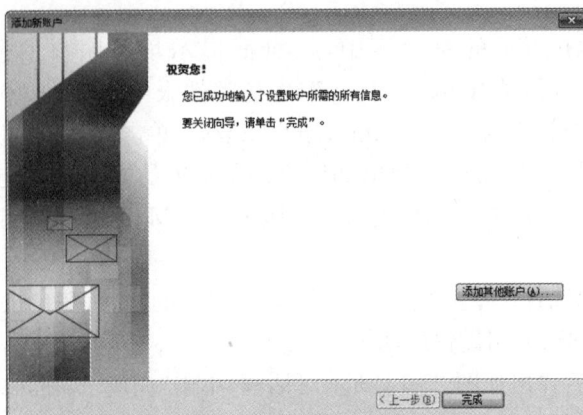

图 22-14 "添加新账户"对话框 5

22.3.4 利用 Outlook 2010 收发邮件

1. 撰写、发送邮件

Outlook 2010 的邮件账号设置好以后,要撰写、发送邮件,具体操作步骤如下。

(1)启动 Outlook 2010 后,执行"开始"→"新建电子邮件"命令,会弹出邮件撰写窗口,如图 22-15 所示。

(2)在"收件人"文本框内输入对方的邮件地址。

(3)在"主题"文本框内输入邮件的主题。

(4)在正文区内输入邮件内容。

(5)如果需要附加文件,可以单击工具栏中的"添加"→"附加文件"按钮,在打开的对话框中选择要添加的文件。

(6)邮件写好以后,单击"发送"按钮即可发送邮件。

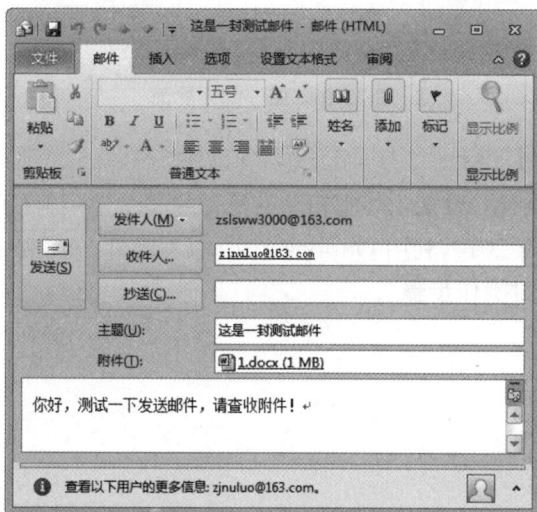

图 22-15 邮件撰写窗口

2. 接收、阅读邮件

Outlook 2010 的邮件账号设置好以后,要接收、阅读邮件,具体操作步骤如下。

(1)启动 Outlook 2010 后,执行"开始"→"发送/接收所有文件夹"命令,Outlook 2010 就会自动将用户的所有邮件从服务器中接收下来,刚接收下来的邮件在"收件箱"文件夹中,如图 22-16 所示。

(2)在左侧的"文件夹"窗格中,单击相应账户的"收件箱",中间窗格中就会列出所有收到的电子邮件。

(3)单击其中的任意一封邮件,右侧窗格中将显示该邮件的内容,用户可以根据需要进行回复或转发。

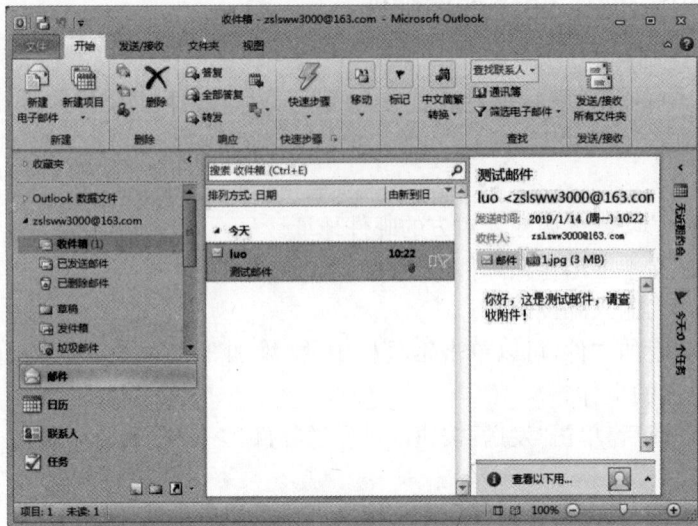

图 22-16　阅读邮件界面

22.3.5　操作与练习

(1)申请一个 163 邮箱,登录 163 邮箱网站给你的同学发一封信。

(2)配置好 Outlook 2010,利用 Outlook 2010 收发邮件。

操作与练习(1)、(2)操作步骤

略。

第二部分

大学计算机综合知识
练习题及参考答案

习题 1　计算机基础知识练习题

1. 世界上第一台电子计算机诞生于(　　)。

A. 1943 年　　　　B. 1946 年　　　　C. 1945 年　　　　D. 1949 年

2. 下列关于世界上第一台电子计算机 ENIAC 的叙述中,错误的是(　　)。

A. 它主要用于弹道计算

B. 它主要采用电子管

C. 它是 1946 年在美国诞生的

D. 它是首次采用存储程序和程序控制使计算机自动工作的

3. 第四代计算机使用的逻辑器件是(　　)。

A. 继电器　　　　　　　　　　　　B. 电子管

C. 中小规模集成电路　　　　　　　D. 大规模和超大规模集成电路

4. 冯·诺依曼计算机工作原理的设计思想是(　　)。

A. 程序设计　　　　B. 程序存储　　　　C. 程序编制　　　D. 算法设计

5. 以程序控制为基础的计算机结构最早是由(　　)提出的。

A. 布尔　　　　　　B. 卡诺　　　　　　C. 冯·诺依曼　　　D. 图灵

6. 电子计算机的特点是(　　)。

A. 速度快、性能价格比低、程序控制　　　B. 性能价格比低、功能全、体积小

C. 速度快、精度高、判断能力强　　　　　D. 速度快、存储容量大、性能价格比低

7. 在存储器容量的表示中,MB 的准确含义是(　　)。

A. 1 000 KB　　　　B. 1 024 KB　　　　C. 1 024 字节　　　D. 1 024 万

8. 在计算机内一切信息的存取、传输和处理都是以(　　)形式进行的。

A. ASCII 码　　　　B. 二进制　　　　　C. BCD 码　　　　D. 十六进制

9. 微型计算机中存储数据的最小单位是(　　)。

A. 字节　　　　　　B. MB　　　　　　C. 位　　　　　　D. KB

10. 微型计算机能处理的最小数据单位是(　　)。

A. ASCII 码字符　　B. 字节　　　　　C. 字符串　　　　D. 位

11. 下列字符中,ASCII 码值最小的是(　　)。

A. a　　　　　　　B. A　　　　　　　C. x　　　　　　D. Y

12. 在微型计算机中,应用最普遍的字符编码是(　　)。

A. BCD 码　　　　　B. 补码　　　　　C. ASCII 码　　　　D. 汉字编码

13. (　　)是计算机唯一能直接识别、直接执行的计算机语言。

A. 汇编语言　　　　B. C 语言　　　　C. 机器语言　　　D. PASCAL 语言

14. 内存中,每个基本单位都被赋予一个唯一的序号,称为(　　)。

A. 字节　　　　　　B. 地址　　　　　C. 编号　　　　　D. 容量

15. 通常人们所称的一个计算机系统是指(　　)。

A. 硬件和固件　　　　　　　　　　　　B. 计算机的 CPU

C. 系统软件和数据库　　　　　　　　　D. 计算机的硬件和软件系统

16. "裸机"是指(　　)。

A. 单片机　　　　　　　　　　　　　　B. 单板机

C. 不装备任何软件的计算机　　　　　　D. 只装备操作系统的计算机

17. 计算机硬件主要包括(　　)、控制器、存储器、输入设备、输出设备。

A. 硬盘驱动器　　　B. 运算器　　　　C. 加法器　　　　D. RAM

18. 运算器的核心是(　　),它为计算机提供了计算与逻辑的功能。

A. 算术逻辑单元(ALU)　　　　　　　　B. Add

C. 逻辑器　　　　　　　　　　　　　　D. 减法器

19. 微处理器又称为(　　)。

A. 运算器　　　　　B. 控制器　　　　C. 逻辑器　　　　D. 中央处理器

20. 鼠标是一种(　　)。

A. 存储器　　　　　B. 运算控制单元　　C. 输入设备　　　D. 输出设备

21. 下面选项(　　)包括了输入设备、输出设备和存储设备。

A. CRT、CPU、ROM　　　　　　　　　　B. 鼠标、绘图仪、光盘

C. 磁盘、鼠标器、键盘　　　　　　　　D. 磁带、打印机、激光印字机

22. 微型计算机中,I/O 设备的含义是(　　)。

A. 输入设备　　　　B. 输出设备　　　C. 输入输出设备　D. 控制设备

23. 在下列设备中,(　　)不能用作计算机的输出设备。

A. 打印机　　　　　B. 显示器　　　　C. 绘图仪　　　　D. 键盘

24. 进位计数制的三个基本要素是(　　)。

A. 二进制、十进制、十六进制　　　　　B. 数目、数量、数码

C. 数目、数量、位置　　　　　　　　　D. 数码、基数、位权

25. 在计算机领域中,不太用得到的数制是(　　)。

A. 五进制码　　　　B. 八进制码　　　C. 十六进制码　　D. 十进制码

26. 为了避免混淆,十六进制数在书写时常在后面加字母(　　)。

A. H　　　　　　　B. O　　　　　　　C. D　　　　　　D. B

27. 与十进制数 291 等值的十六进制数为(　　)。

A. 123　　　　　　B. 213　　　　　　C. 231　　　　　D. 132

28. 十六进制数 3E 转换为十进制数是(　　)。

A. 61　　　　　　　B. 62　　　　　　C. 63　　　　　　D. 64

29. 二进制数 110111110010.011111 转换为十六进制数后,其值为(　　)。

A. DF2.1C　　　　B. CD2.7C　　　　C. DF2.1F　　　　D. DF2.7C

30. 二进制数 1110111.11 转换成十进制数是(　　)。

A. 119.375　　　　B. 119.125　　　　C. 119.75　　　　D. 119.3

31. 将八进制数 777 转换为对应的二进制数等于(　　)。

A. 111111111　　　　　B. 111111110　　　　　C. 11111111　　　　　D. 1111111

32. 八进制数 333 转换为对应的十六进制数等于(　　)。

A. CB　　　　　　　B. BB　　　　　　　C. DB　　　　　　　D. EB

33. 用一个字节表示十进制数 −18 的原码表示为(　　)。

A. 01111001　　　　　B. 10000101　　　　　C. 10010010　　　　　D. 10111001

34. 在计算机中存储一个汉字需要的存储空间为(　　)。

A. 1 个字节　　　　　B. 2 个字节　　　　　C. 0.5 个字节　　　　　D. 4 个字节

35. 汉字的区位码由一个汉字的区号和位号组成。其区号和位号的范围各为(　　)。

A. 区号 0~94,位号 0~94　　　　　　B. 区号 1~94,位号 1~94

C. 区号 0~95,位号 0~95　　　　　　D. 区号 1~95,位号 1~95

36. 汉字字库中存储的是汉字的(　　)。

A. 机内码　　　　　B. 字形码　　　　　C. 区位码　　　　　D. 输入码

37. 在 32×32 点阵字库中,存储一个汉字的字模信息所需的字节数是(　　)。

A. 16　　　　　　　B. 32　　　　　　　C. 64　　　　　　　D. 128

38. CAD 是计算机主要应用领域,它的含义是(　　)。

A. 计算机辅助教育　　　　　　　　B. 计算机辅助测试

C. 计算机辅助设计　　　　　　　　D. 计算机辅助管理

39. 办公自动化是计算机的一项应用,按计算机应用的分类,它属于(　　)。

A. 科学计算　　　　　　　　　　　B. 实时控制

C. 数据处理　　　　　　　　　　　D. 辅助设计

40. 下列叙述中错误的是(　　)。

A. 计算机要经常使用,不要长期闲置不用

B. 为了延长计算机的使用寿命,应避免频繁开关计算机

C. 计算机附近应避免磁场干扰

D. 计算机使用几个小时后,应关机一会儿再用

41. 关于高速缓冲存储器 Cache 的描述,不正确的是(　　)。

A. Cache 是介于 CPU 和内存之间的一种可高速存取信息的芯片

B. Cache 越大,效率越高

C. Cache 用于解决 CPU 和 RAM 之间的速度冲突问题

D. 存放在 Cache 中的数据使用时存在命中率的问题

42. 字长为 32 位的计算机是指(　　)。

A. 该计算机能够处理的最大数不超过 2^{32}

B. 该计算机中的 CPU 可以同时处理 32 位的二进制信息

C. 该计算机的内存量为 32 MB

D. 该计算机每秒钟所能执行的指令条数为 32 MIPS

43. ROM 的意思是指(　　)。

A. 软盘存储器　　　B. 硬盘存储器　　　C. 只读存储器　　　D. 随机存储器

44. 微型计算机中,RAM 是指(　　)。

A. 顺序存储器　　　　B. 只读存储器　　　　C. 随机存储器　　　　D. 高速缓冲存储器

45. 电子计算机的主存储器一般由(　　)组成。

A. ROM 和 RAM　　B. RAM 和 A 磁盘　　C. RAM 和 CPU　　D. ROM

46. 内存的大部分由 RAM 组成,其中存储的数据在断电后(　　)。

A. 不会丢失　　　　B. 部分丢失　　　　C. 完全丢失　　　　D. 不一定丢失

47. 微机的硬盘在工作时,最害怕(　　)。

A. 有人使用鼠标　　　　　　　　B. 有人使用键盘

C. 什么也不怕　　　　　　　　　D. 突然断电或受震动

48. 一张 CD-ROM 盘片可存放的字节数是(　　)。

A. 640 MB　　　　B. 640 KB　　　　C. 512 KB　　　　D. 1 024 KB

49. 在磁光存储技术中使用记录信息的介质是(　　)。

A. 激光电视唱片　　B. 数字音频唱片　　C. 激光　　　　D. 磁性材料

50. 标准 ASCII 码在计算机中的表示方式为(　　)。

A. 一个字节,最高位为"0"　　　　B. 一个字节,最高位为"1"

C. 两个字节,最高位为"0"　　　　D. 两个字节,最高位为"1"

51. 计算机显示器参数中,参数 640×480、1 024×768 等表示(　　)。

A. 显示器的颜色指标　　　　　　B. 显示器屏幕的大小

C. 显示器的分辨率　　　　　　　D. 显示器显示字符的最大列数和行数

52. 下列设备中,可以将图片输入到计算机内的设备是(　　)。

A. 键盘　　　　B. 鼠标　　　　C. 绘图仪　　　　D. 扫描仪

53. 微型计算机系统采用总线结构对 CPU、存储器和外部设备进行连接。总线通常由三部分组成,它们是(　　)_。

A. 逻辑总线、传输总线和通信总线　　B. 地址总线、运输总线和逻辑总线

C. 数据总线、信号总线和传输总线　　D. 数据总线、地址总线和控制总线

54. 16 根地址线的寻址范围是(　　)。

A. 64 K　　　　B. 512 K　　　　C. 640 K　　　　D. 1 MB

55. 平均无故障时间(MTBF),用于描述计算机的(　　)。

A. 可靠性　　　　B. 可维护性　　　　C. 性能价格比　　　　D. 以上答案都不对

56. 在衡量计算机的主要性能指标中,字长是(　　)。

A. 计算机运算部件一次能够处理的二进制数据位数

B. 8 位二进制长度

C. 计算机的总线数

D. 存储系统的容量

57. 内存储器的容量是指(　　)。

A. RAM 的容量　　　　　　　　B. ROM 的容量

C. 硬盘的容量　　　　　　　　　D. RAM 和 ROM 的容量

58. 在计算机领域中我们通常用 MIPS 来描述(　　)。

A. 计算机的运算速度　　　　　　B. 计算机的可靠性

C. 计算机的可运行性　　　　　　　　D. 计算机的可扩充性

59. 计算机操作系统的功能是(　　　)。

A. 把源程序代码转换成目标代码

B. 实现计算机与用户间的交流

C. 完成计算机硬件与软件之间的转换

D. 控制、管理计算机资源

60. 下列四种软件中,属于系统软件的是(　　　)。

A. WPS　　　　　　B. Word　　　　　　C. Unix　　　　　　D. Excel

61. 软件一般分为两大类,其类别为系统软件和应用软件,下列说法正确的是(　　　)。

A. 系统软件 AutoCAD、应用软件 Word

B. 系统软件 Windows、应用软件 Word

C. 系统软件 Visul FoxPro、应用软件 Windows

D. 系统软件 Word、应用软件 MIS

62. 系统软件中最重要的是(　　　)。

A. 操作系统　　　　B. 语言处理程序　　C. 工具软件　　　　D. 数据库管理系统

63. 应用软件是指(　　　)。

A. 所有能够使用的软件

B. 能被各应用单位共同使用的某种软件

C. 所有微机上都应使用的软件

D. 专门为某一应用目的而编制的软件

64. 数据库管理系统是一种(　　　)。

A. 应用软件　　　　　　　　　　　　B. 存储器

C. 系统软件　　　　　　　　　　　　D. 用于管理的计算机

65. 由二进制编码构成的语言是(　　　)。

A. 汇编语言　　　　B. 高级语言　　　　C. 甚高级语言　　　D. 机器语言

66. 人们使用高级语言编写出来的程序,一般首先应当翻译成(　　　)。

A. 编译程序　　　　B. 解释程序　　　　C. 执行程序　　　　D. 目标程序

67. 能把汇编语言源程序翻译成目标程序的程序,称为(　　　)。

A. 编译程序　　　　B. 解释程序　　　　C. 编辑程序　　　　D. 汇编程序

68. 解释程序与编译程序的区别是(　　　)。

A. 编译程序将源程序翻译成目标程序,而解释程序则逐条解释执行源程序语句

B. 解释程序将源程序翻译成目标程序,而编译程序则逐条解释执行源程序语句

C. 解释程序解释执行汇编语言程序,编译程序解释执行源程序

D. 解释程序是应用软件,而编译程序是系统软件

69. 对计算机软件正确的态度是(　　　)。

A. 计算机软件不需要维护

B. 计算机软件只要能复制得到就不必购买

C. 受法律保护的计算机软件不能随便复制

D. 计算机软件不必有备份

70. 计算机信息系统安全包括实体安全、运行安全、信息安全和（　　）安全。

A. 设备　　　　　　B. 人员　　　　　　C. 场地　　　　　　D. 网络

71. 计算机病毒是指（　　）。

A. 计算机的程序已经被破坏

B. 以危害系统为目的的特殊计算机程序

C. 编制有错误的计算机程序

D. 设计不完善的计算机程序

72. 防病毒软件的作用是（　　）。

A. 检查计算机是否染有病毒，消除已感染的病毒

B. 杜绝病毒对计算机的感染

C. 查出计算机已感染的任何病毒，消除其中的一部分

D. 检查计算机是否染有部分病毒，消除已感染的部分病毒

73. 计算机病毒有传染性、隐蔽性、潜伏性等（　　）个特征。

A. 4　　　　　　　　B. 5　　　　　　　　C. 6　　　　　　　　D. 7

74. 多数计算机病毒会造成（　　）的损坏。

A. 软盘　　　　　　B. 硬盘　　　　　　C. 磁盘驱动器　　　　D. 程序和数据

75. 计算机故障可以归纳为（　　）。

A. 只有硬件故障　　B. 只有软件故障　　C. 人为故障　　　　　D. 硬件和软件故障

76. 由计算机病毒引起的故障属于（　　）故障。

A. 硬件　　　　　　B. 软件　　　　　　C. 设备　　　　　　D. 电源

77. 到目前为止，能符合科学思维三大特点的思维模式大体上可以分为实证思维、逻辑思维和（　　）。

A. 艺术思维　　　　B. 宗教思维　　　　C. 计算思维　　　　D. 抽象思维

78. 计算思维是一种利用海量数据来加快计算的方法，我们在采用该方法考虑时间和空间之间、处理能力和（　　）之间的矛盾时，要进行必要的折中。

A. 处理速度　　　　B. 存储容量　　　　C. 存储周期　　　　D. 处理周期

79. 计算思维是运用计算机科学的基础概念进行问题求解、（　　）以及人类行为理解等涵盖计算机科学之广度的一系列思维活动。

A. 辅助设计　　　　B. 结构设计　　　　C. 系统设计　　　　D. 状态设计

80. 计算思维是（　　）的思维方式，不是（　　）的思维方式。

A. 人　计算机　　　　　　　　　　　B. 计算机　人

C. 人　软件　　　　　　　　　　　　D. 软件　人

习题 2　Windows 7 操作系统练习题

1. 不是用于 PC 的桌面操作系统是(　　)。

A. Mac OS　　　　　B. Windows 7　　　　C. Android　　　　D. Linux

2. Windows 7 中有 4 个默认的库,下列选项中错误的是(　　)。

A. 视频和图片　　　B. 音乐和视频　　　C. 图片和文档　　　D. 文档和音频

3. Windows 7 有 3 种类型的账户,以下不是其账户的是(　　)。

A. 来宾账户　　　　B. 标准账户　　　　C. 管理员账户　　　D. 高级账户

4. 对于 Windows 7 的任务栏按钮的默认显示方式,正确的说法是(　　)。

A. 窗口合并,隐藏标签　　　　　　　B. 并排

C. 从不合并　　　　　　　　　　　　D. 杂乱随机显示

5. 主题是计算机中的图片、颜色和声音的组合,它不包括(　　)。

A. 桌面背景　　　　B. 屏幕保护程序　　C. 窗口边框颜色　　D. 动画方案

6. 同时选择某一目标位置下全部文件和文件夹的组合键是(　　)。

A.【Ctr+V】　　　　B.【Ctrl+A】　　　　C.【Ctrl+X】　　　　D.【Ctrl+C】

7. 在 Windows 7 个性化设置中,下列选项不包含的是(　　)。

A. 卸载程序　　　　B. 主题　　　　　　C. 桌面背景　　　　D. 窗口颜色

8. 下列不属于 Windows 7 控制面板中的设置项目的是(　　)。

A. Windows Update　B. 程序安装　　　　C. 备份和还原　　　D. 网络和共享中心

9. 在 Windows 7 操作系统中,将打开窗口拖动到屏幕顶端,窗口会(　　)。

A. 关闭　　　　　　B. 消失　　　　　　C. 最小化　　　　　D. 最大化

10. 在 Windows 7 中,关于剪贴板不正确的描述是(　　)。

A. 剪贴板是内存的某段区域

B. 一旦关机,存放在剪贴板中的内容将不能被保留

C. 剪贴板是硬盘的一部分

D. 剪贴板存放的内容可以被不同的应用程序使用

11. 直接永久删除文件或文件夹而不是先将其移到回收站的组合键是(　　)。

A.【Ctrl+Delete】　B.【Alt+Delete】　　C.【Shift+Delete】　D.【ESC+Delete】

12. 一个文件的名称为"ABC. JPG",则该文件是(　　)。

A. 可执行文件　　　B. 网页文件　　　　C. 文本文件　　　　D. 图像文件

13. 下列图标中,代表网页文件的是(　　)。

A. 　　　　　　　　B. 　　　　　　　　C. 　　　　　　　　D.

14. 在 Windows 7 操作系统中,显示桌面的组合键是(　　)。

A.【Win+Tab】　　　B.【Alt+Tab】　　　C.【Win+D】　　　　D.【Win+P】

15. 在 Windows 7 中,当某个应用程序不能正常关闭时,可以(　　),在出现的窗口

中选择"启用任务管理器",以结束不响应的应用程序。

 A. 切断计算机主机电源   B. 按【Alt＋F10】键

 C. 按【Ctrl＋Alt＋Del】键   D. 按【Power】键

16. 在 Windows 7 中,复选框是指(　　　)。

 A. 可以重复使用的对话框

 B. 提供多个选项,但每次只能选择其中的一项

 C. 提供多人同时选择的公共项目

 D. 提供多个选项,每次可以选择其中的多项

17. 以下输入法中,Windows 7 自带的输入法是(　　　)。

 A. 搜狗拼音输入法   B. 微软拼音输入法

 C.QQ 拼音输入法   D. 陈桥五笔输入法

18. 通过(　　　),用户可以将应用程序窗口作为图像复制到剪贴板。

 A. 按【Alt＋PrtSc】键

 B. 按【PrtSc】键

 C. 在窗口的标题栏右击,然后选"复制"命令

 D. 在窗口的标题栏右击,然后选"剪切"命令

19. 当一个应用程序窗口被最小化后,该应用程序的状态是(　　　)。

 A. 继续在前台运行   B. 终止运行

 C. 转入后台运行   D. 保持最小化前的状态

20. 各种中文输入法之间切换的组合键是(　　　)。

 A.【Shift＋Ctrl】   B.【Shift＋Space】   C.【Ctrl＋Space】   D.【Ctrl＋Shift】

21. 在 Windows 7 系统中,当我们搜索文件或文件夹时,如果输入 B＊.＊,表示
(　　　)。

 A. 搜索所有文件或文件夹

 B. 搜索扩展名为 B 的所有文件或文件夹

 C. 搜索主文件名为 B 的所有文件或文件夹

 D. 搜索文件名第一个字符为 B 的所有文件或文件夹

22. 在 Windows 7 系统中,当应用程序窗口最小化以后,再次打开此应用程序窗口,
可以通过(　　　)。

 A. 单击应用程序名称   B. 文件菜单的运行命令

 C. 单击最小化后的图标   D. 单击桌面的任何地方

23. 在 Windows 7 中选取某一菜单后,若菜单项后面带有省略号"…",则表示
(　　　)。

 A. 将弹出对话框   B. 已被删除

 C. 当前不能使用   D. 该菜单项正在起作用

24. 在 Windows 7 中,要选中不连续的文件或文件夹,先用鼠标单击第一个,然后按
住(　　　)键,用鼠标单击要选择的各个文件或文件夹。

 A.【Alt】   B.【Shift】   C.【Ctrl】   D.【ESC】

25. 在 Windows 7 系统中,有关"回收站"的论述,正确的是( )。

A. "回收站"中的内容将被永久保留

B. "回收站"不占用磁盘空间

C. "回收站"中的内容可以删除

D. "回收站"只能在桌面上找到

26. 关闭应用程序窗口应按下列( )组合键。

A. 【Alt+F4】 B. 【Alt+Tab】 C. 【Alt+ESC】 D. 【Alt+F】

27. 下列四项中,不属于文件属性的是( )。

A. 系统 B. 隐藏 C. 存档 D. 只读

28. 下列关于 Windows 磁盘清理的叙述,只有( )是不对的。

A. 可以清空回收站 B. 删除 Windows 临时文件

C. 删除临时 Internet 文件 D. 不可删除 Windows 组件

29. 在记事本中想把一个正在编辑的文本文件以另一个文件名进行保存,此时需要选择的命令为( )。

A. 文件→保存 B. 文件→另存为

C. 编辑→另存为 D. 编辑→保存

30. 在下列选项中,不是 Windows 7"截图工具"的截图类型的是( )。

A. 矩形截图 B. 窗口截图

C. 全屏幕截图 D. 登录窗口截图

31. 在 Windows 中,屏幕保护程序的作用是( )。

A. 节能功能 B. 美化计算机功能

C. 安全功能 D. 提供节能和系统安全功能

32. 在 Windows 中,为了重新排列桌面上的图标,首先应进行的操作是( )。

A. 右击桌面空白处 B. 右击任务栏空白处

C. 右击已打开窗口的空白处 D. 右击"开始"按钮

33. 在 Windows 7 中,下列关于任务栏的叙述,( )是错误的。

A. 任务栏可以移动

B. 可以将任务栏设置为自动隐藏

C. 在任务栏上,只显示当前活动窗口名

D. 通过任务栏上的按钮,可实现窗口之间的切换

34. 在 Windows 7 中,关于"开始"菜单叙述不正确的是( )。

A. 单击"开始"按钮,可以打开"开始"菜单

B. 用户想做的任何事几乎都可以启动"开始"菜单完成

C. 可在"开始"菜单中增加菜单项,但不能删除菜单项

D. "开始"菜单包括关闭、帮助、所有程序、设置菜单项

35. 在 Windows 中,任务栏"开始"菜单中"文档"的作用是( )。

A. 用于显示可运行程序的程序

B. 用于存放报告、便笺和其他类型的文档

C. 用于运行程序

D. 用于启动联机帮助

36. 使用 Windows 的过程中,在不能使用鼠标的情况下,可打开"开始"菜单的操作是
(　　)。

A. 按【Shift＋Tab】组合键   B. 按【Ctrl＋Shift】组合键

C. 按【Ctrl＋ESC】组合键   D. 按空格键

37. 在 Windows 7 中,下列叙述正确的是(　　)。

A. 任务栏的大小是不能改变的

B. 任务栏可以放在桌面四条边的任意边上

C. "开始"菜单是系统生成的,用户不能再设置它

D. 只有用鼠标单击"开始"按钮才能打开"开始"菜单

38. 用鼠标拖动的方法调整窗口的大小,必须将鼠标光标放在窗口的(　　)。

A. 菜单栏上   B. 标题栏上   C. 任何一个角上   D. 工作区内

39. 在 Windows 中,当屏幕上有多个窗口时,(　　)。

A. 可以有多个活动窗口

B. 有一个固定的活动窗口

C. 活动窗口被其他窗口覆盖

D. 活动窗口标题栏的颜色与其他窗口不同

40. 在 Windows 7 中,窗口的组成部分中不包含(　　)。

A. 标题栏、地址栏、状态栏   B. 搜索栏、工具栏

C. 导航窗格、窗口工作区   D. 任务栏

41. 计算机中安装程序时通常默认安装在(　　)中的"Program Files"文件夹中。

A. C 盘   B. D 盘   C. E 盘   D. F 盘

42. 在 Windows 控制面板的"更改账户"窗口中不可以进行的操作是(　　)。

A. 更改账户名称   B. 创建或修改密码

C. 更改图片   D. 创建新用户

43. 在安装 Windows 7 的最低配置中,内存的基本要求是(　　)GB 以上。

A. 0.5   B. 1   C. 2   D. 4

44. 要安装 Windows 7,系统磁盘分区必须为(　　)格式。

A. FAT 16   B. FAT 32   C. NTFS   D. FAT

45. Windows 7 有(　　)个版本。

A. 3   B. 4   C. 5   D. 6

46. 文件的类型可以根据(　　)来识别。

A. 文件的大小   B. 文件的用途

C. 文件的扩展名   D. 文件的存放位置

47. 当一个文件更名后,则文件的内容(　　)。

A. 完全消失   B. 完全不变   C. 部分改变   D. 全部改变

48. 在 Windows 7 中不可以完成窗口切换的方法是(　　)。

A. 【Ctrl+Tab】

B. 【Win+Tab】

C. 单击要切换窗口的任何可见部位

D. 单击任务栏上要切换的应用程序按钮

49. 在 Windows 7 中,将窗口最大化的错误方法是(　　)。

A. 按最小化按钮　　　　　　　　B. 按最大化按钮

C. 双击标题栏　　　　　　　　　D. 拖曳窗口到屏幕顶端

50. 能够提供即时信息及轻松访问常用工具的桌面元素是(　　)。

A. 桌面图标　　　B. 桌面小工具　　　C. 任务栏　　　D. 桌面背景

51. 文本文件的扩展名是(　　)。

A. .TXT　　　　B. .EXE　　　　C. .JPG　　　　D. .AVI

52. 在 Windows 7 中,下列操作方法能直接打开"资源管理器"的是(　　)。

A. 单击任务栏中的图标🗔　　　　B. 执行"开始"→"文档"

C. 执行"开始"→"控制面板"　　　D. 双击桌面上的"回收站"图标

53. 中/英文输入切换的键盘命令是(　　)。

A. 【Ctrl+Space】　B. 【Ctrl+Alt】　C. 【Shift+Space】　D. 【Ctrl+Shift】

54. 半/全角字符切换的键盘命令是(　　)。

A. 【Alt+Space】　B. 【Shift+Space】　C. 【Ctrl+Esc】　D. 【Ctrl+A】

55. 在 Windows 中,使用"截图工具"可以将屏幕上显示的信息以图片形式进行保存,默认的图片扩展名为(　　)。

A. .JPG　　　　B. .BMP　　　　C. .tif　　　　D. .PNG

56. 桌面"便笺"程序不支持的输入方式为(　　)。

A. 键盘输入　　　B. 手写输入　　　C. 扫描输入　　　D. 语音输入

57. 桌面"便笺"程序中缩小文本的组合键为(　　)。

A. 【Ctrl+Shitf+<】　　　　　　B. 【Ctrl+>】

C. 【Ctrl+Shift+>】　　　　　　D. 【Ctrl+<】

58. 保存"画图"程序建立的文件时,默认的扩展名为(　　)。

A. .PNG　　　　B. .BMP　　　　C. .GIF　　　　D. .JPG

59. 写字板是一个用于(　　)的应用程序。

A. 图形处理　　　B. 文字处理　　　C. 程序处理　　　D. 信息处理

60. 压缩/解压缩软件 WinRAR 经压缩后产生的文件的扩展名为(　　)。

A. .TXT　　　　B. .DOCX　　　　C. .RAR　　　　D. .EXE

61. 在 Windows 中,通常文件名是由(　　)组成的。

A. 文件名和基本名　　　　　　　B. 主文件名和扩展名

C. 扩展名和后缀名　　　　　　　D. 后缀名和名称

62. 在 Windows 中,下列正确的文件名是(　　)。

A. My Program Group. txt　　　B. file1|file2

C. A<>B. C　　　　　　　　　D. A? B. doc

63. 下列鼠标操作中,(　　)属于单击。

A. 移动鼠标将指针指向特定区域　　　　B. 一次压下并放开鼠标按钮

C. 连续两次压下并放开鼠标按钮　　　　D. 指定某一图标,按住左键拖动

64. 在 Windows 中,对打开的多个窗口进行层叠式排列,这些窗口的显著特点是
(　　)。

A. 每个窗口的内容全部可见　　　　B. 每个窗口的标题栏全部可见

C. 部分窗口的标题栏不可见　　　　D. 每个窗口的部分标题栏可见

65. 下面关于 Windows 窗口组成元素的描述,(　　)是不正确的。

A. 单击并拖动标题栏可以移动窗口的位置,双击标题栏可以最大化窗口

B. 不同应用程序窗口的菜单栏内容是不同的,但多数都有"文件""编辑"等

C. 每一个窗口都有工具栏,位于菜单栏下面

D. 双击窗口左上角的控制图标,可以关闭窗口

66. Windows 的窗口空间有限,有时正文并未完全在窗口工作区中显示,可利用
(　　)将文档隐藏内容移出来。

A. 窗口移动　　　　B. 改变窗口大小　　　　C. 移动滚动条　　　　D. 窗口最大化操作

67. 对话框中有些项目在文字的左边标有一个小方框,当小方框里有"√"时表明
(　　)。

A. 这是一个复选框,而且未被选中　　　　B. 这是一个复选框,而且已被选中

C. 这是一个单选按钮,而且未被选中　　　　D. 这是一个单选按钮,而且已被选中

68. 在 Windows 中能弹出对话框的操作是(　　)。

A. 选择了带有向右三角形箭头的命令项　B. 选择了带有省略号的命令项

C. 选择了颜色变灰的命令项　　　　D. 运行了与对话框对应的应用程序

69. 在 Windows 的对话框中,用户必须并且只能选择其中一项的框称为(　　)。

A. 单选框　　　　B. 列表框　　　　C. 复选框　　　　D. 文本框

70. 下列关于 Windows 对话框的叙述,错误的是(　　)。

A. 对话框是提供给用户与计算机对话的界面

B. 对话框的位置可以移动,但大小不能改变

C. 对话框的位置和大小都不能改变

D. 对话框中可能会出现滚动条

71. 在 Windows 中,当一个应用程序窗口被最小化后,该应用程序将(　　)。

A. 终止执行　　　　B. 继续在前台执行

C. 暂停执行　　　　D. 转入后台执行

72. 在 Windows 中,下列终止应用程序执行的方法,正确的是(　　)。

A. 双击应用程序窗口左上角的控制图标

B. 将应用程序窗口最小化成图标

C. 单击应用程序窗口右上角的还原按钮

D. 双击应用程序窗口中的标题栏

73. 在 Windows 中,启动应用程序的正确方法是(　　)。

A. 使用"开始"菜单中的"运行"命令　　　B. 将该应用程序窗口最小化成图标

C. 将该应用程序窗口还原　　　　　　　D. 将鼠标指向该应用程序图标

74. Windows 7 内置的浏览器是(　　)。

A. Netscape Navigator　　　　　　　　B. Internet Express

C. Netscape Communicator　　　　　　D. Internet Explorer

75. 在 Windows 中,用"创建快捷方式"创建的图标(　　)。

A. 可以是任何文件或文件夹　　　　　　B. 只能是可执行程序或程序组

C. 只能是单个文件　　　　　　　　　　D. 只能是程序文件和文档文件

76. 以下关于 Windows 快捷方式的说法正确的是(　　)。

A. 一个快捷方式可指向多个目标对象

B. 删除快捷方式时并不删除快捷方式所指向的对象

C. 不允许为快捷方式建立快捷方式

D. 删除快捷方式将连同所指向的对象一并删除

77. 在 Windows 资源管理器中,打开"查看"菜单,选择"排列方式"中的"大小"命令,则文件夹内容框中的文件按(　　)排列。

A. 文件名大小　　　　　　　　　　　　B. 扩展名大小

C. 文件大小　　　　　　　　　　　　　D. 建立或最近一次修改的时间大小

78. 利用资源管理器,在同一驱动器中,用鼠标复制文件的方法是(　　)。

A.【Ctrl】+拖动选定的文件名　　　　　B. 拖动选定的文件名

C.【Tab】+拖动选定的文件名　　　　　D.【Alt】+拖动选定的文件名

79. 在 Windows 中,选择连续的对象,可按(　　)键,单击第一个对象,然后单击最后一个对象。

A.【Shift】　　　　B.【Alt】　　　　C.【Ctrl】　　　　D.【Tab】

80. 在 Windows 7 资源管理器中,若希望显示文件的名称、类型、大小等信息,则应该选择"查看"菜单中的(　　)命令。

A."列表"　　　　B."大图标"　　　　C."小图标"　　　　D."详细资料"

81. 在 Windows 7 资源管理器导航窗格中,单击某文件夹的图标,则(　　)。

A. 在左侧窗格口中显示其子文件夹

B. 在左侧窗格口中扩展该文件夹

C. 在右侧窗格口中显示该文件夹中的文件

D. 在右侧窗格口中显示该文件夹中的子文件夹和文件

82. 在 Windows 中,下列创建新文件夹的操作,错误的是(　　)。

A. 在文件夹窗格的空白区域右击,选择"新建"命令

B. 在资源管理器中,选择"文件"菜单中的"新建"命令

C. 双击"计算机"确定上级文件夹后,选择"文件"菜单中的"新建"命令

D. 在"开始"菜单中,选择"运行"命令,再执行 MD 命令

83. 在 Windows 中进行文件操作时,若连续进行了多次剪切操作,则剪贴板中存放的是(　　)。

A. 空白   B. 所有剪切过的内容

C. 最后一次剪切的内容   D. 第一次剪切的内容

84. 在 Windows 操作系统中,不同文档之间互相复制信息时需要借助于( )。

A. 剪贴板   B. 记事本   C. 写字板   D. 磁盘缓冲区

85. 在 Windows 中,为了将 U 盘上选定的文件移动到硬盘上,正确的操作是( )。

A. 用鼠标左键拖动后,从弹出的快捷菜单中选择"移动到当前位置"命令

B. 用鼠标右键拖动后,从弹出的快捷菜单中选择"移动到当前位置"命令

C. 按住【Ctrl】键,再用鼠标左键拖动

D. 按住【Alt】键,再用鼠标右键拖动

86. 按下鼠标右键在同一驱动器的不同文件夹内拖动某一对象时,不可能得到的结果是( )。

A. 移动该对象   B. 复制该对象

C. 在目标文件夹创建快捷方式   D. 删除该对象

87. 在 Windows 的"计算机"窗口中,若已选定硬盘上的文件或文件夹,并按了【Delete】键和"确定"按钮,则该文件或文件夹将( )。

A. 被删除并放入回收站   B. 不被删除也不放入回收站

C. 被删除但不放入回收站   D. 不被删除但放入回收站

88. 在 Windows 中,当文件错误操作而被删除时,可从回收站( )。

A. 选中文件后单击右键选择"还原"命令

B. 不能还原

C. 选中文件后单击左键选择"还原"命令

D. 选中文件后单击右键选择"属性"命令

89. 在 Windows 7 中,以下说法不正确的是( )。

A. 回收站的容量可以调整

B. 回收站的容量等于硬盘的容量

C. A 盘上的文件可以直接删除而不会放入回收站

D. 硬盘上的文件可以直接删除而不需放入回收站

90. Windows 中不能更改文件名的操作是( )。

A. 右击文件名,然后选择"重命名"命令,输入新文件名后按【Enter】键

B. 选定文件后,单击文件名称,输入新文件名按【Enter】键

C. 单击文件名,然后在"文件"菜单中选择"重命名",输入新文件名后按【Enter】键

D. 双击文件名,然后选择"重命名",输入新文件名后按【Enter】键

91. Windows 文件的属性有( )。

A. 只读、隐藏、存档   B. 只读、存档、系统

C. 只读、系统、共享   D. 与 DOS 的文件属性相同

92. 在 Windows 的文件搜索对话框中,如果要查找一个文件名中前三个字母为 XYZ、第四个字母任意的文件,则使用( )无法找到该文件。

A. XYZ. *   B. XYZ * . *   C. XYZ? . *   D. XYZ?? . *

93. 在主机上新接上一台打印机,使用前必须为该打印机安装(　　)方可使用。

A. 打印纸　　　　　B. 驱动程序　　　　　C. 打印文件　　　　　D. 菜单命令

94. 在 Windows 7 中输入中文文档时,为了输入一些特殊符号,可以使用系统提供的(　　)。

A. 中文输入法　　　B. 符号　　　　　　C. 软键盘　　　　　D. 资料

95. 如果键盘上的(　　)指示灯亮着,表示此时输入英文的大写字母。

A.【Num Lock】　　B.【Caps Lock】　　C.【Scroll Lock】　　D. 以上都不对

96. 在计算机的日常维护中,对磁盘应定期进行碎片整理,其主要目的是(　　)。

A. 提高计算机的读写速度　　　　　　B. 防止数据丢失

C. 增加磁盘可用空间　　　　　　　　D. 提高磁盘的利用率

97. 在 Windows 7 中,下列叙述正确的是(　　)。

A. 回收站和剪贴板一样,是内存中的一块区域

B. 桌面上的图标,不能按用户的意愿重新排列

C. 只有活动窗口才能进行移动、改变大小等操作

D. 一旦屏幕保护开始,原来在屏幕上的当前窗口就关闭了

98. 以下不属于 Windows"附件"的有(　　)。

A. 画图　　　　　　　　　　　　　　B. 写字板

C. 磁盘碎片整理程序　　　　　　　　D. Internet Explorer

99. 在记事本中,不能完成的操作是(　　)。

A. 输入便条　　　　B. 输入文本　　　　C. 插入图形　　　　D. 输入备忘录

100. Windows 中的写字板和记事本最主要的区别是(　　)。

A. 前者中能输入汉字,后者不能

B. 前者能进行文字打印,后者不能

C. 前者用于编辑简单格式文档,后者用于编辑纯文本文件

D. 前者用于编辑纯文本文件,后者用于编辑简单格式文档

习题 3 Word 2010 文字处理软件练习题

1. Word 系列办公软件是(　　)公司的产品。

A. Microsoft　　　　B. IBM　　　　　　C. SUN　　　　　D. 金山

2. 下列对 Word 描述不正确的是(　　)。

A. Word 是 Office 的组件之一　　　　B. Word 是文字处理软件

C. Word 的运行环境是 Windows　　　D. 以上说法都不正确

3. 直接启动 Word 的方式是(　　)。

A. 使用"开始"菜单　　　　　　　B. 使用快捷图标

C. 使用 Office 快捷工具栏　　　　D. 以上三项都是

4. Word 中显示有字数、页数、总页数等的是(　　)。

A. 工具栏　　　　　　　　　　B. 标题栏

C. "页面布局"功能区　　　　　　D. 状态栏

5. Word 文档文件的扩展名是(　　)。

A. . txt　　　　　B. . docx　　　　C. . gif　　　　D. . bmp

6. 启动 Word 文档之后,空白文档的名字是(　　)。

A. 文档 1. docx　　B. 新文档. docx　　C. 文档. docx　　D. 我的文档. docx

7. 不属于 Word 软件功能的是(　　)。

A. 制作表格　　　　　　　　　　B. 处理图形

C. 提高 CPU 的速度　　　　　　　D. 文件打印

8. 在 Word 中,当前正在编辑的文档名显示在(　　)。

A. 文档末尾　　B. 文件选项卡中　　C. 状态栏　　　D. 标题栏

9. 已打开且尚未关闭的 Word 文档,其名称可以在(　　)看到。

A. "开始"功能区

B. "页面布局"功能区

C. "文件"功能区的"最近所用文件"

D. "文件"功能区的"打开"子菜单

10. Word 中,在"文件"功能区的"最近所用文件"中列出的文件名表示的是(　　)。

A. 该文件正在使用之中

B. 该文件正处于打印状态

C. 扩展名为 . doc 的文件

D. 最近使用本软件处理过的文件

11. 在"开始"菜单中的"Microsoft word 2010"子菜单中单击某个 Word 文档名,将
(　　)。

A. 启动 Word 同时打开此 Word 文档

B. 仅启动 Word,不打开此 Word 文档

C. 打开此 Word 文档,但不启动 Word

D. 以上说法均不正确

12. Word 中,在文档窗口中,可以同时有多个文档,但同一时刻只能有（　　）个是当前文档。

　　A. 1　　　　　　　　B. 2　　　　　　　　C. 3　　　　　　　　D. 4

13. 在 Word 的编辑状态下,用户先打开了 d1.docx 文档,又打开了 d2.docx 文档,则（　　）。

A. d1.docx 文档的窗口遮蔽 d2.docx 文档的窗口

B. 打开了 d2.docx 文档的窗口,d1.docx 文档的窗口被关闭

C. 打开的 d2.docx 文档窗口遮蔽了 d1.docx 文档的窗口

D. 两个窗口并列显示

14. 在 Word 的编辑状态下,用户按先后顺序依次打开了 d1.docx、d2.docx、d3.docx、d4.docx 四个文档,当前的活动窗口是（　　）的窗口。

　　A. d1.docx　　　　　B. d2.docx　　　　　C. d3.docx　　　　　D. d4.docx

15. 在 Word 中,下列关于文档窗口的说法正确的是（　　）。

A. 只能打开一个文档窗口

B. 可以同时打开多个文档窗口,被打开的窗口都是活动窗口

C. 可以同时打开多个文档窗口,但其中只有一个是活动窗口

D. 可以同时打开多个文档窗口,但在屏幕上只能见到一个文档的窗口

16. 在 Word 中,当前活动窗口是文档 D1.docx 的窗口,单击该窗口的"最小化"按钮后（　　）。

A. 不显示 D1.docx 文档内容,但 D1.docx 文档并未被关闭

B. 该窗口和 D1.docx 文档都被关闭

C. D1.docx 文档未被关闭,且继续显示其内容

D. 关闭了 D1.docx 文档但该窗口并未关闭

17. 在 Word 中"打开"文档的作用是（　　）。

A. 将指定的文档从内存中读入,并显示出来

B. 为指定的文档打开一个空白窗口

C. 将指定的文档从外存中读入,并显示出来

D. 显示并打印指定文档的内容

18. Word 中,创建一个新文档,使用（　　）命令。

A. "文件"功能区中的"打开"

B. "文件"功能区中的"新建"

C. 快捷键【Ctrl+S】

D. 快捷键【Ctrl+O】

19. 在 Word 中,创建新文档的组合键是（　　）。

　　A.【Ctrl+N】　　　　B.【Ctrl+A】　　　　C.【Ctrl+O】　　　　D.【Ctrl+P】

20. 在 Word 编辑状态下,可以使插入点快速移到文档首部的快捷键是(   )。

A.【Ctrl+Home】　　　　　　　　　　B.【Alt+Home】

C.【Home】　　　　　　　　　　　　　D.【PgUp】

21. 在 Word 编辑状态下,可以使插入点快速移到行首的快捷键是(   )。

A.【Ctrl+Home】　　　　　　　　　　B.【Alt+Home】

C.【Home】　　　　　　　　　　　　　D.【PgUp】

22. 在 Word 编辑状态下,可以使插入点快速移到文档尾部的快捷键是(   )。

A.【Ctrl+End】　　　　　　　　　　　B.【Alt+Home】

C.【End】　　　　　　　　　　　　　　D.【PgDn】

23. 在 Word 编辑状态下,可以使插入点快速移到行末的快捷键是(   )。

A.【Ctrl+End】　　　　　　　　　　　B.【Alt+Home】

C.【End】　　　　　　　　　　　　　　D.【PgDn】

24. 在 Word 默认情况下,输入了错误的英文单词时,(   )。

A. 系统响铃,提示出错　　　　　　B. 在单词下有绿色下划波浪线

C. 在单词下有红色下划波浪线　　　D. 自动更正

25. 在 Word 中,在下列叙述中有几种是正确的(   )。

(1)全角方式用于汉字输入,半角方式用于英文输入

(2)一般对于纯英文输入,可在关闭汉字提示行后采用半角方式

(3)在全角方式下输入的英文字符,都占一个汉字位置;而半角方式下,输入的英文字符都占半个汉字位置

(4)全角方式或半角方式,对输入汉字来说,没有影响

A. 1　　　　　　　B. 2　　　　　　　C. 3　　　　　　　D. 4

26. 在 Word 中,段落是(   )。

A. 一段以回车键为结束的文字

B. 任何以段落标记为结束的文字、图形、公式或图表等形式构成的内容

C. 屏幕上并行的一行

D. 文档中用空行分开的部分

27. 在 Word 中,下列关于段落的叙述中,有(   )种是错误的。

(1)按一下回车键就在文档中插入了一个段落标记,但这个标记是无法显示的

(2)只要整个文档没有分段,就没有段落

(3)段落标记只是表示一个段落的结束,并无其他作用

(4)在复制或移动一个段落时,若要保留该段落格式,必须同时选择它的段落标记

A. 1　　　　　　　B. 2　　　　　　　C. 3　　　　　　　D. 4

28. 在 Word 文档中,插入分页符的组合键是(   )。

A.【Shift+Enter】　　　　　　　　　B.【Ctrl+Enter】

C.【Alt+Enter】　　　　　　　　　　D.【Alt+Shift+Enter】

29. 在 Word 中,文档中有一段被选择,当按【Delete】键后(   )。

A. 删除此段落

B. 删除了整个文件

C. 删除了之后的所有内容

D. 删除了插入点以及其之间的所有内容

30. 在 Word 中,当鼠标指针位于( )时,将变形为指向右上方的箭头。

A. 文本区　　　　　　　　　　B. 左边的文本选择区

C. 状态行　　　　　　　　　　D. 任何区域

31. 在 Word 中,选定一个段落的含义是( )。

A. 选定段落中的全部内容

B. 选定段落标记

C. 将插入点移到段落中

D. 选定包括段落标记在内的整个段落

32. 在 Word 中,删除一个段落标记符将使得( )。

A. 原段落格式编排没有任何变化

B. 前后两段合并成一段

C. 前后两段的格式设置自动取消

D. 以上说法都不对

33. 在 Word 中,"节"是一个重要的概念,下列关于"节"的叙述错误的是( )。

A. 默认整篇文档为一个节

B. 可以对一篇文档设定多个节

C. 可以对不同的节设定不同的页码

D. 删除某一节的页码,不会影响其他节的页码设置

34. Word 中,要删除光标右边的文字,选择( )键。

A.【Delete】　　　B.【Ctrl】　　　C.【Back Space】　　　D.【Alt】

35. 在 Word 编辑状态下,当前输入的文字显示在( )。

A. 鼠标光标处　　B. 插入点处　　C. 文件尾部　　D. 当前行尾部

36. 在 Word 的编辑状态下,执行"开始"选项卡中的"粘贴"命令后,( )。

A. 将文档中被选择的内容复制到当前插入点处

B. 将文档中被选择的内容移到剪贴板

C. 将剪贴板中的内容移到当前插入点处

D. 将剪贴板中的内容复制到当前插入点处

37. 下列关于 Word 操作的叙述中,有( )种是错误的。

(1)在文档输入中,凡是已经显示在屏幕上的内容,都已经被保存在硬盘上

(2)只要不关机,用剪切或复制操作把选定的对象存放在剪贴板中,信息就不会丢失

(3)用粘贴操作把剪贴板中的内容粘贴到文档的插入点位置后,剪贴板中的内容将不再存在

(4)用剪切、复制和粘贴操作,只能在一个文档中进行选定对象的移动和复制

A. 1　　　　　　B. 2　　　　　　C. 3　　　　　　D. 4

38. 在 Word 中,纠正部分误操作的方法是( )。

A. 单击"恢复"按钮   B. 单击"撤销"按钮

C. 按【ESC】键   D. 不存盘退出再重新打开文档

39. 在 Word 的编辑状态下,连续进行了两次"插入"操作,再连续两次单击"撤销"按钮后,(　　)。

A. 将两次插入的内容全部取消   B. 将第一次插入的内容取消

C. 将第二次插入的内容取消   D. 两次插入的内容都不被取消

40. 在 Word 中,要撤销或重复最近一次所做的操作的方法是(　　)。

A. 单击"插入"选项卡中的"撤销"或"重复"

B. 单击"开始"选项卡中的"撤销"或"重复"

C. 按组合键【Ctrl+C】或【Ctrl+V】

D. 单击"常用"工具栏中的"撤销"或"重复"按钮

41. Word 中,将文档中的一部分文本内容复制到别处,首先要进行的操作是(　　)。

A. 粘贴   B. 复制   C. 选择   D. 剪切

42. 在 Word 中,组合键【Ctrl+0(数字)】的作用是(　　)。

A. 删除一空行   B. 增加一空行

C. 增加一倍行距   D. 在段前删除或增加一空行

43. 在 Word 2010 中,在某个文档窗口中进行了 5 次剪切操作,剪贴板中的内容为(　　)。

A. 第一次剪切的内容   B. 最后一次剪切的内容

C. 所有剪切的内容   D. 空白

44. 在 Word 的编辑状态,执行"开始"选项卡中的"复制"命令后(　　)。

A. 被选择的内容被复制到剪贴板

B. 被选择的内容被复制到插入点处

C. 插入点所在的段落内容被复制到剪贴板

D. 光标所在的段落内容被复制到剪贴板

45. 在 Word 中,当输入文本满一页时,会自动插入一个分页符,这称为(　　)。

A. 软回车   B. 硬回车   C. 自动分页   D. 人工分页

46. 在 Word 中,用拖动的方法复制文本是先选择要复制的内容,然后(　　)。

A. 拖动鼠标到目的地后松开左键

B. 按住【Ctrl】键并拖动鼠标到目的地后松开左键

C. 按住【Shift】键并拖动鼠标到目的地后松开左键

D. 按住【Alt】键并拖动鼠标到目的地后松开左键

47. 在 Word 中,下列说法中正确的是(　　)。

A. 移动文本的方法:选定文本、粘贴文本、在目标位置移动文本

B. 移动文本的方法:选定文本、复制文本、在目标位置粘贴文本

C. 复制文本的方法:选定文本、剪切文本、在目标位置复制文本

D. 复制文本的方法:选定文本、复制文本、在目标位置粘贴文本

48. 在 Word 中,复制当前所选择的文字的组合键是(　　)。

A.【Ctrl＋C】　　　B.【Ctrl＋V】　　　C.【Ctrl＋Z】　　　D.【Ctrl＋X】

49. 在 Word 中,粘贴当前所选择的文字的组合键是(　　　)。

A.【Ctrl＋C】　　　B.【Ctrl＋V】　　　C.【Ctrl＋Z】　　　D.【Ctrl＋X】

50. 在 Word 中,剪切当前所选择的文字的组合键是(　　　)。

A.【Ctrl＋C】　　　B.【Ctrl＋V】　　　C.【Ctrl＋Z】　　　D.【Ctrl＋X】

51. 在使用 Word 文本编辑软件时,一切操作都是在指针形状的指示下完成的。选定栏是可用来快速选择一行或一段或全文的,当指针移到选定栏时,其形状是(　　　)。

A. 手形　　　　　B. 箭头形　　　　C. 闪烁的竖条形　　D. 沙漏形

52. 在 Word 中,不小心按空格键删除了已选定的大段文字,可用(　　　)操作还原到原先的状态。

A. 替换　　　　　B. 粘贴　　　　　C. 撤销　　　　　D. 恢复

53. 在 Word 中选定一个句子的方法是(　　　)。

A. 单击该句中任意位置

B. 双击该句中任意位置

C. 按住【Ctrl】键同时单击句中任意位置

D. 按住【Ctrl】键同时双击句中任意位置

54. 在 Word 2010 中选定文本内容的操作,下列叙述(　　　)不正确。

A. 在文本选定区单击鼠标左键可选定一行

B. 可以通过鼠标拖曳或键盘组合操作选定任何一块文本

C. 不可以选定两块不连续的内容

D. 鼠标连续在选定栏左击三下可以选定全部内容

55. 在 Word 编辑状态下,操作的对象经常是被选择的内容,若鼠标在某行行首的左边,下列(　　　)操作可以仅选择光标所在的行。

A. 单击　　　　　B. 单击三下　　　　C. 双击　　　　　D. 右击

56. 在 Word 窗口中,工具栏上"格式刷"按钮的作用是(　　　)。

A. 填充颜色　　　B. 删除　　　　　C. 格式复制　　　　D. 转移

57. 在执行"查找"命令时,若查找内容为 off,如果选择了(　　　)复选框,则 Office 不会被查找到。

A. 区分大小写　　B. 区分全半角　　C. 模式匹配　　　　D. 全字匹配

58. 在 Word 中,进行"边框和底纹"操作,应当使用(　　　)选项卡中的命令。

A. 插入　　　　　B. 视图　　　　　C. 页面布局　　　　D. 开始

59. 在 Word 的编辑状态下,如果文档有多个段落,选中某一段文档的操作是(　　　)。

A. 按【Ctrl＋S】组合键

B. 在该段落的任意一行的左边双击

C. 在该段落的任意一行的左边三击左键

D. 将光标置于文档的第一个文字的左边,然后按住【Shift】键后将鼠标移至文档的最后一个文字后面并单击

60. 在 Word 编辑状态下,要选择整个文本,应在文本选定区(　　　)。

A. 单击　　　　　　B. 单击三下　　　　C. 双击　　　　　　D. 右击

61. 在 Word 中,选取文本之后,如果单击或用键盘移动光标将会(　　)。

A. 增大选取范围　　　　　　　　　B. 增大或缩小选取范围

C. 取消文本选取状态　　　　　　　D. 以上都不是

62. 在 Word 中,选取文字块的方法是(　　)。

A. 用鼠标左键在文字上拖动文字块

B. 按住【Shift】键后移动文本光标选取文字块

C. 按住【Alt】键后移动文本光标选取文字块

D. 包括 A、B 和 C

63. 在 Word 中,取消选取好的文字块的方法是(　　)。

A. 单击空格键　　　B. 单击　　　　　C. 单击方向键　　　D. 包括 B 和 C

64. 在 Word 中,选取整篇文章用(　　)组合键。

A.【Ctrl+A】　　　B.【Ctrl+C】　　　C.【Alt+A】　　　D.【Alt+C】

65. 在 Word 中,下列是关于脚注和尾注叙述正确的是(　　)。

A. 脚注出现在文档中每一页的首部,尾注一般位于文件的首部

B. 脚注出现在文档中每一页的末尾,尾注一般位于文档的末尾

C. 脚注出现在文档中每一页的末尾,尾注一般位于文档的首都

D. 脚注出现在文档中每一页的首部,尾注一般位于文档的末尾

66. 在 Word 中,控制文本内容在页面中的位置的操作是(　　)。

A. 滚动条　　　　　B. 控制框　　　　　C. 标尺　　　　　　D. 最大化按钮

67. 在 Word 中进行"替换"操作时,应按(　　)组合键。

A.【Ctrl+A】　　　B.【Ctrl+F】　　　C.【Ctrl+H】　　　D.【Ctrl+G】

68. Word 中关于"查找"操作,下列说法正确的是(　　)。

A. 可以无格式或带格式进行,还可以查找一些特殊的非打印字符

B. 只能带格式进行,还可以查找一些特殊的非打印字符

C. 只能在整个文档范围内进行

D. 可以无格式或带格式进行,但不能使用任何统配符进行查找

69. 在 Word 的编辑状态下,进行"查找与替换"操作时,应当使用(　　)选项卡中的命令。

A. 插入　　　　　　B. 引用　　　　　C. 文件　　　　　　D. 开始

70. 在 Word 编辑状态下,要在文档中添加项目符号"◆",应当使用(　　)选项卡中的命令。

A. 插入　　　　　　B. 引用　　　　　C. 文件　　　　　　D. 开始

71. 在 Word 的编辑状态下,执行"文件"选项卡中的"另存为"命令后,(　　)。

A. 将所有打开的文档存盘

B. 只能将当前文档存储在原文件夹内

C. 可以将当前文档存储在任意文件夹内

D. 只能先建立一个新文件夹,再将文档存储在该文件夹内

72. 在 Word 中,以只读方式打开的 Word 文件若进行了某些修改后,应该使用"文件"选项卡中的(　　)命令保存。

A. 保存　　　　　　　B. 退出　　　　　　　C. 另存为　　　　　　D. 关闭

73. 在 Word 的编辑状态下打开了一个文档,对文档没作任何修改,随后单击 Word 主窗口标题栏右侧的"关闭"按钮或者执行"文件"选项卡中的"退出"命令,则(　　)。

A. 仅文档窗口被关闭

B. 文档和 Word 主窗口全被关闭

C. 仅 Word 主窗口被关闭

D. 文档和 Word 主窗口全未被关闭

74. Word 具有分栏功能,下列关于分栏的说法中正确的是(　　)。

A. 最多可以设两栏

B. 各栏的宽度必须相同

C. 各栏的宽度可以不同

D. 各栏的间距是固定的

75. 在 Word 的编辑状态下,打开了一个文档,进行"保存"操作后,该文档(　　)。

A. 被保存在原文件夹下

B. 可以保存在已有的其他文件夹下

C. 可以保存在新建文件夹下

D. 保存后被关闭

76. Word 默认的对齐方式是(　　)。

A. 左对齐　　　　　　B. 右对齐　　　　　　C. 两端对齐　　　　　D. 分散对齐

77. 在 Word 的编辑状态下,当前正编辑一个新建文档"文档1",当执行"文件"选项卡中的"保存"命令后,(　　)。

A. 该"文档1"被存盘

B. 弹出"另存为"对话框,供进一步操作

C. 自动以"文档1"为名存盘

D. 不能将"文档1"存盘

78. 在 Word 编辑窗口中,(　　)方式可以显示出页眉和页脚。

A. 普通视图　　　　B. 页面视图　　　　C. 大纲视图　　　　D. 全屏幕视图

79. 在 Word 软件中,不能保存文件的操作是(　　)。

A. 执行"文件"选项卡中的"保存"命令

B. 执行"文件"选项卡中的"另存为"命令

C. 双击该文件的标题栏

D. 按【Ctrl＋S】组合键

80. 在使用 Word 文本编辑软件时,要把文章中所有出现的"计算机"都改成"computer",可选择(　　)功能。

A. 中英文转换　　　B. 改写　　　　　　C. 粘贴命令　　　　D. 替换

81. 在 Word 中,若选择"文件"选项卡中的"选项"命令,弹出"选项"对话框,切换到

"保存"选项卡,选择"自动保存时间间隔"选项,系统将每隔一定的时间保存(   )。

    A. 应用程序   B. 活动文档   C. 所有文档   D. 修改过的文档

82. 在 Word 中,关于页眉和页脚的设置,下列叙述错误的是(   )。

    A. 允许为文档的第一页设置不同的页眉和页脚

    B. 允许为文档的每个节设置不同的页眉和页脚

    C. 允许为偶数页和奇数页设置不同的页眉和页脚

    D. 不允许页眉或页脚的内容超出页边距范围

83. 下列关于"Word 文档"的叙述中正确的是(   )。

    A. 一次只能打开一个文档   B. 只能打开 Word 格式的文档

    C. 文档只能以 Word 格式保存   D. 可以一次保存多个文档

84. Word 字型、字体和字号的默认设置值是(   )。

    A. 常规型、宋体、4 号   B. 常规型、宋体、5 号

    C. 常规型、宋体、6 号   D. 常规型、仿宋体、5 号

85. 在 Word 中,要进行"艺术字"设置时,其选项卡应是(   )。

    A. 文件   B. 开始   C. 视图   D. 插入

86. 在 Word 中,在文章中插入页号,选择(   )选项卡。

    A. 文件   B. 开始   C. 插入   D. 视图

87. 在 Word 中建立的文档文件,不能用 Windows 中的记事本打开,这是因为(   )。

    A. 文件以 .docx 为扩展名   B. 文件中含有汉字

    C. 文件中含有特殊控制字符   D. 文件中的西文有全角和半角之分

88. 下面列举的几种视图中,不是 Word 软件提供的视图的是(   )。

    A. 普通视图   B. 页面视图   C. 大纲视图   D. 幻灯片浏览

89. 在 Word 中,"倾斜"按钮属于(   )选项卡。

    A. 文件   B. 开始   C. 插入   D. 引用

90. 在 Word 的字号中,下列最大的是(   )。

    A. 一号   B. 小一   C. 三号   D. 小三

91. 在 Word 中,对于设置每行的高度为 1.5 倍行距,下列说法正确的是(   )。

    A. 此行中最小字体高度的 1.5 倍   B. 此行中最大字体高度的 1.5 倍

    C. 此行中默认字体高度的 1.5 倍   D. 此行中平均字体高度的 1.5 倍

92. 在 Word 的表格中,关于拆分单元格,以下说法正确的是(   )。

    A. 拆分单元格只能在行上进行

    B. 拆分单元格只能在列上进行

    C. 拆分单元格既能在行上进行,也能在列上进行

    D. 以上说法都对

93. 在 Word 编辑状态下,包括能设定文档行间距命令的选项卡是(   )。

    A. 插入   B. 文件   C. 开始   D. 引用

94. 在 Word 编辑状态下制作了一个表格,在 Word 默认状态下,表格线显示为

(　　)。

A. 无法打印出的虚线　　　　　　　　B. 无法打印出的实线

C. 可以打印出的虚线　　　　　　　　D. 可以打印出的实线

95. 在 Word 的编辑状态下,针对当前文档,添加页眉和页脚应当使用(　　　)选项卡。

A. 页面布局　　　　B. 文件　　　　　　C. 插入　　　　　　D. 视图

96. 在 Word 表格中,合并单元格的正确操作是(　　　)。

A. 选定要合并的单元格,按【Space】键

B. 选定要合并的单元格,按【Enter】键

C. 选定要合并的单元格,选择"开始"选项卡中的"合并单元格"命令

D. 选定要合并的单元格,选择"表格工具"选项卡中"布局"卡的"合并单元格"命令

97. 在 Word 中,(　　　)选项卡中含有设定字体的命令。

A. 文件　　　　　　B. 开始　　　　　　C. 页面布局　　　　D. 视图

98. 给每位家长发送一份《期末成绩通知单》,要用(　　　)命令。

A. 复制　　　　　　B. 信封　　　　　　C. 标签　　　　　　D. 邮件合并

99. 在 Word 中,利用(　　　)可以快速建立具有相同结构的文件。

A. 模板　　　　　　B. 样式　　　　　　C. 格式　　　　　　D. 视图

100. 在 Word 中,设定打印纸张大小时,应当选择(　　　)选项卡中的命令。

A. 文件　　　　　　B. 页面布局　　　　C. 开始　　　　　　D. 视图

习题 4 Excel 2010 电子表格处理练习题

1. 新建工作簿文件后，默认第一个工作簿的名称是（   ）。

A. 工作簿　　　　　　B. 表　　　　　　　C. 工作簿1　　　　　D. 表1

2. Excel 2010 工作簿文件的扩展名默认为（   ）。

A. .DOX　　　　　　　B. .TXT　　　　　　C. .XLSX　　　　　　D. .DBF

3. 在选择单元格时，按住（   ）键同时拖动鼠标，则可以选定不连续单元格。

A.【Shift】　　　　　　B.【Ctrl】　　　　　　C.【Alt】　　　　　　D. 以上都不对

4. 若在数值单元格中出现一连串的"＃＃＃"符号，希望正常显示则需要（   ）。

A. 重新输入数据　　　　　　　　　　B. 调整单元格的宽度

C. 删除这些符号　　　　　　　　　　D. 删除该单元格

5. Excel 中，在单元格中输入公式后，单击编辑栏上的"√"按钮表示（   ）操作。

A. 取消　　　　　　　B. 确认　　　　　　C. 函数向导　　　　　D. 拼写检查

6. 在 Excel 操作中，将单元格指针移到 AB220 单元格的最简单方法是（   ）。

A. 拖动滚动条

B. 按【Ctrl＋AB220】键

C. 在名称框输入 AB220 后按回车键

D. 先用【Ctrl＋→】键移到 AB 列，然后用【Ctrl＋↓】键移到 220 行

7. 输入能直接显示"1/2"的数据是（   ）。

A. 1/2　　　　　　　B. 0　1/2　　　　　C. 0.5　　　　　　　D. 2/4

8. 如果在某单元格中输入：＝"计算机文化"&"Excel"，结果为（   ）。

A. 计算机文化 &Excel　　　　　　　　B. "计算机文化"&"Excel"

C. 计算机文化 Excel　　　　　　　　　D. 以上都不对

9. 一个单元格内容的最大长度为（   ）个字符。

A. 64　　　　　　　　B. 128　　　　　　C. 225　　　　　　　D. 256

10. 在升序排序中，（   ）。

A. 逻辑值 FALSE 排在 TRUE 之前

B. 逻辑值 FALSE 排在 TRUE 之后

C. 逻辑值 FALSE 和 TRUE 分不出前后

D. 逻辑值 FALSE 和 TRUE 保持原来的次序

11. 在 Excel 中，设置两个排序条件的目的是（   ）。

A. 第一排序条件完全相同的记录以第二排序条件确定记录的排列顺序

B. 记录的排列顺序必须同时满足这两个条件

C. 记录的排序必须符合这两个条件之一

D. 根据两个排序条件的成立与否，再确定是否对数据表进行排序

12. 在"页面布局"功能选项卡中,能够实现的功能是(　　　)。

A. 插入分页符　　　　B. 插入图片　　　　C. 合并居中　　　　D. 高级筛选

13. Excel 工作表单元格中,系统默认的数据对齐方式是(　　　)。

A. 数值数据左对齐,文本数据右对齐　　　　B. 数值数据右对齐,文本数据左对齐

C. 数值数据和文本数据均为右对齐　　　　D. 数值数据和文本数据均为左对齐

14. 某区域由 A1、A2、A3、B1、B2、B3 六个单元格组成,不能使用的区域标识是(　　　)。

A. A1:B3　　　　B. B3:A1　　　　C. A3:B1　　　　D. A1:B1

15. 在 Excel 中,错误值总是以(　　　)开头的。

A. $　　　　B. ♯　　　　C. ^　　　　D. &

16. 假设 B1 为文本"♯",B2 为数字"3",则 COUNT(B1:B2)等于(　　　)。

A. 103　　　　B. 100　　　　C. 3　　　　D. 1

17. 在 Excel 中,函数=MID("计算机应用 ABC",3,6)的返回值是(　　　)。

A. 算机应用 ABC　　B. 机应用 ABC　　C. 算机应　　D. 机应用

18. 在 Excel 中,双击图表标题将调出(　　　)。

A."设置坐标轴格式"对话框　　　　B."设置坐标轴标题格式"对话框

C."改变字体"对话框　　　　D."设置图表标题格式"对话框

19. 为了区别"数字"与"数字字符串"数据,Excel 要求在输入项前添加(　　　)符号来确认。

A. "　　　　B. '　　　　C. ♯　　　　D. @

20. 要对工作表重新命名,可(　　　)。

A. 单击工作表标签　　　　B. 双击工作表标签

C. 单击表格标题行　　　　D. 双击表格标题行

21. 工作表 G(G2:25)列存有总分,要按总分来确定每个学生的名次,下面函数正确的是(　　　)。

A. =RANK(G2,G2:G25)　　　　B. =RANK(G$2,G2:G25)

C. =RANK(G$2,G$2:G$25)　　　　D. =RANK(G2,G$2:G$25)

22. 准备在一个单元格内输入一个公式,应先键入(　　　)先导符号。

A. $　　　　B. >　　　　C. <　　　　D. =

23. 绝对地址在被复制或移动到其他单元格时,其单元格地址(　　　)。

A. 不会改变　　B. 部分改变　　C. 发生改变　　D. 不能复制

24. 利用鼠标拖放移动数据时,若出现"是否替换目标单元格内容?"的提示框,则说明(　　　)。

A. 目标区域尚为空白　　　　B. 不能用鼠标拖放进行数据移动

C. 目标区域已经有数据存在　　　　D. 数据不能移动

25. 要在当前工作表(Sheet1)的 A2 单元格中引用另一个工作表(如 Sheet4)中 A2 到 A7 单元格的和,则在当前工作表的 A2 单元格中输入的表达式应为(　　　)。

A. =SUM(Sheet! A2:A7)　　　　B. =SUM(Sheet4! A2:Sheet4! A7)

C. =SUM((Sheet4)A2:A7)　　　　　　　　D. =SUM((Sheet4)A2:(Sheet4)A7)

26. 在 Excel 中,在 A1 单元格中输入公式"=1>2"后,A1 单元格的值为(　　)。

A. 1>2　　　　　　B. =1>2　　　　　　C. TRUE　　　　　　D. FALSE

27. 在 Excel 2010 电子表格中,设 A1、A2、A3、A4 单元格分别输入了"3""星期三""5x""2018-9-13",则下列可以进行计算的公式是(　　)。

A. =A1+A2　　　　B. =A2+1　　　　C. =A3+6x+1　　　　D. =A4&10

28. 已知 A1 单元格中的公式为"=AVERAGE(B1:F6)",将 B 列删除之后,A1 单元格中的公式将调整为(　　)。

A. =AVERAGE(#REF!)　　　　　　B. =AVERAGE(C1:F6)

C. =AVERAGE(B1:E6)　　　　　　D. =AVERAGE(B1:F6)

29. Excel 中最小的操作单位是(　　)。

A. 工作簿　　　　B. 工作表　　　　C. 行　　　　D. 单元格

30. Excel 工作表区域 A2:C4 中的单元格个数共有(　　)个。

A. 3　　　　　　B. 6　　　　　　C. 9　　　　　　D. 12

31. 在 Excel 中,设定单元格 A1 的数字格式为"整数",当输入"33.51"时,显示为(　　)。

A. 33.51　　　　B. 33　　　　C. 34　　　　D. ERROR

32. 删除单元格与清除单元格的区别(　　)。

A. 不一样　　　　　　　　　　B. 一样

C. 不确定　　　　　　　　　　D. 视单元格内容而定

33. 在编辑工作表时,将第 3 行隐藏起来,编辑后打印该工作表时,对第 3 行的处理是(　　)。

A. 打印第 3 行　　　　　　　　B. 不打印第 3 行

C. 不确定　　　　　　　　　　D. 以上都不对

34. 如果某个单元格中的公式为"=$D2",这里的 $D2 属于(　　)引用。

A. 绝对　　　　　　　　　　　B. 相对

C. 列绝对行相对的混合　　　　D. 列相对行绝对的混合

35. 在 Excel 工作表的某个单元格中输入算式"6-2",则该单元格显示的值是(　　)

A. 4　　　　　　B. 6-2　　　　　　C. 6 月 2 日　　　　　　D. #VALUE!

36. 已知单元格 A1 的内容为 100,下列属于合法数值型数据的是(　　)。

A. 2*[3+(2-1)]　　　　　　B. -5A1+1

C. [(123+456)]/2　　　　　　D. =3*(A1+1)

37. 若 A1 单元格中的字符串是"北京大学",A2 单元格中的字符串是"计算机系",希望在 A3 单元格中显示"北京大学计算机系招生情况表",则应在 A3 单元格中键入公式(　　)。

A. =A1&A2&"招生情况表"　　　　B. =A2&A1&"招生情况表"

C. =A1+A2+"招生情况表"　　　　D. =A1-A2-"招生情况表"

38. Excel 提供了工作表窗口拆分的功能,要水平拆分工作表,简便的操作是将鼠标指针(　　),然后拖动鼠标到自己满意的位置。

A. 单击"视图"选项卡下"窗口"分组中的"新建窗口"

B. 单击"视图"选项卡下"窗口"分组中的"重排窗口"

C. 指向水平拆分框

D. 指向垂直拆分框

39. 在 Excel 工作表中要在当前行的上行插入一行,应选择(　　)功能区选项。

A. 插入　　　　　　B. 开始　　　　　　C. 数据　　　　　　D. 视图

40. "开始"功能区"单元格"分组中的"格式"快捷菜单中不能实现的操作是(　　)

A. 设置单元格格式　　　　　　　　B. 设置行高或列宽

C. 保护工作表　　　　　　　　　　D. 设置条件格式

41. 使用 Excel 的数据筛选功能,是将(　　)。

A. 满足条件的记录显示出来,并删除掉不满足条件的数据

B. 不满足条件的记录暂时隐藏起来,只显示满足条件的数据

C. 不满足条件的数据用另外一个工作表保存起来

D. 将满足条件的数据突出显示

42. 在 Excel 中,在单元格中输入数据完毕后,如果要修改输入的数据,需要进行以下(　　)操作。

A. 按光标移动键　　　　　　　　　B. 按【Backspace】键

C. 双击鼠标左键　　　　　　　　　D. 单击编辑栏按钮"＝"

43. 在 Excel 操作中,假设在 B5 单元格中存有函数 SUM(B2:B4),将其复制到 D5 后,公式将变成(　　)。

A. SUM(B2:B4)　　　　　　　　　B. SUM(B2:D4)

C. SUM(D2:D4)　　　　　　　　　D. SUM(D2:B4)

44. Excel 工作表的单元格中存储内容与显示内容之间的关系不可能是(　　)。

A. 存储计算公式也显示计算公式　　B. 存储数值也显示数值

C. 存储计算公式显示运算结果　　　D. 存储运算结果显示计算公式

45. 在 Excel 中打印学生成绩单时,欲对不及格学生的成绩用醒目的方式表示,当要处理大量的学生成绩时,最为方便的命令是(　　)。

A. 查找　　　　　B. 条件格式　　　　C. 数据筛选　　　　D. 定位

46. 在 Excel 中,"开始"选项卡下"编辑"分组中"清除"命令的含义是(　　)。

A. 删除指定单元格区域及其内容　　B. 清除指定单元格数据及其格式

C. 删除指定单元格区域的显示方式　D. 以上皆不是

47. Excel 工作表中,设 A2 的数据是 9,B2 的数据是 7,先选择单元格 A2:B2,再将鼠标光标放在该区域右下角的填充柄(黑方块点)上,拖到 E2,则 E2 中的数据为(　　)。

A. 5　　　　　　B. 1　　　　　　C. 9　　　　　　D. 7

48. 改变单元格背景颜色的快速操作是(　　),在调色板中单击要使用的颜色。

A. 单击"开始"选项卡"字体"组中"字体颜色"命令

B. 单击"开始"选项卡"字体"组中的"填充色"命令

C. 选定该单元格,单击"开始"选项卡"字体"组中"字体颜色"命令

D. 选定该单元格,单击"开始"选项卡"字体"分组中的"填充色"

49. 如果要将工作表移到其他工作簿中,只要将其表标签(　　)即可。

A. 拖到相应的工作簿窗口中

B. 先复制到剪贴板上,然后再打开其他工作簿进行粘贴

C. 拖动的同时按 Ctrl 键

D. 在 Windows 资源管理器中进行

50. 工作表被保护后,该工作表中的单元格的内容、格式(　　)。

A. 可以修改　　　　　　　　　　　B. 都不可以修改、删除

C. 可以被复制、填充　　　　　　　D. 可以移动

51. 在 Excel 中,在某单元格中输入公式"＝SUM(B2:B3,D2:E2)"时,其功能是(　　)。

A. ＝B2＋B3＋C2＋C3＋D2＋E2　　　B. ＝B2＋B3＋D2＋D3＋E2

C. ＝B2＋B3＋D2＋E2　　　　　　　D. ＝B2＋B3＋C2＋D2＋E2

52. 在 Excel 工作表中,已知 A1 单元格中有公式"＝B1＋C1",将 B1 复制到 D1,将 C1 移动到 E1,则 A1 中的公式调整为(　　)。

A. ＝B1＋C1　　　B. ＝B1＋E1　　　C. ＝D1＋C1　　　D. ＝D1＋E1

53. 在 Excel 表格中,已知 B1 单元格中有公式"＝D2＋＄E3",在 D 列和 E 列之间插入一个空列,在第二行和第三行之间插入一个空行,则 B1 单元格中的公式调整为(　　)。

A. ＝D2＋＄E2　　　B. ＝D2＋＄F2　　　C. ＝D2＋＄E4　　　D. ＝D2＋＄F4

54. 在 Excel 工作表中,正确表示 IF 函数的表达式是(　　)。

A. IF("平均成绩">60,"及格","不及格")

B. IF(E2>60,"及格","不及格")

C. IF(F2>60、及格、不及格)

D. IF(E2>60,及格,不及格)

55. 在 Excel 工作表中,将单元格 L2 中的公式"＝SUM(C1:K3)"复制到单元格 L3 中,L3 中显示的公式为(　　)。

A. ＝SUM(C2:K2)　　　　　　　　B. ＝SUM(C2:K4)

C. ＝SUM(C2:K3)　　　　　　　　D. ＝SUM(C3:K2)

56. 在 Excel 工作表单元格区域 B1:J1 和 A2:A10 中分别输入数值 1～9 作为乘数,单元格区域 B2:J10 准备存放乘积。在 B2 单元格中输入公式(　　),然后将该公式复制到单元格区域 B2:J10 中,便可形成一个九九乘法表。

A. ＝＄B1＊＄A2　　　　　　　　B. ＝＄B1＊A＄2

C. ＝B＄1＊＄A2　　　　　　　　D. ＝B＄1＊A＄2

57. 在向 Excel 工作表的单元格里输入公式进行运算时,运算符有优先顺序,下列说法错误的是(　　)。

A. 百分比优先于乘方　　　　　　B. 乘和除优先于加和减

C. 字符串连接优先于关系运算　　D. 乘方优先于负号

58. 某单位有 150 名职工,现按工资发放补贴,工资 800(含)元以上的 200 元;工资 800 元以下的 300 元。在工作表中输入数据如下,为了计算每个职工的补贴,应先在单元格 C2 中输入公式( ),然后将公式复制到单元格区域 C3:C151。

	A	B	C	D
1	姓名	工资	补贴	
2	王明	850		
3	李芳	780		
4	赵元	630		
…	…	…	…	

A. =IF(工资>800,300,200)　　　　　B. =IF(工资<800,200,300)

C. =IF(B2>800,300,200)　　　　　　D. =IF(B2<800,300,200)

59. 在 Excel 中,若要将光标向右移动到下一个工作表的位置,可按( )键。

A.【PageUp】　　　　　　　　　　B.【PageDown】

C.【Ctrl+PageUp】　　　　　　　　D.【Ctrl+PageDown】

60. 在 Excel 工作表中,已知 B3 单元格的数值为 20,若在 C3 单元格中输入公式"=B3+8",在 D4 单元格中输入公式"=$B3+8",则( )。

A. C3 单元格与 D4 单元格的值均为 28

B. C3 单元格的值不能确定,D4 单元格的值为 8

C. C3 单元格的值不能确定,D4 单元格的值为 28

D. C3 单元格的值为 20,D4 单元格的值不能确定

61. 在 Excel 中,若在 A2 单元格中输入"=56>=57",则显示结果为( )。

A. 56<57　　　　　B. =56<57　　　　　C. TRUE　　　　　D. FALSE

62. 在 Excel 中,函数"=MID("ABABCDEF",5,2)"的结果是( )。

A. AB　　　　　　B. BA　　　　　　C. BC　　　　　　D. CD

63. 已知单元格 B1 中存放的值为"ABCDE",单元格 B2 中函数"=LEFT(B1,2)",则该函数值为( )。

A. AB　　　　　B. BC　　　　　C. CD　　　　　D. DE

64. 已知单元格 D1 中有公式"=A1+B2+$C1",若将 D1 中的公式复制到单元格 E4 中,E4 中的公式为( )。

A. =A4+B4+$C4　　　　　　　B. =B4+C4+$D4

C. =B4+C5+$C4　　　　　　　D. =A4+B4+C4

65. 在 Excel 工作表中,已知单元格 B1 中的公式"=AVERAGE(C1:F6)",单元格 C1 的值为 1,现在单元格 D4 处插入一行,同时删除一列,则单元格 B1 中的公式变成( )。

A. =AVERAGE(C1:F7)　　　　　　B. =AVERAGE(C1:E7)

C. =AVERAGE(C1:F6)　　　　　　D. =AVERAGE(C1:G6)

66. 在 Excel 中,单元格 B2 中有公式"=A1+$E4+C$3",在 C 列和 D 列之间插入一列,在第二行与第三行之间插入一行,则单元格 B2 中的公式变成( )。

A. ＝＄A＄1＋＄F5＋C＄4　　　　　　B. ＝＄A＄1＋＄E＄5＋D＄3

C. ＝＄A＄1＋＄E5＋C＄3　　　　　　D. ＝＄A＄1＋＄F4＋C＄4

67. 在 Excel 中，函数"＝LEFT("ABCD 计算机应用",8)"的返回值是（　　　）。

A. ABCD 计算　　　　　　　　　B. ABCD 计算机应

C. ABCD 计　　　　　　　　　　D. ABCD 计算机

68. 只需要复制某个单元格中的公式而不复制该单元格格式时，先右击该单元格，在快捷菜单中选择"复制"后，再右击目标单元格，选择（　　　）按钮即可。

A. 选择性粘贴　　　B. 粘贴　　　　　C. 剪切　　　　　D. 以上命令都行

69. 在 Excel 中，当公式中出现被零除的现象时，产生的错误是（　　　）。

A. ♯N/A!　　　　　B. ♯DIV/0!　　　　C. ♯NUM!　　　　D. ♯VALUE!

70. 在 Excel 中，运算符 & 表示（　　　）。

A. 逻辑值的"与"运算　　　　　　B. 子字符串的比较运算

C. 数值型数据的无符号相加　　　　D. 字符型数据的连接

71. 在单元格 A1 中输入字符串"XYZ"，B1 中输入数据"100"，C1 中输入公式"＝IF(AND(A1＝"XYZ",B1＜100),B1＋10,B1－10)"，则 C1 单元格的结果为（　　　）。

A. 90　　　　　　　B. B1－10　　　　　C. 110　　　　　　D. B1＋10

72. 若向单元格 A1 中输入公式"＝IF(2＋9/3＞1＋2＊3,"对","错")"，则 A1 单元格的结果为（　　　）。

A. 错　　　　　　　B. 对　　　　　　　C. ♯VALUE!　　　　D. ♯REF!

73. 若向单元格 A1 中输入公式"＝MOD(8,3)"，则确认后 A1 单元格的结果为（　　　）。

A. 4　　　　　　　B. －4　　　　　　　C. 2　　　　　　　D. －2

74. 若单元格 A1 中已输入数字常量"10"，B1 中输入货币数字"＄34.50"，C1 单元格内输入公式"＝A1＋B1"，确认后 C1 中显示的结果为（　　　）。

A. 44.50　　　　　B. ＄44.50　　　　　C. 0　　　　　　　D. VALUE!

75. 在 Excel 中，设 A1～A4 单元格的数值为"82""71""53""60"，若在单元格 A5 中输入公式"＝IF(AVERAGE(A＄1:A＄4)＞＝60,"及格","不及格")"，则单元格 A5 的显示值是（　　　）。

A. TRUE　　　　　B. FALSE　　　　　C. 及格　　　　　D. 不及格

76. 当前工作表上有一学生情况数据列表（包含学号、姓名、专业及三门课程成绩等字段），如欲查询各专业每门课的平均成绩，以下最合适的方法是（　　　）。

A. 数据透视表　　　B. 筛选　　　　　C. 排序　　　　　D. 建立图表

77. 有关 Excel 嵌入式图表，下面表述正确的是（　　　）。

A. 图表生成后不能移动位置

B. 图表生成后不能改变图表类型，如三维变二维

C. 表格数据修改后，相应的图表数据不随之变化

D. 图表生成后可以向图表中添加新的数据

78. 在数据图表中要增加图表标题，在激活图表的基础上，可以（　　　）。

A. 执行"插入"→"标题"命令,在出现的对话框中选择"图表标题"命令

B. 执行"格式"→"自动套用格式化图表"命令

C. 执行"图表工具"→"布局"→"标签"→"图表标题"命令

D. 用鼠标定位,直接输入

79. 若某单元格中的公式为"＝IF("教授"＞"助教",TRUE,FALSE)",其计算结果为（　　）。

    A. TRUE   B. FALSE   C. 教授   D. 助教

80. 在 Excel 的引用运算中,空格表示（　　）引用运算符。

    A. 区域运算符   B. 合并运算符

    C. 三维运算符   D. 交叉运算符

81. 在 Excel 2010 中,利用填充柄可以将数据复制到相邻单元格中,若选择含有数值的左右相邻的两个单元格,左键拖动填充柄,则数据将以（　　）填充。

    A. 等差数列   B. 等比数列

    C. 左单元格数值   D. 右单元格数值

82. 在 Excel 的某个单元格中输入文字,若要文字能自动换行,可打开"单元格格式"对话框的（　　）选项卡,选择"自动换行"。

    A. 数字   B. 对齐   C. 图案   D. 保护

83. 假设单元格 A1 中输入公式"＝2＊4",关于公式"＝A1&"＜A2""的正确结果是（　　）。

    A. 2＊4＜A2   B. 8＜A2   C. TRUE   D. FALSE

84. 关于列宽的描述,不正确的是（　　）。

    A. 可以用多种方法改变列宽

    B. 不同列的列宽可以不相同

    C. 同一列中不同单元格的列宽可以不相同

    D. 标准列宽为 8.38

85. 在完成了图表后,想要在图表底部的网格中显示工作表中的图表数据,应该采取的正确操作是（　　）。

    A. 单击"图表工具"→"图表向导"

    B. 单击"图表工具"→"数据表"

    C. 选中图表,单击"图表工具"→"布局"→"模拟运算表"

    D. 选中图表,单击"图表工具"→"布局"→"数据标签"

86. 在记录单的右上角显示"3/30",其意义是（　　）。

    A. 当前记录单仅允许 30 个用户访问

    B. 当前记录是第 30 号记录

    C. 当前记录是第 3 号记录

    D. 您是访问当前记录单的第 3 个用户

87. 在单元格 A1 中输入包含日期的公式"＝1/1/2002＋1/2/2002",确认后 A1 单元格显示的结果为（　　）。

A. 字符串相加处理后的结果　　　　　B. 数值运算后的结果

C. 日期运算后的结果　　　　　　　　D. ♯VALUE!

88. 下列输入数据中,Excel 不可识别的日期数据是(　　　)。

A. 12/23　　　　　B. 23/12　　　　　C. 12\\32　　　　　D. 12-23

89. 在 Excel 中,图表和数据表放在一起的方法,称为(　　　)。

A. 自由式图表　　　B. 分离式图表　　　C. 合并式图表　　　D. 嵌入式图表

90. 删除工作表中与图表链接的数据时,图表将(　　　)。

A. 被复制　　　　　　　　　　　　　B. 必须用编辑器删除相应的数据点

C. 不会发生变化　　　　　　　　　　D. 自动删除相应的数据点

91. 产生图表的数据发生变化以后,图表(　　　)。

A. 会发生相应的变化　　　　　　　　B. 会发生相应的变化,但与数据无关

C. 不会发生变化　　　　　　　　　　D. 必须进行编辑后才会发生变化

92. 在 Excel 中,右击图表标题弹出的快捷菜单中包含(　　　)。

A.“设置坐标轴格式”命令项　　　　　B.“设置坐标轴标题格式”命令项

C.“添加趋势线”命令项　　　　　　　D.“设置图表标题格式”命令项

93. 在 Excel 中,执行自动筛选的数据清单,必须(　　　)。

A. 没有标题行且不能有其他数据夹杂其中

B. 拥有标题行且不能有其他数据夹杂其中

C. 没有标题行且能有其他数据夹杂其中

D. 拥有标题行且能有其他数据夹杂其中

94. 在 Excel 中,数据清单的高级筛选的条件区域中,对于各字段“与”的条件是(　　　)。

A. 必须写在同一行中

B. 可以写在不同的行中

C. 一定要写在不同行中

D. 对条件表达式所在的行无严格的要求

95. 在降序排序中,排序字段中空白的单元格行(　　　)。

A. 被放置在排序数据记录单的最后　　B. 被放置在排序数据记录单的最前

C. 不被排序　　　　　　　　　　　　D. 保持原始次序

96. 在 Excel 中,如果希望打印内容处于页面中心,可以选择“页面设置”中的(　　　)。

A. 水平居中　　　　　　　　　　　　B. 垂直居中

C. 水平居中和垂直居中　　　　　　　D. 无法办到

97. 在 Excel 2010 数据记录单中,按某一字段内容进行归类,并对每一类作出统计的操作是(　　　)。

A. 分类排序　　　B. 分类汇总　　　C. 筛选　　　　　D. 记录单处理

98. 在 Excel 表格中,对数据分类汇总必须先进行(　　　)操作。

A. 求和　　　　　B. 计算　　　　　C. 筛选　　　　　D. 排序

99. 为了取消分类汇总的操作,正确的操作是(　　　)。

A. 单击"开始"选项卡"格式"分组中的"删除"按钮

B. 按【Delete】键

C. 在"分类汇总"对话框中单击"全部删除"按钮

D. 选择"编辑"分组中的"全部清除"

100. 下列(　　)操作可以打开"添加趋势线"对话框,以添加趋势线。

A. 双击数据系列线

B. 右键单击数据系列线,从弹出的快捷菜单中选择"添加趋势线"命令

C. 左键单击数据系列线

D. 以上操作全部正确

习题 5　PowerPoint 2010 演示文稿制作练习题

1. PowerPoint 系统是一个（　　）软件。

A. 文字处理　　　　B. 表格处理　　　　C. 图形处理　　　　D. 文稿演示

2. PowerPoint 2010 默认其文件的扩展名为（　　）。

A. .ppsx　　　　B. .pptx　　　　C. .ppwx　　　　D. .ppnx

3. 由 PowerPoint 产生的（　　）类型的文件,可以在 Win 7 环境下双击而直接放映。

A. .pptx　　　　B. .ppsx　　　　C. .potx　　　　D. .ppax

4. 在 PowerPoint 中,为了在切换幻灯片时添加声音,可以使用（　　）选项卡。

A. 幻灯片放映　　　B. 切换　　　　C. 插入　　　　D. 动画

5. 在 PowerPoint 2010 中,若要更换另一种幻灯片的版式,下列操作正确的是
（　　）。

A. 单击"插入"选项卡中"幻灯片"组中的"版式"命令按钮

B. 单击"开始"选项卡中"幻灯片"组中的"版式"命令按钮

C. 单击"设计"选项卡中"幻灯片"组中的"版式"命令按钮

D. 以上说法都不正确

6. 在 PowerPoint 中,将某张幻灯片版式更改为"垂直排列标题与文本",应选择的选项卡是（　　）。

A. 文件　　　　B. 动画　　　　C. 插入　　　　D. 开始

7. 在 PowerPoint 中,为所有幻灯片设置统一的、特有的外观风格,应运用（　　）。

A. 母版　　　　B. 版式　　　　C. 背景　　　　D. 联机协作

8. 在 PowerPoint 软件中,用户可以为文本、图形等对象设置动画效果,以突出重点或增加演示文稿的趣味性。设置动画效果可采用（　　）选项卡。

A. 动画　　　　B. 幻灯片放映　　　C. 插入　　　　D. 视图

9. PowerPoint 中放映幻灯片有多种方法,下面选项中错误的一项是（　　）。

A. 选中第一张幻灯片,然后单击演示文稿窗口右下角的"幻灯片放映"按钮

B. 选中第一张幻灯片,单击"幻灯片放映"选项卡中的"从头开始"命令按钮

C. 选中第一张幻灯片,单击"文件"选项卡中的"幻灯片放映"命令按钮

D. 选中第一张幻灯片,按【F5】快捷键

10. 在幻灯片浏览视图中,可使用（　　）键＋拖动来复制选定的幻灯片。

A.【Ctrl】　　　B.【Alt】　　　C.【Shift】　　　D.【Tab】

11. 对于演示文稿中不准备放映的幻灯片,用户可以用（　　）选项卡下的"隐藏幻灯片"命令隐藏。

A. 开始　　　　B. 幻灯片放映　　　C. 视图　　　　D. 动画

12. 在 PowerPoint 2010 中,下列关于幻灯片版式说法正确的是(　　)。

A. 在"标题和内容"版式中,没有"剪贴画"占位符

B. 剪贴画只能插入空白版式中

C. 任何版式中都可以插入剪贴画

D. 剪贴画只能插入有"剪贴画"占位符的版式中

13. 要进行幻灯片页面设置、主题选择,可以在(　　)选项卡中操作。

A. 开始　　　　　　B. 插入　　　　　　C. 视图　　　　　　D. 设计

14. 在幻灯片视图中编辑好当前幻灯片以后,如果打算往下做一张新幻灯片,应当(　　)。

A. 单击"文件"选项卡中的"新建"命令按钮

B. 单击"开始"选项卡中的"新建幻灯片"按钮

C. 单击"插入"选项卡中的"新建幻灯片"命令按钮

D. 按键盘上的【PageDown】键

15. 在 PowerPoint 2010 中,若想设置幻灯片中"图片"对象的动画效果,在选中"图片"对象后,应选择(　　)。

A."动画"选项卡下的"添加动画"按钮

B."幻灯片放映"选项卡

C."设计"选项卡下的"效果"按钮

D."切换"选项卡下的"换片方式"

16. 打印演示文稿时,如选择打印"讲义"选项,则每页打印纸上最多能输出(　　)张幻灯片。

A. 2　　　　　　　　B. 4　　　　　　　　C. 6　　　　　　　　D. 9

17. PowerPoint 2010 运行的平台是(　　)。

A. Windows　　　　B. UNIX　　　　　　C. Linux　　　　　　D. DOS

18. 要对幻灯片母版进行设计和修改,应在(　　)选项卡中进行操作。

A. 设计　　　　　　B. 审阅　　　　　　C. 插入　　　　　　D. 视图

19. PowerPoint 2010 中的"清除所有格式"按钮在(　　)分组中。

A. 文本　　　　　　B. 背景　　　　　　C. 字体　　　　　　D. 段落

20. 在 PowerPoint 2010 中,关于表格说法错误的是(　　)。

A. 可以向表格中插入新行和新列　　　　B. 不能合并和拆分单元格

C. 可以改变列宽和行高　　　　　　　　D. 可以给表格添加边框

21. 如果想更改正在编辑的演示文稿中所有幻灯片的标题格式,以下最好的操作是(　　)。

A. 打开"开始"选项卡逐一更改字体

B. 全选所有幻灯片再更改字体

C. 在幻灯片模板里面更改字体

D. 在幻灯片母版里面更改字体

22. 如果对一张幻灯片使用系统提供的版式,对其中各个对象的占位符(　　)。

A. 能用具体内容去替换,不可删除

B. 能移动位置,但不能改变格式

C. 可以删除不用,也可以在幻灯片中插入新的对象

D. 可以删除不用,但不能在幻灯片中插入新的对象

23. 从当前幻灯片开始放映幻灯片的快捷键是(　　　)。

A.【Shift+F5】　　　B.【Shift+F4】　　　C.【Shift+F3】　　　D.【Shift+F2】

24. 要对幻灯片进行保存、打开、新建、打印等操作,应在(　　　)选项卡中进行。

A. 文件　　　　　　B. 开始　　　　　　C. 设计　　　　　　D. 审阅

25. 要让 PowerPoint 2010 中制作的演示文稿能在 PowerPoint 2003 中放映,必须将演示文稿保存为(　　　)。

A. PowerPoint 演示文稿(＊.pptx)

B. PowerPoint 97-2003 演示文稿(＊.ppt)

C. XPS 文档(＊.xps)

D. Windows Media 视频(＊.wmv)

26. 在 PowerPoint 2010 中需要帮助时,可以按功能键(　　　)。

A.【F1】　　　　　　B.【F2】　　　　　　C.【F3】　　　　　　D.【F4】

27. 在 PowerPoint 2010 中,可以设置动画播放后(　　　)

A. 播放动画后隐藏　　　　　　　B. 变成其他颜色

C. 播放动画后删除　　　　　　　D. 下次单击后隐藏

28. 在 PowerPoint 2010 中最多可取消操作数为(　　　)次。

A. 50　　　　　　　B. 100　　　　　　　C. 150　　　　　　　D. 200

29. PowerPoint 2010 相对于 PowerPoint 2003 版本的改进不包括(　　　)。

A. 全新的直观性外观　　　　　　B. 新增和改进的特效

C. 增强的安全性　　　　　　　　D. 新增了备注页视图

30. 在 PowerPoint 2010 中绘制矩形时,按住(　　　)键绘制的图形为正方形。

A.【Alt】　　　　　　B.【Ctrl】　　　　　　C.【Shift】　　　　　　D.【Delete】

31. 在 PowerPoint 2010 中,改变对象大小时,按住【Shift】键出现的效果是(　　　)。

A. 以图形对象的中心为基点进行缩放　　　B. 按图形对象的比例改变图形的大小

C. 只有图形对象的高度发生改变　　　　　D. 只有图形对象的宽度发生改变

32. 在 PowerPoint 2010 中不可直接插入的是(　　　)。

A. 超链接　　　　　　B. 文字　　　　　　C. Flash 文档　　　　　　D. 视频

33. 以下说法正确的是(　　　)。

A. 在 PowerPoint 2010 中,不能把文件保存为 xml 格式

B. 在 PowerPoint 2010 中,能把文件保存为 xls 格式

C. 在 PowerPoint 2010 中,能把文件保存为 jpg 格式

D. 在 PowerPoint 2010 中,不能把文件保存为 pdf 格式

34. PowerPoint 2010 提供了文件的(　　　)功能,可以将演示文稿、所链接的各种声音和图片等外部文件,以及有关的播放程序都存放在一起。

A. 定位   B. 另存为   C. 存储   D. 打包

35. 在 PowerPoint 2010 中,以下添加超链接或动作设置的方法不正确的是( )。

A. 右击对象/超链接   B. 插入/动作

C. 动画/动作设置   D. 插入/超链接

36. 在 PowerPoint 2010 中,下列说法错误的是( )。

A. 可以设置动画重复播放

B. 可以设置动画播放后快退

C. 可以设置动画效果为彩色打印机

D. 可以设置单击某对象启动效果

37. 使用 PowerPoint 2010 时,在一个演示文稿中设置( )操作,其默认的效果是"全部应用"。

A. 模板   B. 版式   C. 背景颜色   D. 动画方式

38. PowerPoint 2010 新增加的界面组件为( )。

A. 任务菜单   B. 功能区   C. 备注窗格   D. 快速访问工具条

39. 若在没有安装 PowerPoint 2010 的计算机上放映幻灯片,下列说法正确的是( )。

A. 将播放器和演示文稿一起解压缩   B. 只将演示文稿解压缩

C. 不需要解压缩   D. 根本不能放映

40. 在 PowerPoint 2010 的大纲窗格中输入标题后,若要输入文本,下面操作正确的是( )。

A. 输入标题后,按【Enter】键,再输入文本

B. 输入标题后,按【Shift+Enter】键,再输入文本

C. 输入标题后,按【Ctrl+Enter】键,再输入文本

D. 输入标题后,按【Alt+Enter】键,再输入文本

41. 执行"幻灯片放映"选项卡中的"排练计时"命令对幻灯片定时切换后,又执行了"设置放映方式"命令,并在该对话框的"换片方式"选项组中选择了"人工"选项,则下面叙述中不正确的是( )。

A. 放映幻灯片时,单击鼠标换片

B. 放映幻灯片时,单击"弹出菜单"按钮,选择"下一张"命令进行换片

C. 放映幻灯片时,单击鼠标右键弹出快捷菜单按钮,选择"下一张"命令进行换片

D. 没有人工干预的情况下,幻灯片仍然按"排练计时"设定的时间进行换片

42. 在 PowerPoint 中,只安排幻灯片对象的布局可选择( )来设置。

A. 应用主题   B. 幻灯片版式   C. 背景   D. 主题颜色

43. 设置幻灯片的切换方式,可以单击( )选项卡中的"幻灯片切换"命令按钮来进行。

A. 格式   B. 视图   C. 编辑   D. 幻灯片放映

44. 不能作为 PowerPoint 演示文稿插入对象的是( )。

A. 图表   B. Excel 工作簿   C. 图像文档   D. Windows 操作系统

45. 在 PowerPoint 2010 中,若想设置鼠标经过一个对象或文字是切换到上一张幻灯片,应选择(　　　)。

A. "开始"选项卡中的"字体"功能区　　　B. "插入"选项卡中的"链接"功能区

C. "审阅"选项卡中的"动作"功能区　　　D. "切换"选项卡中的"格式"功能区

46. 下列关于 PowerPoint 2010 说法错误的是(　　　)

A. 在"审阅"选项卡里可以统计该幻灯片字数

B. 在"审阅"选项卡里面可以新建批注

C. 在"审阅"选项卡里可以进行拼写检查

D. 在"审阅"选项卡里能够将本演示文稿同另一演示文稿比较

47. 在 PowerPoint 2010 中,不能在"开始"选项卡中(　　　)

A. 插入自选图形　　　　　　　　　B. 打开查找对话框

C. 新建演示文稿　　　　　　　　　D. 插入表格

48. 在 PowerPoint 2010 中,在大纲窗格中输入文本后,在同一级下换行用(　　　)键。

A. 【Ctrl+Enter】　B. 【Alt+Enter】　C. 【Shift+Enter】　D. 【Enter】

49. 幻灯片切换对话框中的换页方式有自动换页和手动换页,以下叙述中正确的是(　　　)。

A. 同时选择"单击鼠标换页"和"每隔__秒"两种换页方式,但"单击鼠标换页"方式不起作用

B. 可以同时选择"单击鼠标换页"和"每隔__秒"两种换页方式

C. 只允许在"单击鼠标换页"和"每隔__秒"两种换页方式中选择一种

D. 同时选择"单击鼠标换页"和"每隔__秒"两种换页方式,但"每隔__秒"方式不起作用

50. 在演示文稿编辑中,若要选定全部对象,可按快捷键(　　　)。

A. 【Shift+A】　　　B. 【Ctrl+A】　　　C. 【Shift+C】　　　D. 【Ctrl+C】

51. 在 PowerPoint 2010 中动画刷的作用是(　　　)。

A. 复制母版　　　　　　　　　　B. 复制切换效果

C. 复制字符　　　　　　　　　　D. 复制幻灯片中对象的动画效果

52. 用"幻灯片放映"选项卡中的"设置放映方式"按钮,也能指定仅放映演示文稿中的部分幻灯片,这与采用自定义放映方案相比,(　　　)。

A. 没有什么不同

B. 可以选择的幻灯片范围不同

C. 可以指定的幻灯片顺序不同

D. 自定义放映可以重复选择播放的幻灯片

53. 在幻灯片视图中如果当前是一张还没有文字的幻灯片,要想输入文字,(　　　)。

A. 应当直接输入新的文字

B. 应当首先插入一个新的文本框

C. 必须更改该幻灯片的版式,使其能含有文字

D. 必须切换到大纲视图中去输入

54. PowerPoint 2010 的视图方式包括(　　　)。

A. 普通视图、幻灯片放映视图、大纲视图、幻灯片浏览视图、备注页视图、讲义视图

B. 普通视图、幻灯片放映视图、大纲视图、幻灯片浏览视图、备注页视图、阅读视图

C. 普通视图、幻灯片放映视图、幻灯片浏览视图、备注页视图、讲义视图

D. 普通视图、幻灯片放映视图、幻灯片浏览视图、备注页视图、阅读视图

55. PowerPoint 2010 中字体加粗的快捷键是(　　　)。

A.【Ctrl＋A】　　　　B.【Ctrl＋B】　　　　C.【Ctrl＋C】　　　　D.【Ctrl＋D】

56. 在演示文稿中,备注视图中的注释信息在文稿演示时一般(　　　)

A. 会显示　　　　　B. 不会显示　　　　C. 显示一部分　　　D. 黑白视图

57. PowerPoint 2010 中也能完成数据的计算、统计等工作,这是通过插入(　　　)来实现的。

A. 空白表格　　　　B. 绘制表格　　　　C. Excel 表格　　　D. SmartArt 图形

58. SmartArt 图形不包括下面的(　　　)。

A. 矩阵　　　　　B. 流程图　　　　　C. 循环　　　　　D. 图表

59. PowerPoint 2010 是通过(　　　)方式来插入 Flash 动画的。

A. 插入 ActiveX 控件　　　　　　　B. 插入音频

C. 插入视频　　　　　　　　　　　D. 插入图表

60. 为了精确控制幻灯片的放映时间,一般使用(　　　)操作来完成。

A. 排练计时　　　　　　　　　　　B. 设置切换效果

C. 设置换页方式　　　　　　　　　D. 设置间隔多少时间换页

61. 添加动画时不可以设置文本(　　　)。

A. 整批发送　　　B. 按字/词发送　　　C. 按字母发送　　　D. 按句发送

62. 在 PowerPoint 2010"文件"选项卡中"新建"命令的功能是建立(　　　)。

A. 一个演示文稿　　　　　　　　　B. 插入一张新幻灯片

C. 一个新超链接　　　　　　　　　D. 一个新备注

63. 下列说法正确的是(　　　)。

A. 在 PowerPoint 2010 中,不能为占位符设置超链接

B. 在 PowerPoint 2010 中,不能为单元格设置超链接

C. 在 PowerPoint 2010 中,不能为文本框设置超链接

D. 在 PowerPoint 2010 中,不能为自选图形插入超链接

64. 在 PowerPoint 2010 中,可为一个对象最多添加(　　　)动画效果。

A. 1个　　　　　B. 2个　　　　　C. 3个　　　　　D. 多个

65. 为了使演示文稿中的所有幻灯片具有统一的背景图案,应使用(　　　)。

A. 幻灯片版式　　B. 母版　　　　　C. 背景　　　　　D. 配色方案

66. PowerPoint 中,下列说法中错误的是(　　　)。

A. 可以动态显示文本和对象

B. 可以更改动画对象的出现顺序

C. 图表中的元素不可以设置动画效果

D. 可以设置幻灯片切换效果

67. 在 Office 2010 中，PowerPoint 2010 的主文件名是(　　)。

A. pwpoint. exe　　　　B. powerpnt. exe　　　　C. powerpoint. exe　　D. powerpnt. com

68. 在 PowerPoint 2010 中，可以改变单个幻灯片背景(　　)。

A. 颜色和字体　　　　　　　　　　　　B. 颜色、填充效果

C. 图案和字体　　　　　　　　　　　　D. 灰度、纹理和字体

69. 在 PowerPoint 中，如果放映演示文稿时无人看守，放映的类型最好选择(　　)。

A. 演讲者放映　　　　　　　　　　　　B. 在展台浏览

C. 观众自行浏览　　　　　　　　　　　D. 排练计时

70. 在 PowerPoint 中，在大纲窗格中将二级标题升一级，则(　　)。

A. 脱离原来的幻灯片，生成一张新的幻灯片

B. 变为一级标题，但仍在原幻灯片中

C. 此标题级别不变，它所包含的小标题提升一级

D. 以上都不对

71. 当一个 PowerPoint 的窗口被关闭后，被编辑的文件将(　　)。

A. 从磁盘中清除　　　　　　　　　　　B. 从内存中清除

C. 从磁盘或内存中清除　　　　　　　　D. 不会从内存中清除

72. 在 PowerPoint 中的幻灯片切换中，不可以设置幻灯片切换的(　　)。

A. 换页方式　　　　B. 颜色　　　　　　C. 效果　　　　　　D. 声音

73. 在"幻灯片浏览视图"模式下，不允许进行的操作是(　　)。

A. 幻灯片的移动和复制　　　　　　　　B. 添加动画

C. 幻灯片删除　　　　　　　　　　　　D. 幻灯片切换

74. 如果要从一张幻灯片"溶解"到下一张幻灯片，应使用(　　)。

A. 动作设置　　　　B. 添加动画　　　　C. 幻灯片切换　　　D. 页面设置

75. 如果要从第二张幻灯片跳转到第八张幻灯片，应使用(　　)。

A. 动作设置　　　　B. 添加动画　　　　C. 幻灯片切换　　　D. 页面设置

76. 在 PowerPoint 2010 的幻灯片中建立超链接有两种方式：通过把某对象设置为超链接和(　　)。

A. 文本框　　　　　　B. 文本　　　　　　C. 图片　　　　　　　D. 动作按钮

77. 在 PowerPoint 中，不能实现的功能为(　　)。

A. 设置对象出现的先后次序　　　　　　B. 设置同一文本框中不同段落的出现次序

C. 设置声音的循环播放　　　　　　　　D. 设置幻灯片的切换效果

78. PowerPoint 模板文档的扩展名是(　　)。

A. .PPTX　　　　　　B. .DOCX　　　　　C. .POTX　　　　　　D. .XLS

79. 在 PowerPoint 中若需将幻灯片从打印机输出，可以按(　　)键。

A. 【Shift+P】　　　B. 【Shift+L】　　　C. 【Ctrl+P】　　　　D. 【Alt+P】

80. PowerPoint 2010 中没有的对齐方式是(　　)。

A. 右对齐　　　　　　B. 两端对齐　　　　C. 分散对齐　　　　　D. 向上对齐

习题 6　Adobe Dreamweaver 网页制作练习题

1. 访问网站时,第一个被访问的网页通常称为(　　)。

A. 网页　　　　　　B. 网站　　　　　　C. HTML 语言　　　D. 主页

2. 在 Adobe Dreamweaver CS6 设计视图模式下,可直接(　　)。

A. 编排网页　　　　　　　　　　B. 观察网页在浏览器中的效果

C. 编辑 HTML 代码　　　　　　　D. 下载图片

3. 在 Adobe Dreamweaver CS6 代码视图模式下,可直接(　　)。

A. 编排网页　　　　　　　　　　B. 观察网页在浏览器中的效果

C. 编辑 HTML 代码　　　　　　　D. 下载图片

4. 在 Adobe Dreamweaver CS6 的(　　)视图模式下,可观察网页效果。

A. 设计　　　　　　B. 代码　　　　　　C. 实时　　　　　　D. 拆分

5. 在 Adobe Dreamweaver CS6 中,下列关于创建超链接的叙述中不正确的是
(　　)。

A. 不能与外部网站链接　　　　　B. 一张图片可以包含多个链接

C. 可以链接到电子邮件信箱　　　D. 在表单中可以建立超链接

6. 在网页制作中,经常用(　　)进行精确页面布局。

A. 文字　　　　　　B. 表格　　　　　　C. 表单　　　　　　D. 图片

7. 在 Adobe Dreamweaver CS6 中,下列(　　)不可加入表格。

A. 声音　　　　　　B. 文字与图形　　　C. 表格　　　　　　D. 视频图像

8. 在 Adobe Dreamweaver CS6 中,要建立指向同一个网页内的超链接,应采用
(　　)链接。

A. 单元格　　　　　B. 表单　　　　　　C. 锚记　　　　　　D. 表格

9. 在网页制作中,要收集访问者的意见,可用(　　)办法实现。

A. 文字　　　　　　B. 表格　　　　　　C. 表单　　　　　　D. 框架

10. 在 Adobe Dreamweaver CS6 中,要在浏览器中的不同区域同时显示几个网页,可
使用(　　)方法。

A. 表格　　　　　　B. 框架　　　　　　C. 表单　　　　　　D. 单元格

11. 在设置图像超链接时,可以在 Alt 文本框中填入注释的文字,下面说法不正确的
是(　　)。

A. 当浏览器不支持图像时,使用文字替换图像

B. 当鼠标移到图像并停留一段时间后,这些注释文字将显示出来

C. 在浏览者关闭图像显示功能时,使用文字替换图像

D. 每过一段时间图像上都会定时显示注释的文字

12. 在 Dreamweaver 中,可以用来做代码编辑器的是(　　　)。

A. 记事本　　　　　　B. Photoshop　　　　C. Flash　　　　　　　D. 以上都不可以

13. 在 Dreamweaver 中,可以为链接设立目标,表示在新窗口打开网页的是(　　　)。

A. _blank　　　　　　B. _parent　　　　　C. _self　　　　　　　D. _top

14. 在 Dreamweaver 中,下面的操作不能插入一行的是(　　　)。

A. 将光标定位在单元格中,打开"修改"子菜单中的"插入行"命令

B. 在行的一个单元格中单击鼠标右键,打开快捷菜单,选择"表格"子菜单中的"插入行"命令

C. 将光标定位在最后一行的最后一个单元格中,按下【Tab】键,在当前行下会添加一个新行

D. 把光标定位在最后一行的最后一个单元格中,按下组合键【Ctrl+W】,在当前行下会添加一个新行

15. 在 Dreamweaver 中,下面关于排版表格属性的说法不正确的是(　　　)。

A. 可以设置宽度

B. 可以设置高度

C. 可以设置表格的背景颜色

D. 可以设置单元格之间的距离,但不能设置单元格内部的内容和单元格边框之间的距离

16. 在 Dreamweaver 中,在设置各分框架属性时,参数 Scroll 是用来设置(　　　)属性的。

A. 是否进行颜色设置　　　　　　　B. 是否出现滚动条

C. 是否设置边框宽度　　　　　　　D. 是否使用默认边框宽度

17. 在 Dreamweaver 中,图像的属性内容不包括(　　　)。

A. 图像的灰度　　　　　　　　　　B. 图像的大小

C. 图像的源文件　　　　　　　　　D. 图像的链接

18. 在 Dreamweaver 中,下面关于查找和替换文字说法不正确的是(　　　)。

A. 可以精确地查找标签中的内容

B. 可以在一个文件夹下替换文本

C. 可以保存和调入替换条件

D. 不可以在 HTML 源代码中进行查找与替换

19. 在 Dreamweaver 中,要使在当前框架打开链接,目标窗口设置应该为(　　　)。

A. _blank　　　　　　B. _parent　　　　　C. _self　　　　　　　D. _top

20. 在 Dreamweaver 中,使用(　　　)组合键可以弹出"页面属性"设置对话框。

A.【Ctrl+J】　　　　B.【Ctrl+I】　　　　C.【Alt+J】　　　　　D.【Alt+I】

21. 在 Dreamweaver 中,下面不是历史面板的作用的是(　　　)。

A. 撤销一步或几步　　　　　　　　B. 重做一步或几步

C. 编成一个自动批处理的新命令　　D. 清除重复多余的代码

22. 下面关于站点的上传和发布的说法不正确的是( )。

A. 可以通过 Dreamweaver 中自带的上传功能上传站点

B. 可以使用其他上传工具上传站点

C. 上传文件需要 FTP 服务器的支持

D. Dreamweaver 中自带的上传功能支持断点续传

23. 下面关于页面的背景和风格设置说法不正确的是( )。

A. 在页面属性设置中一般定义页边距为 0

B. 可以设置页面的背景图片

C. 页面的背景图片一般选择显眼的图像,特别是大型网站

D. 页面的风格一般以网站的主题而定

24. 在 Dreamweaver 中,下面关于首页制作的说法不正确的是( )。

A. 首页的文件名称可以是 index. htm 或 index. html

B. 可以使用排版表格和排版单元格来进行定位网页元素

C. 可以使用表格对网页元素进行定位

D. 在首页中我们不可使用 CSS 样式来定义风格

25. 下面关于网站制作的说法不正确的是( )。

A. 首先要定义站点

B. 最好把素材和网页文件存放在同个文件夹下以便使用

C. 首页的文件名必须是 index. html

D. 在制作时,站点一般定义为本地站点

26. 下面关于素材准备的说法不正确的是( )。

A. 网站制作中的重要一环

B. Dreamweaver 中自带有准备素材的功能

C. Fireworks 可以和 Dreamweaver 很好地结合使用

D. 网站徽标的设计对于制作网站来说比较重要

27. 下面关于网站策划的说法不正确的是( )。

A. 向来总是内容决定形式的

B. 信息的种类与多少会影响网站的表现力

C. 做网站的第一步就是确定主题

D. 对于网站策划来说最重要的还是网站的整体风格

28. 在制作网站时,下面是 Dreamweaver 的工作范畴的是( )。

A. 内容信息的搜集整理   B. 美工图像的制作

C. 把所有有用的东西组合成网页   D. 网页的美工设计

29. 在 Dreamweaver 的主编辑界面中使用( )快捷键快速启动次要浏览器预览。

A.【Alt+F12】   B.【Ctrl+F12】   C.【Ctrl+F11】   D.【F12】

30. 在 Dreamweaver 中,对字体进行样式设置时,下面说法不正确的是( )。

A. 可以设定字体   B. 可以设定字体大小

C. 可以设定字体加粗　　　　　　　　　　D. 可以设置尾字效果

31. 在 Dreamweaver 中,超链接标签有四种不同的状态,下面不是其中一种的是
(　　)。

A. 激活的链接 a:active　　　　　　　　B. 当前链接 a:hover

C. 链接 a:link　　　　　　　　　　　　D. 没有访问过的链接 a:unvisited

32. 下面关于脚本语言的说法不正确的是(　　)。

A. 动态 HTML 的脚本语言是指 JavaScript 和 VBScript

B. JavaScript 最早起源于 Netscape 的 LiveScript

C. IE 还没有提供对 JavaScript 的支持

D. VBScript 则是接近 VB 的一种语句,只能应用于 IE 浏览器

33. 在 Dreamweaver 中,设置超级链接的属性时,目标框架设置为 _top 时,表示
(　　)。

A. 会在当前浏览器的最外层打开链接

B. 在当前框架打开链接

C. 会在当前框架的父框架中打开链接

D. 会新开一个浏览窗口来打开链接内容

34. 在 Dreamweaver 中,设置超级链接的属性时,目标框架设置为 _blank 时,表示
(　　)。

A. 会在当前框架的父框架中打开链接

B. 会新开一个浏览窗口来打开链接内容

C. 在当前框架打开链接,这也是默认方式

D. 会在当前浏览器的最外层打开链接

35. 在 Dreamweaver 中,设置分框架属性时,选择设置 Scroll 的下拉参数为 Auto,表示(　　)。

A. 在内容可以完全显示时不出现滚动条,在内容不能被完全显示时自动出现滚动条

B. 无论内容如何都不出现滚动条

C. 不管内容如何都出现滚动条

D. 由浏览器自行处理

36. 下面关于分割框架的说法不正确的是(　　)

A. 打开"修改"菜单,指向"框架集",选择"拆分上框架"命令,把页面分为上下相等的两个框架

B. 可以用鼠标拖曳的方法分割框架

C. 用户可以将自己做好的框架保存以便以后使用

D. 分割框架系统会自动命名

37. 下面关于删除框架的说法不正确的是(　　)。

A. 刚开始建立时可以用 Undo(撤销)来删除

B. 在操作了比较长的时间后,不可以通过菜单命令来删除

C. 用鼠标拖动框架间的边框,一直把它拖到最边上,就可以删除一个框架了

D. 选中某一框架,通过组合键【Ctrl+D】可以删除框架

38. 下面关于使用框架的弊端和作用说法不正确的是(　　)。

A. 增强网页的导航功能

B. 在低版本的 IE 浏览器(如 IE3.0)中不支持框架

C. 整个浏览空间变小,让人感觉缩手缩脚

D. 容易在每个框架中产生滚动条,给浏览造成不便

39. 按住(　　)键,同时在想要选中的排版单元格内任意处单击鼠标,可以快速选中单元格。

A. 【Shift】　　　　B. 【Ctrl】　　　　C. 【Alt】　　　　D. 【Shift+Alt】

40. 用户可以在对话框中修改文档标题的(　　)。

A. 首选参数　　　　B. 页面属性　　　　C. 编辑站点　　　　D. 标签编辑器

41. Dreamweaver 中,"撤销"操作的快捷键是(　　)。

A. 【Ctrl+X】　　　　B. 【Ctrl+V】　　　　C. 【Ctrl+Z】　　　　D. 【Ctrl+C】

42. 下列(　　)形状不是图像映射上的热点区域。

A. 矩形　　　　B. 圆形　　　　C. 任意多边形　　　　D. 椭圆形

43. 如果要使图像在缩放时不失真,在图像显示原始大小时,按下(　　)键,拖动图像右下方的控制点,可以按比例调整图像大小。

A. 【Ctrl】　　　　B. 【Shift】　　　　C. 【Alt】　　　　D. 【Shift+Alt】

44. 下列(　　)是图像占位符的属性。

A. 名称(name)　　　　　　　　B. z 轴(z-index)

C. 位置(location)　　　　　　　D. 可见性(visibility)

45. 在服务器端的权限不开放的情况下,关于递交表单说法正确的是(　　)。

A. 可以用服务端程序的方法来处理表单

B. 想使用表单,可以用 mailto 标签

C. 可以用服务端程序的方法来处理表单和使用 mailto 标签

D. 以上说法都错

46. 以下关于网页文件命名的说法不正确的是(　　)。

A. 使用字母和数字,不要使用特殊字符

B. 建议使用长文件名或中文文件名以便更清楚易懂

C. 用字母作为文件名的开头,不要使用数字

D. 使用下划线或破折号来模拟分隔单词的空格

47. 若要使访问者无法在浏览器中通过拖动边框来调整框架大小,则应在框架的属性面板中设置(　　)。

A. 将"滚动"设为"否"　　　　　　B. 将"边框"设为"否"

C. 选中"不能调整大小"　　　　　　D. 设置"边界宽度"和"边界高度"

48. 在表格单元格中不可以插入的对象是(　　)。

A. 文本　　　　　　B. 图像　　　　　　C. Flash 动画　　　　D. 框架集

49. 关于在网页中加入超链接来实现跳转的说法,不正确的是(　　)。

A. 可以实现页面间的跳转

B. 可以实现同一页面中不同位置的跳转

C. 在页面编辑时,需要使用"插入"中的"命名锚记"命令

D. 只能跳转到其他页面的页首

50. 以下应用不属于利用表单功能设计的是(　　)。

A. 用户注册　　　　　　　　　　B. 浏览数据库记录

C. 网上订购　　　　　　　　　　D. 用户登录

习题 7 计算机网络练习题

1. 路由器是（　　）的设备。

A. 物理层　　　　　　B. 数据链路层　　　　C. 网络层　　　　　　D. 传输层

2. 国际标准化组织定义了开放系统互连模型（OSI），该模型将协议分成（　　）层。

A. 5　　　　　　　　B. 6　　　　　　　　C. 7　　　　　　　　D. 8

3. 下列说法中不正确的是（　　）。

A. 调制解调器（modem）是局域网络设备

B. 集线器（hub）是局域网络设备

C. 网卡（NIC）是局域网络设备

D. 中继器（repeater）是局域网络设备

4. TCP/IP 是一种（　　）。

A. 网络操作系统　　　　　　　　　　　B. 网桥

C. 网络协议　　　　　　　　　　　　　D. 路由器

5. 网络互联设备中的 hub 称为（　　）。

A. 集线器　　　　　B. 网关　　　　　　C. 网卡　　　　　　D. 交换机

6. 当普通 PC 连入局域网时，需要在该机器内增加（　　）。

A. 传真卡　　　　　B. 调制解调器　　　C. 网卡　　　　　　D. 串行通信卡

7. 管理计算机通信的规则称为（　　）。

A. 协议　　　　　　B. 介质　　　　　　C. 服务　　　　　　D. 网络操作系统

8. Internet 上采用的通信基础协议是（　　）。

A. IPX　　　　　　B. TCP/IP　　　　　C. SLIP　　　　　　D. PPP

9. Internet 最早起源于（　　）。

A. 第二次世界大战中　　　　　　　　　B. 20 世纪 60 年代末

C. 20 世纪 80 年代中期　　　　　　　　D. 20 世纪 90 年代初期

10. Internet 最初是由（　　）建立的。

A. Inter 公司　　　　　　　　　　　　B. Apple 公司

C. Microsoft 公司　　　　　　　　　　D. 美国国防部

11. Internet 成立之初的目的为（　　）。

A. 信息收集　　　　　　　　　　　　　B. 信息传递

C. 创建新的通信方式　　　　　　　　　D. 战争发生时信息的传递

12. CHINANET 是指（　　）。

A. 中国公用计算机互联网　　　　　　　B. 中国金桥网

C. 中国教育和科研计算机网　　　　　　D. 中国科技网

13. CERNET 是指(　　)。

A. 中国公用计算机互联网　　　　　　B. 中国金桥网

C. 中国教育和科研计算机网　　　　　D. 中国科技网

14. 当个人计算机以拨号方式接入 Internet 时,必须使用的设备是(　　)。

A. 网卡　　　　　B. 调制解调器　　　　C. 电话机　　　　　D. 浏览器软件

15. 若某一用户要电话拨号上网,(　　)是不必要的。

A. 一个路由器　　　　　　　　　　　B. 一个调制解调器

C. 一个上网账号　　　　　　　　　　D. 一条普通的电话线

16. 为了保证提供服务,因特网上的任何一台物理服务器(　　)。

A. 必须具有单一的 IP 地址　　　　　B. 必须具有域名

C. 只能提供一种信息服务　　　　　　D. 不能具有多个域名

17. ISP 指的是(　　)。

A. 因特网服务提供商　　　　　　　　B. 因特网的专线接入方式

C. 拨号上网方式　　　　　　　　　　D. 因特网内容供应商

18. 关于域名正确的说法是(　　)。

A. 没有域名主机不可能上网

B. 一个 IP 地址只能对应一个域名

C. 一个域名只能对应一个 IP 地址

D. 域名可以随便取,只要不和其他主机同名即可

19. 下列有关 IP 地址的叙述中,(　　)是错误的。

A. IP 地址由网络号和主机号组成

B. A 类 IP 地址中的网络号由 1 个取值范围在 0~255 的数字域组成

C. B 类 IP 地址中的网络号和主机号均由 2 个取值范围在 0~255 的数字域组成

D. C 类 IP 地址中的主机号由 3 个取值范围在 0~255 的数字域组成

20. 下面 IP 地址合法的是(　　)。

A. 210.144.180.78　　　　　　　　　B. 210.144.380.78

C. 210.144.150.278　　　　　　　　　D. 210.144.15

21. 若两台主机在同一子网中,则两台主机的 IP 地址分别与它们的子网掩码相"与"的结果一定(　　)。

A. 全为 0　　　　　B. 全为 1　　　　　C. 相同　　　　　D. 不同

22. IP 地址是一串很难记忆的数字,于是人们发明了(　　),给主机赋予一个用字母代表的名字,并进行 IP 地址与名字之间的转换工作。

A. DNS 域名系统　　　　　　　　　　B. Windows NT 系统

C. UNIX 系统　　　　　　　　　　　D. 数据库系统

23. 下面顶级域名中表示教育机构的是(　　)。

A. com　　　　　B. edu　　　　　C. gov　　　　　D. net

24. 下面顶级域名中表示政府机构的是(　　　)。

A. com　　　　　　　B. edu　　　　　　　C. gov　　　　　　　D. net

25. 为每个 IP 地址规定一个英文代码,此代码一般称为(　　　)。

A. 信箱地址　　　　　B. 服务器地址　　　　C. 域名　　　　　　　D. E-mail 地址

26. 在 IPv4 中,下列关于 IP 的说法错误的是(　　　)。

A. IP 地址在 Internet 上是唯一的

B. IP 地址由 32 位十进制数组成

C. IP 地址是 Internet 上主机的数字标识

D. IP 地址指出了该计算机连接到哪个网络上

27. www.zjxu.edu.cn 是 Internet 上一台计算机的(　　　)。

A. IP 地址　　　　　B. 域名　　　　　　C. 协议名称　　　　　D. 命令

28. 域名最右边的部分表示区域,cn 代表(　　　)。

A. 加拿大　　　　　B. 中国　　　　　　C. 联合国　　　　　　D. 美国

29. 域名是(　　　)。

A. IP 地址的 ASCII 码表示形式

B. 按接入 Internet 的局域网的地理位置所规定的名称

C. 按接入 Internet 的局域网的大小所规定的名字

D. 按分层方法为 Internet 中的计算机所取的名字

30. Internet 的域名结构是树状的,顶级域名不包括(　　　)。

A. usa(美国)　　　　　　　　　　B. com(商业部门)

C. edu(教育)　　　　　　　　　　D. cn(中国)

31. 在网址 www.163.com 中,com 是指(　　　)。

A. 公共类　　　　　B. 商业类　　　　　C. 政府类　　　　　D. 教育类

32. 网络公司提供(　　　),将 IP 地址翻译成域名。

A. 处理器　　　　　B. 交换器　　　　　C. 电脑主机　　　　　D. 域名服务器

33. USC/ISI 的保罗·莫卡佩特里斯发明了一种转换系统,让计算机把其他语言转换成计算机能懂的数字式 IP 地址,这个系统称作(　　　)。

A. 域名转换系统　　　　　　　　　B. 域名与 IP 转换系统

C. IP 转换系统　　　　　　　　　　D. 域名系统(DNS)

34. URL 即统一资源定位器,URL 格式为(　　　)。

A. 协议名://文件名　　　　　　　　B. 协议名:\\Ip 地址和域名

C. 协议名://IP 地址或域名　　　　　D. 协议名:\\IP 地址或域名

35. 以下统一资源定位器各部分的名称(从左到右)(　　　)是正确的。

http://home.microsoft.com/main/index.html

　　　↓　　　　↓　　　　↓　　　↓

　　　1　　　　2　　　　3　　　4

A. 1 主机域名　2 协议　3 目录名　4 文件名

B. 1 协议　2 主机域名　3 目录名　4 文件名

C. 1 协议　2 目录名　3 主机域名　4 文件名

D. 1 目录名　2 主机域名　3 协议　4 文件名

36. 用户在 URL 地址输入框中输入 URL 地址时,在任何情况下均不能省略的是(　　)。

A. 协议名或传输方式　　　　　　　　B. 服务器域名或 IP 地址

C. 目录路径与文件名　　　　　　　　D. 逻辑端口号

37. Internet 上有许多应用,其中用来收发信件的是(　　)。

A. WWW　　　　　　B. E-mail　　　　　　C. FTP　　　　　　D. Telnet

38. Internet 上有许多应用,其中主要用来浏览网页信息的是(　　)。

A. E-mail　　　　　　B. FTP　　　　　　C. Telnet　　　　　　D. WWW

39. Internet 上有许多应用,其中用来传输文件的是(　　)。

A. FTP　　　　　　B. WWW　　　　　　C. E-mail　　　　　　D. Telnet

40. 下面不是因特网服务的是(　　)。

A. 基于电子邮件的服务,如新闻组、电子杂志等

B. Telnet 服务

C. 交互式服务

D. FTP 服务

41. WWW 浏览器使用的应用协议是(　　)。

A. HTTP　　　　　　B. TCP/IP　　　　　　C. FTP　　　　　　D. Telnet

42. 关于因特网中的 WWW 服务,以下说法错误的是(　　)。

A. WWW 服务器中存储的通常是符合 HTML 规范的结构化文档

B. WWW 服务器必须具有创建和编辑 Web 页面的功能

C. WWW 客户端程序也称为 WWW 浏览器

D. WWW 服务器也称为 Web 站点

43. 电子信箱地址由用户名和主机域名两部分组成,中间用一个特殊的符号(　　)连接起来。

A. #　　　　　　B. $　　　　　　C. &　　　　　　D. @

44. SMTP 指的是(　　)。

A. 文件传输协议　　　　　　　　B. 用户数据报协议

C. 简单邮件传输协议　　　　　　D. 域名服务协议

45. 超文本中不仅含有文本信息,还包括(　　)等信息。

A. 图形、声音、图像、视频

B. 图形、声音、图像,但不能包含视频

C. 图形、声音,但不能包含视频、图像

D. 图形,但不能包含视频、图像、声音

46. 超文本中还隐含着指向其他超文本的链接,这种链接称为(   )。

A. 超链接 　　　　 B. 指针 　　　　 C. 文件链 　　　　 D. 媒体链

47. Internet Explorer 是指(   )。

A. Internet 安装向导 　　　　　　　　 B. Internet 信箱管理器

C. Internet 的浏览器 　　　　　　　　 D. 可通过其建立拨号网络

48. WWW 环境中使用最多的工具是浏览器,而微软自带的浏览器是(   )。

A. Outlook 　　　　　　　　　　　　 B. Navigator

C. Internet Explorer 　　　　　　　　 D. CutFTP

49. IE 可以同时打开的网页数目为(   )。

A. 一个 　　　　 B. 两个 　　　　 C. 多个 　　　　 D. 用户定义数

50. 以下用 IE 浏览网页的几种方法,正确的是(   )。

①直接输入地址;②从收藏夹找到要浏览的网站;③从当前网页的链接进入别的网页;④预订您最喜爱的站点。

A. ①② 　　　　 B. ①②③ 　　　　 C. ①②④ 　　　　 D. ①②③④

51. 改变起始页的正确步骤是(   )。

①选择"常规"选项卡;②选择"Internet"选项命令;③单击"确定"按钮;④打开 IE 窗口的"工具"菜单;⑤在地址栏填上网址。

A. ①③②④⑤ 　　 B. ④②①⑤③ 　　 C. ③④②⑤① 　　 D. ①⑤②③④

52. 在 IE 的"Internet 选项"设置中,关于"安全"选项卡的设置,叙述不正确的是(   )。

A. IE 提供了四个默认安全级别的设置

B. IE 提供了四种不同区域的安全设置

C. IE 允许用户自己设置安全级别

D. IE 允许用户通过"安全"选项设置来设置允许使用 IE 的用户名单

53. 上网时想同时打开多个网页,只要按(   )组合键即可在不关闭当前主页时打开另一主页。

A.【Ctrl+M】 　　 B.【Ctrl+一】 　　 C.【Ctrl+W】 　　 D.【Ctrl+N】

54. 互联网络上的服务都是基于一种协议的服务,WWW 服务基于(   )协议。

A. SMIP 　　　　 B. HTTP 　　　　 C. SNMP 　　　　 D. Telnet

55. Web 中信息资源的基本构成是(   )。

A. 文本信息 　　　 B. Web 页 　　　 C. Web 站点 　　　 D. 超级链接

56. 用户在浏览 Web 页时可以通过(   )进行跳转。

A. 文本 　　　　 B. 多媒体 　　　 C. 超链接 　　　 D. 移动鼠标

57. 在浏览 Web 页的过程中,如果你发现自己喜欢的网页并希望以后多次访问,应当使用的方法是将这个页面(   )。

A. 建立地址簿   B. 建立浏览

C. 用笔抄写到笔记本上   D. 放到收藏夹中

58. 在浏览器所显示的网页中,可以组成"超链接"的是(   )。

A. 文字、图片、按钮   B. 文字、颜色、按钮

C. 图片、颜色、按扭   D. 文字、图片、颜色

59. 关于"浏览历史记录",说法正确的是(   )。

A. 可以查看曾经访问过的网页   B. 必须在联机状态下使用

C. 必须在脱机状态下使用   D. 以上说法都不对

60. 浏览器的收藏夹中存放的是(   )。

A. 用户收藏网页的全部内容

B. 用户收藏网页的部分内容

C. 用户收藏网页的链接

D. 用户收藏网页的内容和链接

61. 用户不能对收藏夹进行的操作是(   )。

A. 创建文件夹   B. 复制   C. 移动   D. 删除

62. 关于代理服务器的概念,叙述不正确的是(   )。

A. 代理服务器可以让多个计算机共享一个 IP 地址上网

B. IE 会自动搜寻到合适的代理服务器

C. 选择合适的代理服务器可以访问更多网址

D. 选择合适的代理服务器可以加快上网速度

63. 关于 IE 主页,叙述正确的是(   )。

A. 主页是指只有在点击"主页"按钮时才能打开的 Web 页

B. 主页是指 IE 浏览器启动时默认打开的 Web 页

C. 主页是 IE 浏览器出厂时设定的 Web 页

D. 主页即微软公司的网站

64. 下面是一些因特网上常见的文件类型,代表 WWW 页面文件的文件类型
是(   )。

A. htm 或 html   B. txt 或 text   C. gif 或 jpeg   D. wav 或 au

65. 下面不是 Internet 上的搜索软件的是(   )。

A. Google   B. 百度   C. Yahoo   D. Telnet

66. 关于 Internet 临时文件,叙述不正确的是(   )。

A. Internet 临时文件存放在本地硬盘上

B. Internet 临时文件容量可以调节

C. Internet 临时文件存放的位置可由用户自己指定

D. Internet 临时文件对浏览速度没有影响

67. 如果说电子邮件是因特网用户的实用通信工具,那么(   )扮演的就是运输大王

的角色,它不辞劳苦地按用户的需要传输各种文件。

    A. Telnet   B. FTP   C. BBS   D. Usenet

68. 网络用户必须要先申请 E-mail 账户,才能(　　)。

    A. 网上浏览   B. 匿名文件下载

    C. 收发电子邮件   D. 使用互联网

69. 电子邮件是(　　)。

    A. 网络信息检索服务工具

    B. 通过 Web 网页发布的公告信息

    C. 通过网络实时交互的信息传递方式

    D. 一种利用网络交换信息的非交互式服务工具

70. 使用 Outlook 收发电子邮件,通常需要设置(　　)服务器和(　　)服务器。

    A. FTP 服务器和 WWW 服务器   B. 文件服务器和代理服务器

    C. POP3 服务器和 SMTP 服务器   D. Gopher 服务器和 SMTP 服务器

71. 在电子邮件中,用户(　　)。

    A. 只可以传送文本   B. 可以传送任意大小的多媒体文件

    C. 可以同时传送文本和多媒体信息   D. 不能附加任何文件

72. 所谓转发邮件,指用户将收到的电子邮件转发给其他人,此时(　　)。

    A. 用户可以只输入收件人的电子信箱地址,其他内容均由软件包自动输入

    B. 用户必须自己输入主题与邮件内容

    C. 用户需要自己输入所转发的邮件内容

    D. 所有内容均由软件包自动输入

73. 对于一个拨号入网用户,当他的电子邮件到达时,该用户的计算机没有开机,那么已到达的电子邮件将(　　)。

    A. 退回给发信人   B. 保存在该用户服务器的主机上

    C. 过一会儿对方再重新发送   D. 该邮件被丢掉并永远不再发送

74. 远程登录服务是(　　)。

    A. DNS   B. FTP   C. SMPT   D. Telnet

75. 在 Outlook 2010 中对电子邮件服务器的基本参数设置时,不包括设置(　　)。

    A. 用户姓名   B. 用户单位与指定回复电子信箱地址

    C. POP3 和 SMTP 服务器   D. 电子邮箱地址及密码

76. 所谓回复,指用户向所收到电子邮件的发件人回复电子邮件,此时(　　)。

    A. 用户不需要自己输入邮件体内容

    B. 所有的内容均不需要用户自己输入

    C. 收件人电子信箱地址和主题内容均需要用户自己输入

    D. 软件包可以将原邮件内容以"原文引用"或"附加文件"的形式自动输入

77. 物联网的英文名称是(　　)。

A. Internet of Matters

B. Internet of Things

C. Internet of Theorys

D. Internet of Clouds

78. 物联网是基于射频识别技术发展起来的新兴产业,射频识别技术主要是基于( )方式进行信息传输的。

A. 声波 　　　　B. 电场和磁场 　　　C. 双绞线 　　　　D. 同轴电缆

79. RFID 属于物联网的( )。

A. 感知层 　　　　B. 网络层 　　　C. 业务层 　　　　D. 应用层

80.( )是物联网应用的重要基础,是两化融合的重要技术之一。

A. 遥感和传感技术 　　　　　　　　B. 智能化技术

C. 虚拟计算技术 　　　　　　　　　D. 集成化和平台化

习题参考答案

习题 1 参考答案

1～5	BDDBC	6～10	CBBAD	11～15	BCCBD	16～20	CBADC
21～25	BCDDA	26～30	AABDC	31～35	ACCBB	36～40	BDCCD
41～45	DBCCA	46～50	CDADA	51～55	CDDAA	56～60	ADADC
61～65	BADCD	66～70	DDACB	71～75	BDCDD	76～80	BCBCA

习题 2 参考答案

1～5	CDDAD	6～10	BABDC	11～15	CDACC	16～20	DBACD
21～25	DCACC	26～30	AAABD	31～35	DACCB	36～40	CBCDD
41～45	ADBCD	46～50	CBAAB	51～55	ACABD	56～60	DAABC
61～65	BABBC	66～70	CBBAC	71～75	DAADA	76～80	BCAAD
81～85	DDCAB	86～90	DAABD	91～95	AABCB	96～100	ACDCC

习题 3 参考答案

1～5	ADDDB	6～10	ACDCD	11～15	AACDC	16～20	ACBAA
21～25	CACCC	26～30	BCBAB	31～35	DBDAB	36～40	DDBAD
41～45	CDCAC	46～50	BDABD	51～55	BCCCA	56～60	CDDBB
61～65	CDDAB	66～70	CCADD	71～75	CCBCA	76～80	ABBCD
81～85	DDDBD	86～90	CCDBA	91～95	BCCDC	96～100	DBDAB

习题 4 参考答案

1～5	CCBBB	6～10	CBCDA	11～15	AABDB	16～20	DBDBB
21～25	DDACB	26～30	DDCDC	31～35	CABCC	36～40	DACBD
41～45	BCCAB	46～50	BBDAB	51～55	CBDBB	56～60	CDDDA
61～65	DDACB	66～70	ABABD	71～75	AACBC	76～80	ADCBD
81～85	ABBCC	86～90	CBCDD	91～95	ADBAA	96～100	CBDCB

习题 5 参考答案

1～5	DBBBB	6～10	DAACA	11～15	BCDBA	16～20	DADCB
21～25	DCAAB	26～30	AACDC	31～35	BCCDC	36～40	CABAC
41～45	BBDDB	46～50	ADCBB	51～55	DDBDB	56～60	BCDAA
61～65	DAADC	66～70	CBBBB	71～75	BBBCA	76～80	DBCCD

习题 6 参考答案

1～5	DACCA	6～10	BACCB	11～15	DAADD	16～20	BADCA

| 21~25 | DDCDC | 26~30 | BDCBD | 31~15 | DCABA | 36~40 | DDBCB |
| 41~45 | CDBAB | 46~50 | BCDDB | | | | |

习题 7 参考答案

1~5	CCACA	6~10	CABBD	11~15	DACBA	16~20	AACDA
21~25	CABCC	26~30	BBBDA	31~35	BDDCB	36~40	BBDAC
41~45	ABDCA	46~50	ACCCD	51~55	BDDBB	56~60	CDAAC
61~65	BBBAD	66~70	DBCDC	71~75	CABDB	76~80	DBBAA

参考文献

[1] 教育部高等学校大学计算机课程教学指导委员会. 大学计算机基础课程教学基本要求[M]. 北京：高等教育出版社，2016.

[2] 周海芳，周竞文，谭春娇，等. 大学计算机基础实验教程[M]. 第2版. 北京：清华大学出版社，2018.

[3] 吴卿. 办公软件高级应用：Office 2010[M]. 杭州：浙江大学出版社，2012.

[4] 龙马高新教育. Office 2010办公应用从入门到精通[M]. 北京：北京大学出版社，2017.

[5] WALKENBACH J，TYSON H，GROH M R，等. 中文版Office 2010宝典[M]. 郭纯一，刘伟丽，译. 北京：清华大学出版社，2012.

[6] 李倩，邓垫. Office 2010办公应用案例教程[M]. 北京：清华大学出版社，2016.

[7] 王作鹏，殷慧文. Word/Excel/PPT 2010办公应用从入门到精通[M]. 北京：人民邮电出版社，2013.

[8] 吴华，兰星，等. Office 2010办公软件应用标准教程[M]. 北京：清华大学出版社，2012.

[9] 黄桂林，江义火，郭燕. 案例教程：Word 2010文档处理[M]. 北京：航空工业出版社，2012.

[10] 文杰书院. Excel 2010电子表格从入门到精通[M]. 北京：机械工业出版社，2013.

[11] 郭燕. 案例教程：PowerPoint 2010演示文稿制作[M]. 北京：航空工业出版社，2012.

[12] 刁树民，郭吉平，李华. 大学计算机基础[M]. 第五版. 北京：清华大学出版社，2014.

[13] 李菲，李姝博，邢超. 计算机基础实用教程：Windows 7+Office 2010版[M]. 北京：清华大学出版社，2012.

[14] 刘小伟. Dreamweaver CS6中文版多功能教材[M]. 北京：电子工业出版社，2013.

[15] 胡崧，吴晓炜，李胜林. Dreamweaver CS6中文版从入门到精通[M]. 北京：中国青年出版社，2013.